高等学校生物工程专业教材

动物细胞培养工程实验指导

乔自林　刘振斌　主编

中国轻工业出版社

图书在版编目（CIP）数据

动物细胞培养工程实验指导 / 乔自林，刘振斌主编
. —北京：中国轻工业出版社，2024. 9
ISBN 978-7-5184-4623-0

Ⅰ. ①动… Ⅱ. ①乔… ②刘… Ⅲ. ①动物—细胞培养—实验 Ⅳ. ①Q954. 6-33

中国国家版本馆 CIP 数据核字（2024）第 023331 号

责任编辑：马　妍　　责任终审：许春英
文字编辑：赵萌萌　　责任校对：晋　洁　　封面设计：锋尚设计
策划编辑：马　妍　　版式设计：砚祥志远　　责任监印：张　可

出版发行：中国轻工业出版社（北京鲁谷东街 5 号，邮编：100040）
印　　刷：三河市万龙印装有限公司
经　　销：各地新华书店
版　　次：2024 年 9 月第 1 版第 1 次印刷
开　　本：787×1092　1/16　印张：12
字　　数：290 千字
书　　号：ISBN 978-7-5184-4623-0　定价：35. 00 元
邮购电话：010-85119873
发行电话：010-85119832　　010-85119912
网　　址：http://www. chlip. com. cn
Email：club@ chlip. com. cn

171395J1X101ZBW

前　言

动物细胞工程学是指以动物细胞或其组成成分为研究对象，在体外条件下进行培养、改造或遗传操作，使其按照人们的意图发生结构或功能等生物学特性的改变，获得人类所需的生物产品或创造新的动物品种的一门综合性技术科学。目前，细胞培养工程技术正处于兴旺发展时期，广泛应用于生物研究和医药开发行业，通过将特定目标蛋白的基因导入到动物体内，经动物细胞大规模培养，实现了生物制品的高产。此外，细胞工程与基因工程代表生物技术的发展前沿，伴随试管植物、试管动物、转基因生物反应器等相继问世，细胞工程在生命科学、农业、医药、食品、环境保护等领域发挥着越来越重要的作用。为使从事生命科学、生物技术及相关领域的高校师生以及企事业单位科研人员更多地了解相关实验仪器、设备、技术，更好地开展实验，团队编写了此教材，希望本教材能够服务于我国生命科学的发展需要。

细胞培养工程技术与人类的发展息息相关，随着技术的不断进步，新的细胞产物不断出现，并服务于人类生活。细胞培养工程技术与基因工程技术密切相关，细胞工程是基因工程的基础，又是基因工程的目的。它们通过各种手段培养和繁殖细胞，从而获得新性状、新个体、新物质或新产品。细胞培养工程的相关技术对今后的实验工作具有指导意义。

本教材介绍了动物细胞培养工程的实验内容，全书共六章，包括动物细胞培养工程实验室及基本要求、动物细胞培养工程基础实验，细胞库与细胞检定、动物细胞大规模培养技术、动物细胞培养工程应用技术和动物细胞基因工程应用技术。内容丰富完整、技术先进、实用性强。本教材可用作高等学校生物工程、生物技术及其他生命科学相关专业的动物细胞工程课程教材，也可供其他院校有关专业的课程选用，同时也适用于生物及医学研究人员阅读参考。

本教材由西北民族大学生物医学研究中心乔自林、刘振斌主编，周雪雁、孙娜任副主编，王家敏、阿依木古丽·阿不都热依木、李自良、李铀、佛生福、杨迪、杨琨参与本书的编写工作。其中，第一章由乔自林、刘振斌编写，第二章由乔自林、孙娜编写，第三章由刘振斌、李铀、阿依木古丽·阿不都热依木编写，第四章由乔自林、王家敏、杨琨编写，第五章由周雪雁、李自良编写，第六章由刘振斌、佛生福、杨迪编写。全书由乔自林、刘振斌统稿。

由于时间和经验不足，资料收集不全，整理编写过程中疏漏在所难免。希望专家和读者多提宝贵意见，以便今后修订完善。

编　者

2024 年 6 月

目　录

第一章　绪论

第一节　动物细胞培养工程实验室管理要求

动物细胞培养工程实验室的管理包括人员管理、卫生管理两方面。要求更高的实验室还包括仪器设备管理、物料管理、生物安全管理和实验室安全管理等内容。

一、人员管理要求

人员是一切工作的核心因素，所有进入动物细胞培养工程实验室的工作人员须经培训合格，尽管从事本领域研究工作的人员都具备相应的专业背景。实验室应建立培训机制和培训体系，针对不同的人员实施不同的培训内容，可包括以下几个方面。

定期培训：实验室要定期开展有关安全方面的培训和警示教育。

岗前培训：凡新到岗的人员必须参加实验室管理制度的学习，接受实验室运行安全、防止污染和个人卫生要求方面的培训，并掌握实验室通用仪器设备的操作技能。

岗位培训：针对不同岗位的特点，培训使其理解本岗位的工作内容，并能执行已有的管理要求和操作规程。

二、卫生管理要求

1. 人员卫生管理的必要性

人在新陈代谢过程中每天都要脱落皮屑，人体表面和衣物都可以黏附和携带污染物，人体不同的部位都可以携带大量的细菌，手是 10^2～10^3 个/cm^2，额头是 10^3～10^5 个/cm^2，头皮可达到 10^6 个/cm^2；人在洁净室内的各种动作也会产生微粒和微生物，每人每分钟坐着时为（1～25）$\times10^5$ 个，走动时发尘量为（5～10）$\times10^6$ 个，发菌量为 700～5000 个；人的衣物可以散落下纤维；人的化妆品和佩戴的首饰也是潜在的污染源。另外，人体皮肤每平方厘米有 1000 多条汗腺，全身表面分布有几百万个开口于表皮细胞间隙之间的毛孔排泄代谢废物，这些都是主要的污染源，所以，应严格进行人员卫生管理。

2. 个人卫生

在实验室操作的人员必须保持良好的个人卫生习惯，勤洗澡，勤理发，不能留置胡须，经常修剪指甲，不得化妆和佩戴饰物，在实验室不吸烟不饮食，禁止存放食品、饮料、香烟和个人的非实验用品。进入不同的工作区域按要求进行着装和洗手消毒。进入洁净区域必须着无菌衣，其式样和穿戴方式需能包盖全部头发、胡须及脚部，并能阻留人体脱落物。

3. 环境卫生

动物细胞培养工程实验室的多数区域为控制区和洁净区，对环境卫生要做到严格控制，达到相应区域的卫生要求。

控制区指环境要求高于办公区和生活区低于洁净区的区域，包括制水间、仪器室、检测室、准备室和制备室等，卫生要达标，物品要摆放整齐，空气保持畅通，有必要的防尘、防蝇和防鼠设施。

洁净区指对空气洁净度、温度、湿度、压力和噪声等参数根据洁净级别进行控制的密闭性较好的空间。设备、容器、工具保持清洁，使用无脱落物、易清洗、易消毒的卫生工具，且限定使用区域。人员着无菌服之后方能进入操作，实验材料和物品要经消毒或有效清洁后从物流通道进入。每次实验前和实验结束要对工作台面喷洒酒精或用浸有消毒液的抹布擦拭消毒，定期对洁净室的墙壁、灯具表面、设备表面和地面用浸有消毒液的抹布洁净消毒，定期对洁净室的环境进行彻底消毒处理（甲醛、丙二醇或乳酸交替熏蒸），每次实验前或每天上班前和下班后用紫外灯照射或臭氧处理消毒。

第二节　动物细胞培养工程实验室布局

动物细胞培养工程实验室要进行动物细胞的培养、保存、鉴定、驯化和培养条件优化研究等一系列活动，因此建立一个具备无菌操作且功能相对齐全的实验室极为重要，不仅要具有基本操作的功能空间，而且布局要相对合理。

动物细胞培养工程实验室内培养的细胞将来可能用于生物制品的生产，应采取相应措施防治外源物污染。为保持实验室的整体空气洁净度，避免外界空气流入，整体应当采用正压的空气净化系统。

动物细胞培养工程的实验室功能区由准备室、细胞保藏室、制备室、温室、细胞培养室（无菌操作室）、生物反应器室、检测室、仪器室和其他设施等组成。实验室布局平面示意图见图 1-1。

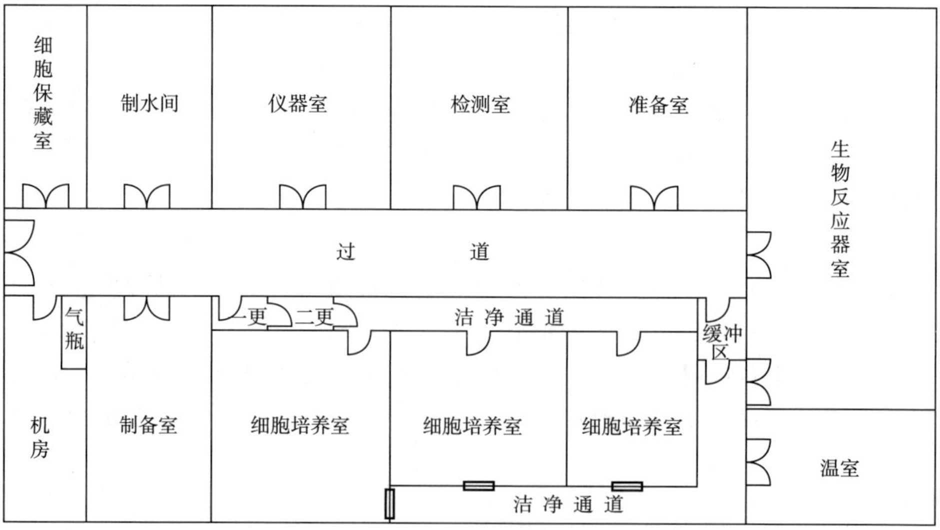

图 1-1　动物细胞培养工程实验室布局平面示意图

1. 准备室

准备室内要进行与实验相关的准备工作，布局上尽量要靠近各个实验室功能区，使准备好的实验物品能快速送达，实验产生的废弃物能尽快集中处理。准备室一般应该宽敞明亮，通风条件好，同时地面应耐温、耐磨、耐酸、耐碱，应设有地漏，且便于排水和清洁。为了便于操作和管理，按其功能应分为清洗区和灭菌区。

2. 细胞保藏室

细胞株（系）对动物细胞工程的研究工作极为重要，一般的动物细胞培养工程实验室都配备有细胞保藏室，用以保存专用的细胞株（系），有条件的实验室还专门配备有与其他细胞培养室相对隔离的种子细胞制备室。

细胞保藏室温度要低，对光照要求低，一般布局在靠近实验室出入口在阴面处，方便补充液氮。细胞保藏室通常配备有冰箱、超低温冰箱（-80℃）和若干液氮罐等常规设备，有些保藏有重要种子细胞株（系）的保藏室还配备有自动补液氮装置，记录细胞存取的电脑、扫码机和打印机，液氮罐液位检测和报警装置等。由于动物细胞工程的细胞株（系）大多是用来生产人和动物的预防和治疗性药物，原始细胞库、主细胞库和工作细胞库的细胞株（系）均要求单独保藏，有多个细胞株（系）的实验室就需要配备数量相对较多的液氮罐，以符合相关要求。

3. 制备室

制备室主要进行试剂和培养基的配制，在与细胞培养室和贮藏室较近的位置布局。制备室需要配备普通天平、电子天平、pH 计、磁力搅拌器、电磁炉、微波炉和配液罐等设备以及纯化水、注射用水取水口。

4. 温室

温室是培养一些在培养箱中不宜放置的动物细胞培养容器的恒温培养空间，与无菌操作室较近，有的以无菌操作室的套间形式布局。其设计以充分利用空间和节省能源为原则，并保持相对的无菌环境。

温室中通常有转瓶培养机、细胞工厂架（台）、本身不具备加热功能的培养瓶和培养罐以及培养观察设备等。

5. 细胞培养室

细胞培养室是细胞工程实验室的核心工作区，是进行细胞各种培养操作的场所。一个动物细胞工程实验室一般会配备有多间细胞培养室（或无菌操作室），有的按实验人员的岗位分配不同房间操作，有的依据开展的工作内容在不同的房间配备按功能进行划分的相应设备。

细胞培养室要长时间保持良好的无菌状态，在空间上要有准备间、更衣间、缓冲间、培养间（工作区）等。

细胞培养室通常配备有空气洁净设备（超净工作台、洁净层流罩）、培养箱（普通培养箱、二氧化碳培养箱）和观察设备（普通显微镜、倒置相差显微镜、显微镜成像系统）。

6. 生物反应器室

生物反应器室是细胞培养工程实验室的关键工作区，是种子细胞株应用到工业化生产的过渡阶段，为大规模应用培养探索逐级放大的参数条件。生物反应器室通常布局在离细胞培养室较近的位置，由于其主要设备为各种不同规格型号的生物反应器，有的体积较大，配套的辅助设备较多，要求场地开阔宽敞，光线好。配备有体积较大且需在线灭菌生物反应器的实验室空调效果要好，便于灭菌后快速散热。生物反应器培养的操作都是在无菌快接装置下进行的，对无菌环境的要求不如细胞培养室严格。

根据培养细胞株（系）的悬浮或贴壁生长的特性，生物反应器室要配备相应规格型号的反应器、培养辅助设备和检测观察设备。培养辅助设备有细胞截留换液装置（ATF）、细胞微载体培养消化装置、细胞液灌流循环装置和供气装置（O_2、CO_2、N_2 和空气）等。检测观察设备有葡萄糖测定仪、多参数生化分析仪、细胞计数仪、细胞密度在线检测仪、显微镜等。另外生物反应器要在线灭菌的实验室还应配备有纯蒸汽发生器。

7. 检测室

检测实验室是细胞培养过程中进行无菌检查、支原体和外源病毒污染检查以及有关特性研究的场所，有条件时检测实验室最好为空气负压区，并配备生物安全柜等生物安全防护设施。由于检测室进行的工作中含有不确定的污染物，布局原则上要远离细胞培养室，空气净化系统也应与细胞培养室分开。检测实验室同时配备有超净工作台、培养箱、冰箱、离心机、显微镜、荧光显微镜等。处理污染物时还应有碱缸、高压锅等。

8. 仪器室

仪器室是放置大型分析检测仪器的场所，一般都是需要专人操作的设备，如流式细胞仪、电子显微镜、激光扫描共聚焦显微镜、显微操作仪等。有些重要的精密仪器对安装地方的防震还有要求，这需要在实验室改造时有所考虑。

9. 贮藏室

有条件的实验室可以单独设计使用试剂和材料贮藏的区域，并配备超低温冰柜、冰箱和冷藏柜贮藏对温度有要求的试剂和材料。

第三节　动物细胞培养工程实验室的设施设备

动物细胞培养工程实验室的设施主要包括空气净化设施和纯化水（或注射用水）设施。常用的仪器设备还有培养设备、观察设备、检测设备、灭菌（除菌）设备和冷冻储藏设备及其有关配套设备。

一、空气净化设施

空气净化设施（图 1-2）是一个能够通过控制温度、相对湿度、空气运动与空气质量（包括新鲜空气、气体微粒和气体）来调节环境的系统的总称。空气净化设施能够降低或升高温度、减少或增加空气湿度和水分、降低空气中颗粒烟尘污染物的含量，为培养物提供无菌环境的同时为工作人员提供舒适的环境。

空气净化设施的洁净度 100 级、10000 级及 100000 级的空气净化处理应采用粗效、中效、高效过滤器三级过滤。空气洁净度 300000 级的空气净化处理，可采用亚高效空气过滤器。初效过滤器（又称粗效过滤器）主要用于对>5μm 大颗粒尘埃的控制；中效过滤器主要

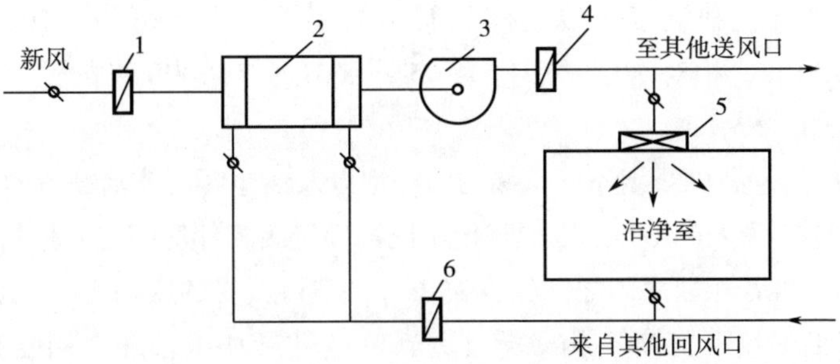

图 1-2 空气净化设施

1—初效过滤器 2—热湿处理室 3—送风机 4—中效过滤器 5—高效过滤器 6—回风过滤器

用于对末端高效过滤器的预过滤和保护，延长高效过滤器的寿命，主要过滤的对象是 1~10μm 的尘粒；亚高效过滤器作为终端过滤器或作为高效过滤器的预过滤，主要作用对象是 5μm 以下的尘粒；高效过滤器作为送风及排风处理的终端过滤，主要过滤小于 1μm 的尘粒。空气净化设施的气流流型、送回风方式及送风量见表 1-1，空气洁净度等级参数表见表 1-2。

表 1-1 空气净化设施的气流流型、送回风方式及送风量表

空气洁净等级	气流流型	送、回风方式	平均风速/（m/s）	换气次数/（次/h）
100 级	单向流	水平、垂直	0. 2~0. 5	—
10000 级	非单向流	顶送下侧回、侧送下侧回	—	15~25
100000 级	非单向流	顶送下侧回、侧送下侧回、顶送顶回	—	10~15
300000 级	非单向流	顶送下侧回、侧送下侧回、顶送顶回	—	8~12

表 1-2 空气洁净度等级参数表

空气洁净等级	含尘浓度		含菌浓度	
	尘粒粒径/μm	尘粒数/（个/m³）	沉降菌/[Φ9cm·碟·（0. 5h）]	浮游菌/（个/m³）
100 级	≥0. 5	≤3500	≤1	≤5
	≥5	0		
10000 级	≥0. 5	≤350000	≤3	≤100
	≥5	≤2000		
100000 级	≥0. 5	≤3500000	≤10	≤500
	≥5	≤20000		
>100000（相当于 300000 级）	≥0. 5	≤10500000	≤15	—
	≥5	≤60000		

空气净化系统的温度和湿度主要是满足实验的要求和人体舒适，10000 级和 100000 级的温度一般为 20～24℃，相对湿度一般应为 45%～60%；300000 级的温度一般为 18～26℃，相对湿度一般为 45%～65%。

空气净化系统的压差我国规定不同等级的洁净室以及洁净区与非洁净室的压差应不少于 5Pa，洁净区与室外的压差应不少于 10Pa。欧盟规定不同洁净等级相邻房间之间保持 10～15Pa，世界卫生组织（WHO）指南推荐相邻房间之间保持 15Pa，一般可接受的压差为 5～20Pa。

洁净室除空气洁净度、温度、相对湿度、新鲜空气量和压差外，照度和噪声级也是控制对象。主要工作室的照度值宜为 300lx，辅助工作室和走廊不宜低于 150lx。对于噪声的要求非单向流洁净区噪声级不应大于 60dB，单向流和混合流的洁净区噪声级不应大于 65dB。

1. 超净工作台

超净工作台是目前较为常用的局部空气净化设备，它主要是通过空气高效过滤在操作台面形成局部无菌环境。超净工作台可以除去大于 0.3μm 的尘埃、真菌和细菌孢子等，其空气流速为 0.4～0.5m/s，这已足够防止因空气对流而引起的污染，同时也不会妨碍用酒精灯进行灼烧消毒。

超净工作台根据气流方向的不同可以分为三种类型：侧流式、直流式、外流式。侧流式和直流式都是气流从一侧吹向另一侧，而外流式的气流是迎着操作者吹来，三者都能达到净化效果。外流式和直流式超净工作台见图 1-3。

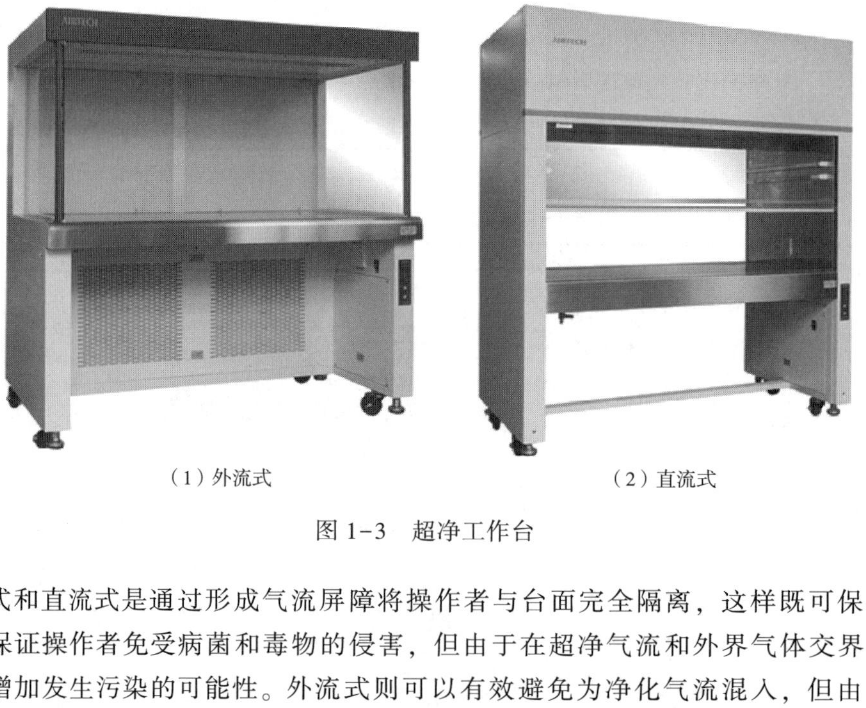

（1）外流式　　（2）直流式

图 1-3　超净工作台

侧流式和直流式是通过形成气流屏障将操作者与台面完全隔离，这样既可保持台面无菌，又可保证操作者免受病菌和毒物的侵害，但由于在超净气流和外界气体交界处易产生对流，会增加发生污染的可能性。外流式则可以有效避免为净化气流混入，但由于其气流是向着操作者吹来，这样可能导致在操作有害样品时对操作者产生侵害，因此若选择此类工作台时宜选择有机玻璃遮蔽的产品，以克服此缺陷。

2. 洁净层流罩

洁净层流罩（图 1-4）是从洁净室吸取空气，通过顶部增压舱里安装的风机，将空气以一定的风速（0.4~0.5m/s）通过高效过滤器后，形成均流层，使洁净空气呈垂直单向流，从而保证了工作区内达到高洁净度。废气从下面排出，返回洁净室区域。

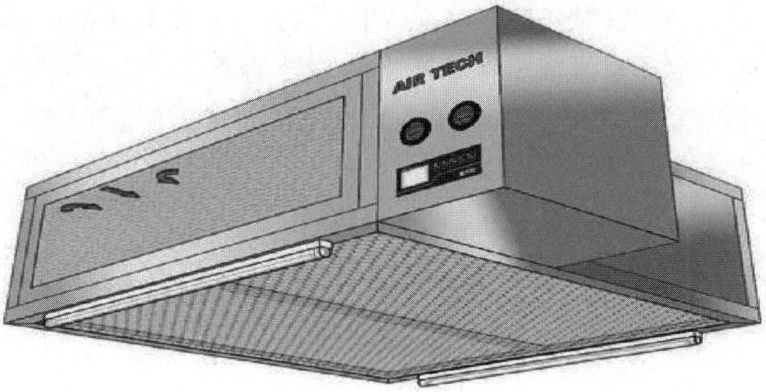

图 1-4　洁净层流罩

3. 生物安全柜

生物安全柜（图 1-5）是防止操作者和环境暴露于实验过程中产生的生物气溶胶的负压过滤排风柜，是防止实验室获得性感染的主要设备。气溶胶是悬浮于气体介质中，粒径一般为 0.001~100μm 的固态、液态微粒所形成的溶胶态分散体系。

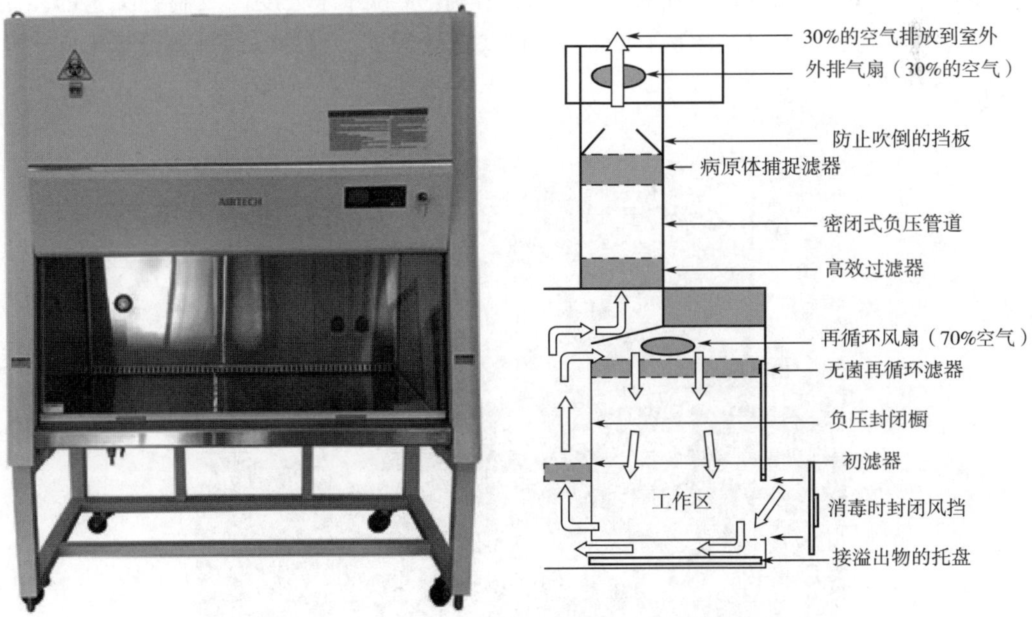

（1）生物安全柜　　（2）工作原理图

图 1-5　生物安全柜

生物安全柜的工作原理主要是将柜内空气向外抽吸，使柜内保持负压状态，安全柜内空气不能外泄从而保护工作人员，外界空气经高效过滤器过滤后进入安全柜，使操作面处于无菌状态。柜内的空气排出需要经高效过滤器过滤后再排放到大气中以保护环境。

生物安全柜可分为一级、二级和三级三大类以满足不同的生物研究和防疫要求。

二、水设施

细胞在离体培养条件下，对任何有害物质十分敏感，极少的残留物都可以对细胞产生毒副作用，需要有一套试验用水系统来保证清洗和培养的要求。粗洗用自来水，与培养液和细胞接触的容器和器材的最终清洗需要用纯化水，培养液配制要用水质更高的注射用水。纯化水和注射用水制备原理图见图 1-6。

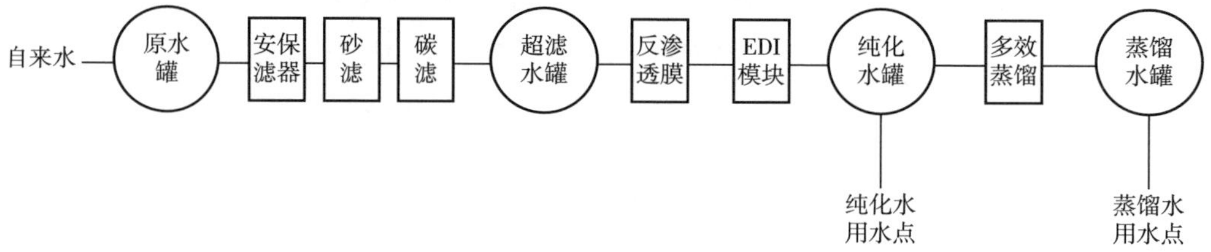

图 1-6　纯化水和注射用水制备原理图

1. 纯化水设施

纯化水又称去离子水，以符合生活饮用水卫生标准的水为原水，通过电渗析法、离子交换器法、反渗透法、蒸馏法及其他适当的加工方法制得，纯化水要密封于容器内，在 24h 内用完。电导率是纯化水的特征性指标，反映的是纯化水的纯净程度以及制备工艺的控制好坏。实验室规模的纯化水以反渗透+去离子的模式比较常见，这种水的制备分以下几个阶段（纯化水设施见图 1-7）。

图 1-7　纯化水设施

（1）深层过滤 饮用水经石英砂柱过滤和活性炭吸附，前者除去原水中的大颗粒、悬浮物、胶体和泥沙等，后者是除去水中游离氯、色度、微生物、有机物以及部分重金属等有害物质，以防止对反渗透系统造成伤害。

（2）反渗透 利用半渗透膜除去水中溶解的盐类，同时除去一些有机大分子以及前阶段没有去除的小颗粒等。半渗透膜可以渗透水，不渗透其他的物质，如大多数盐、酸、沉淀、胶体细菌和内毒素。通常情况下反渗透膜单根的除盐率可大于99.5%。

（3）离子交换 作用是水的软化和脱盐。离子交换法是用离子交换剂和水中溶解的某些阴、阳离子发生交换反应，进而除去水的有害离子，在软化处理中常选用离子交换树脂。固定床是将离子交换树脂装填于管柱式容器，形成固定的树脂层，操作为交换、反洗、再生及清洗四步间歇反复进行。连续式离子交换体系是使交换与再生过程在不同设备内同时进行，制水过程是不间断的。

（4）电渗析 作用是水的软化和脱盐。电渗析法是在直流电场作用下，利用阴阳离子交换膜对水中的离子具有选择性和透过性的特点，使水中阴、阳离子分别通过阴离子交换膜和阳离子交换膜迁移，从而达到除盐的目的。电渗析器中交替排列着许多阳膜和阴膜，分隔成小水室，当水进入这些小室时，在直流电的作用下，溶液中的离子就作定向迁移。阳膜只允许阳离子通过而把阴离子截留下来，阴膜只允许阴离子通过而把阳离子截留下来，结果这些小室的一部分变成含离子很少的淡水室，出水称为淡水。而与淡水室相邻的小室则变成聚集大量离子浓水室，出水称为浓水。从而使离子得到了分离和浓缩，水便得到了净化。电渗析装置工作原理示意图见图1-8。

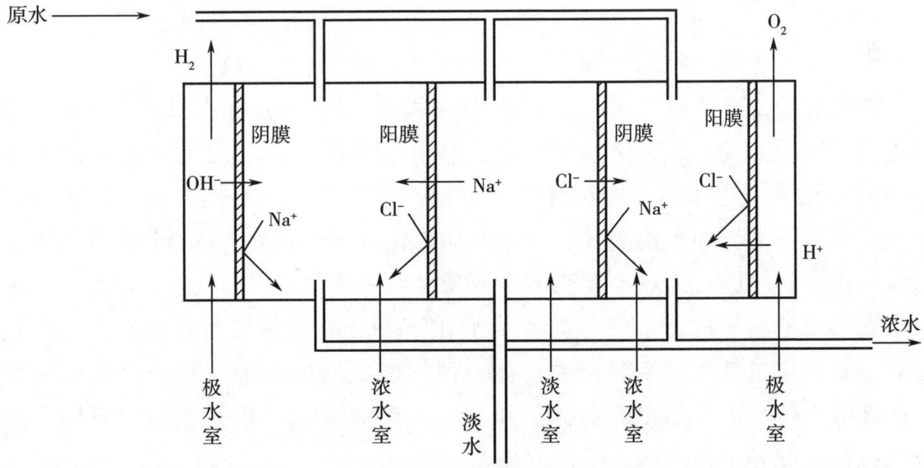

图1-8 电渗析装置工作原理示意图

2. 注射用水设施

注射用水为纯化水经蒸馏所得的水，与纯化水的不同之处是细菌内毒素更低。现在普遍采用的注射用水生产设备为多效蒸馏水机。注射用水设施见图1-9。

图 1-9　注射用水设施

多效蒸馏水机是将原料水（纯化水）在一效预热器被工业蒸汽凝结水（电热装置）加热，进入以后各效预热器被二次蒸汽的凝结水（蒸馏水）加热；到冷凝器被二次蒸汽、蒸馏水加热；然后在蒸发器顶部经分水装置，均匀地分布进入蒸发列管，在蒸发列管内形成薄膜状的水流；这些水流因为薄所以很快被蒸发，产生二次蒸汽；未被蒸发的原料水被输送到下一效，作为次效蒸发器的原料水，以后各效与此类似，未被蒸发的进入下一效，直到最后一效仍未被蒸发的，将作为凝结水排放；被蒸发的原料水，现在是二次蒸汽，继续在蒸发器中盘旋上升，经中上部特殊分离装置处，进入纯蒸汽管路，作为次效的热源；二次蒸汽在次效被吸收热量后凝结成蒸馏水；各效过程与此相似，各效的蒸馏水和末效的二次蒸汽被冷凝器收集，并经过与冷却水、原料水换热，冷却成为蒸馏水；经过电导率的在线检测，合格的蒸馏水作为注射用水输出，不合格的蒸馏水将被排放。

原料水转化成的二次蒸汽是洁净蒸汽，它经过三次分离作用：在最初进入蒸发器后，沿列管向下流动，同时蒸发，这是第一次分离；被蒸发的原料水（二次蒸汽）在蒸发器的下端 180°折返，杂质在重力作用下，被分离到下部，这是第二次分离；被蒸发的原料水，即二次蒸汽，继续在蒸发器中盘旋上升，到中上部特殊分离装置处，进行第三次分离。

冷却水只在冷凝器通过，对各效产生的蒸馏水和末效的二次蒸汽进行降温。工业蒸汽在第一效的蒸发器对原料水进行加热，其凝结水在第一效的预热器对原料水加热，热量被吸收后成为凝结水排出机外。在冷凝器中，有一种不能凝结成水的一部分气体，被称作不凝性气体，此部分气体将由安装在冷凝器上部的排出装置去除。根据机型的不同，在各效蒸发器上也可能设有此种不凝气体连续排放装置。

三、培养设备

1. 培养箱

培养箱是细胞培养的必需设备，一般恒温培养箱的温度调控范围是 33～43℃，多数情况下家畜细胞培养的温度设在 37℃，而家禽细胞培养温度则设在 38℃。恒温培养箱应选隔水式或晶体管自控恒温培养箱，此类培养箱灵敏度高，温度控制较稳定。一般的恒温培养箱价格较便宜，其缺点是只适宜作密闭式培养。

pH 是影响细胞体外生长的另一个主要因素，大多数细胞的适宜 pH 范围为 7.2~7.4，偏离此范围将对细胞产生有害影响。由于细胞代谢产生的产物多为酸性物质，可使培养液的 pH 发生改变，为了维持细胞培养过程中 pH 的相对恒定，需要 CO_2 参与调节。CO_2 培养箱就是为此目的开发的细胞培养设备，适用于开放或半开放培养。

CO_2 培养箱（图 1-10）通过微泵系统或气体漏斗将 CO_2 送入箱体内，其输入 CO_2 的量由培养箱的电子控制装置自动调控，可以保证箱内 CO_2 浓度恒定。CO_2 培养箱有精确的温控装置，可以保证孵育室内温度恒定在所设置的范围内。此外，还有些特殊用途的培养箱，如 CO_2、N_2、O_2 培养箱，简称三气培养箱，可通入 CO_2 和 N_2。通过通入 N_2 调节箱内 O_2 的浓度。这种培养箱适用于进行细胞缺氧或高氧方面的研究。

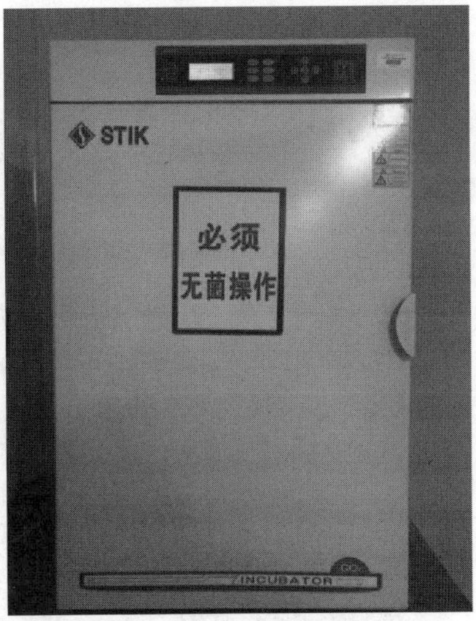

图 1-10　CO_2 培养箱

2. 摇床

摇床（图 1-11）是由温度可控的培养箱和振荡器相结合的细胞培养设备，适用于全悬浮培养型细胞的培养。由于摇床在工作时机械部分的运动会产生热量，细胞培养用的摇床要具备制冷功能才能保持在恒温运行。培养箱、振荡器和 CO_2 控制三者相结合的 CO_2 摇床在细胞培养时效果更好。

（1）普通摇床

（2）CO_2摇床

图 1-11　摇床

3. 动物细胞生物反应器

生物反应器指为以活细胞或酶为生物催化剂进行细胞增殖或生化反应提供适宜环境的设备，它是生物反应中的关键设备。从生物反应过程说，发酵过程用的反应器称为发酵罐；酶反应过程的反应器则称为酶反应罐。专为动物细胞大量培养用的生物反应器称为动物细胞生物反应器（图 1-12）。由于动物细胞没有细胞壁，非常脆弱，对剪切敏感，对体外培养环境有严格的要求，传统的微生物发酵反应器不适用于动物细胞的大量培养，因而对动物细胞培养用反应器的设计和过程控制具有特殊的要求，是模拟动物体内环境并在体外进行生物培养的系统，它是集机械流体、控制、生物等多学科的高新技术产品。

图 1-12　动物细胞生物反应器

生物反应器的设计、放大是生化反应工程的中心内容，也是生物化学工程的重要组成部分。生物反应器是集中各种高技术含量的机电一体化产品，不能简单地认为是一种机械加工与仪表的结合。细胞培养用生物反应器的种类越来越多，规模也越来越大，反应器的主要结构形式仍以搅拌式、气升式和固定床为主。

四、观察设备

动物细胞培养的观察设备主要是指生物显微镜、荧光显微镜、显微镜成像系统及细胞工厂观察装置。

1. 生物显微镜

生物显微镜按目镜和移动台的相对位置可分为正置显微镜和倒置显微镜，倒置显微镜微镜与正置显微镜区别主要在于其物镜与照明系统的位置颠倒，相差显微镜和正置显微镜的区别在于用环状光阑代替可变光阑，用带相板的物镜代替普通物镜，并带有一个合轴用的望远镜。由于倒置显微镜观察的材料一般都是培养的细胞，透明性大，结构对比不明显，故倒置显微镜常配备相差物镜，实际上也就构成了倒置相差显微镜。

倒置显微镜是一种为适应生物学中组织细胞离体培养工作的显微观察的需要而发展起来的一种光学显微装置，它可以对体外培养细胞进行长时间观察、拍照、摄影及录像等。由于它的物镜、物体和光源的位置刚好与经典的显微镜颠倒，因而称为倒置显微镜。倒置显微镜的结构组成与相差显微镜基本相同，所不同的是它的照明系统与物镜的位置颠倒过来，物镜置于载物台下，照明系统位于载物台上。由于集光器与载物台之间的工作距离增加，载物台上可放置培养皿、培养瓶等容器，因此可对培养的细胞进行直接的观察。

相差显微镜是荷兰科学家 Zernike 于 1935 年发明的，用于观察未染色标本的显微镜。活细胞和未染色的生物标本，因细胞各部细微结构的折射率和厚度的不同，光波通过时，波长和振幅并不发生变化，仅相位发生变化（振幅差），这种振幅差人眼无法观察。而相差显微镜通过改变这种相位差，并利用光的衍射和干涉现象，把相差变为振幅差来观察活细胞和未染色的标本。

倒置相差显微镜是相差显微镜和倒置显微镜的结合，既具有倒置显微镜的倒置观察方式，同时，成像原理则与相差显微镜成像原理相一致。生物倒置显微镜和成像设备见图 1-13。

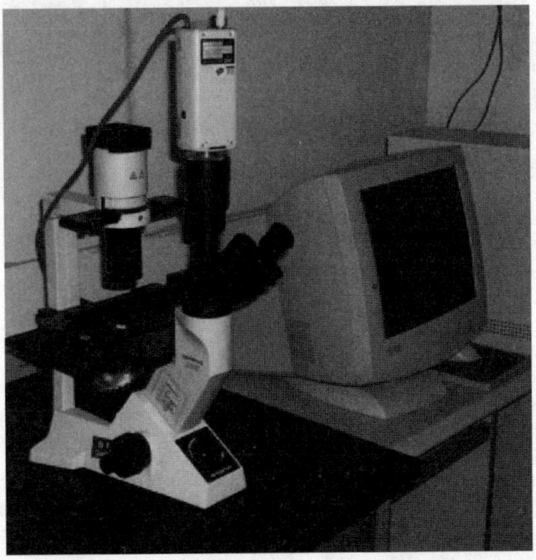

图 1-13　生物倒置显微镜和成像设备

2. 荧光显微镜

荧光显微镜，指选择由高压汞灯或类似光源发出的一定波长的激发光，激发细胞中某些被荧光染料标记的物质发射荧光，观察细胞某种特异成分分布状态的显微镜，也可进行半定量测定。荧光显微镜就是对这类物质进行定性和定量研究的工具之一。

3. 显微镜成像系统

显微镜成像系统以非摄影方式获取微观世界的影像，并可以对获取的图片进行图像分析的系统。显微数码成像系统包括 CCD/CMOS 专业相机、图像采集处理软件、显微镜接口、数据传输线等，其中最核心的设备是电荷耦合器件（CCD）和互补金属氧化物半导体（CMOS）图像传感器，前者由电荷耦合器件构成，后者由金属氧化物器件构成。两者都是光电二极管结构感受入射光并转换为电信号，主要区别在于读出信号所用的方法。

4. 细胞工厂观察装置

由于常规显微镜观察不了两层及以上细胞工厂的生长情况，专门设计了细胞工厂观察装置（图 1-14），该装置可以观察到细胞工厂底层及每层边缘一定宽厚的生长情况。细胞工厂观察装置主要有机械运动及控制系统、数码显微镜系统和计算机显示系统等组成部分。机械运动及控制系统由精密线性模组和滑轨、人机界面（触摸屏）、可编程序控制器（PLC）、步进电机组成，运动精度和可靠性高。数码显微镜系统通过光电转换器（工业相机）将光学显微镜与数码成像系统结合，然后转换的数字视频信号传入计算机处理成像。计算机显示系统将数字视频信号处理后，由高清显示器显示实时动态图像，图像能进行编辑和保存，相机的曝光时间、亮度、对比度、饱和度、锐度和分辨率可调节。

图 1-14 细胞工厂观察装置

五、检测设备

动物细胞培养常用的检测设备有活细胞在线检测仪、细胞分析仪和生化分析仪等（图 1-15）。

活细胞在线检测仪通常安装在不同大小的生物反应器上，在线实时检测生物反应器内活细胞生物量。其采用双电极电容法，可以实时在线检测发酵罐内活细胞的浓度、生物量体积、电容大小、导电率大小，在检测过程不受细胞碎片、细胞团块、死细胞、发酵液泡沫、固体培养基颗粒等影响。

细胞分析仪能够在极短时间内检测细胞浓度、数目以及细胞碎片浓度，区分死活细胞，测定活率。广泛用于细胞生长因子研究、细胞生长曲线、细胞倍增时间以及药物对细胞的影响作用，而且无染料对细胞的损害作用。

细胞培养用的生化分析仪，主要对细胞培养液中的营养成分、代谢产物、气体进行快速分析检测，参数包括葡萄糖、谷氨酰胺、谷氨酸、乳酸、铵、pH、Na^+、K^+、P_{O_2}、P_{CO_2} 和渗透压的测量。

六、灭菌（除菌）设备

1. 高温湿热灭菌

压力蒸汽灭菌是最常用的高温湿热灭菌方法。该法对生物材料有良好的穿透力，能造成蛋白质变性凝固而使微生物死亡。布类、玻璃器皿、金属器皿、胶和某些培养液都可以用此方法灭菌，是一种有效的、常用的消毒方法。高压灭菌器见图 1-16。

2. 高温干热灭菌

干热灭菌主要是将电热烤箱内物品加热到 160℃以上，并保持 90～120min，杀死细菌和

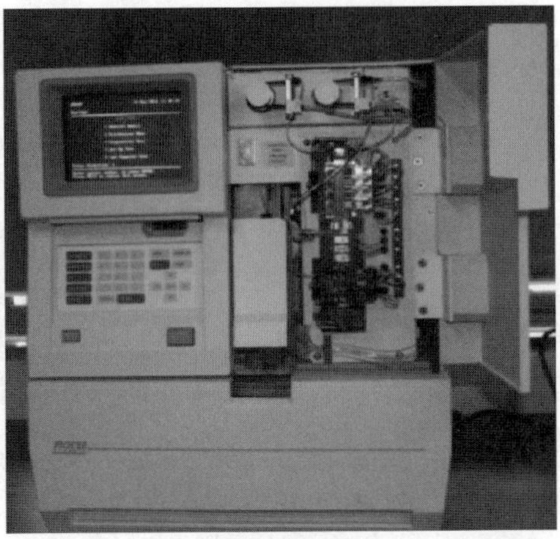

（1）生化分析仪

（2）细胞分析仪

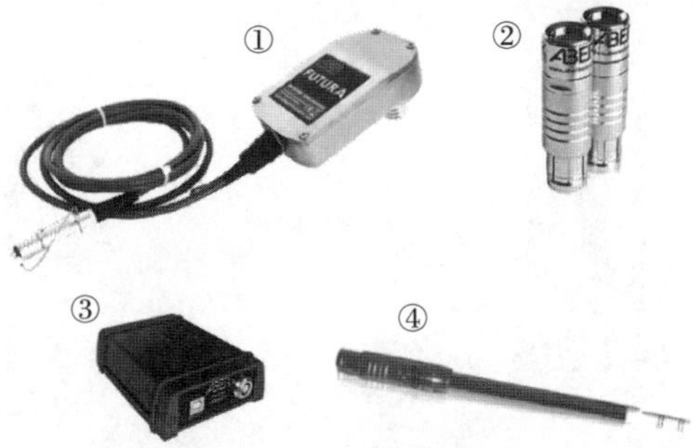

（3）活细胞在线检测仪

①—标准型 futura 主机　②—信号模拟器（零值和高值）　③—单通道连接组件

④—12mm×320mm 规格不锈钢环形电极

图 1-15　检测设备

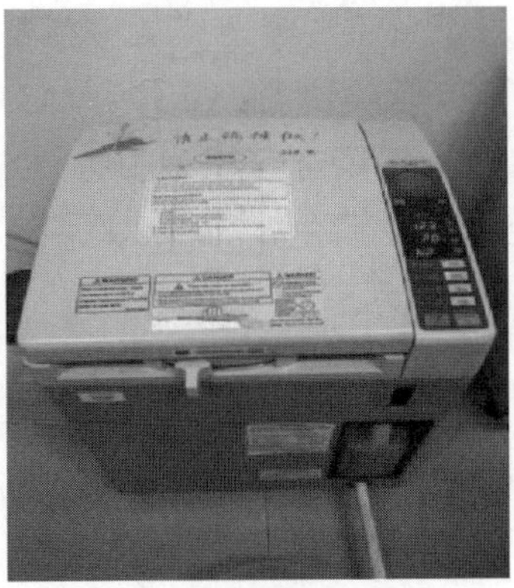

（1）台式高压灭菌器

（2）立式高压灭菌器

（3）卧式高压灭菌器

图 1-16　高压灭菌器

芽孢，达到灭菌目的，主要用于灭菌玻璃器皿（如体积较大的烧杯、培养瓶）、金属器皿以及不能与蒸汽接触的物品（如粉剂、油剂）。干热消毒后的器皿干燥，易于保存。但干热传导慢，可能有冷空气存留于烤箱内，因此需要用较高温度和较长时间才能达到消毒目的。

3. **过滤除菌**

过滤除菌是将培养液用微孔薄膜过滤，使大于孔径的细菌等微生物颗粒阻留，从而达到除菌目的。由于加压式微孔滤膜滤器过滤具有流速高、过滤快、不易污染、可避免蛋白质产生气泡、使用方便、易清洗等优点，目前使用最为广泛。微孔滤膜滤器的构造原理类似于 Zeiss 滤器，用金属滤器和小型的塑料滤器，配上可以更换的一次性微孔滤膜。滤器型号按直径大小划分。如过滤量大的培养用液常用较大型号的金属滤器（直径 90mm、100mm、142mm 等），配以过滤泵使用。过滤量较小的液体常用注射器推动的塑料小滤器（直径 20mm、25mm 等），这些滤器清洗也比较方便。过滤除菌的设备及滤芯见图 1-17。

（1）滤壳

（2）滤芯

图 1-17　过滤除菌的设备及滤芯

七、冷冻储藏设备

冷冻储藏能较好地保持动物细胞的生物学特性。冷冻储藏设备主要是能盛放液氮的容器，即液氮罐（图 1-18）。液氮罐是细胞培养室的必备设备，有运输用的液氮罐和储存用的液氮罐两类。液氮罐有不同的规格，因厂家不同而异，国产液氮罐有容积为 10L、15L、30L、35L、50L 等多种规格。现在已经有可以保存上万支细胞的液氮储存系统。液氮温度为 -196℃，因此在液氮罐中取用组织样品时要特别注意，防止液氮溅到皮肤上引起冻伤。

八、其他设备

1. 细胞截留装置

细胞截留装置（ATF）是一种以压缩空气为驱动力的隔膜泵，空气交替进出隔膜泵的底部使得培养液在生物反应器和系统间快速循环，培养液在经过中空纤维切向流过滤后，实现细胞拦截。系统快速的培养基交换速率和低剪切力，保证了培养系统内细胞的高密度和活力。ATF 系统的型号和换液量见表 1-3，ATF 系统见图 1-19。

（1）外观　　（2）内部构造

图 1-18　液氮罐

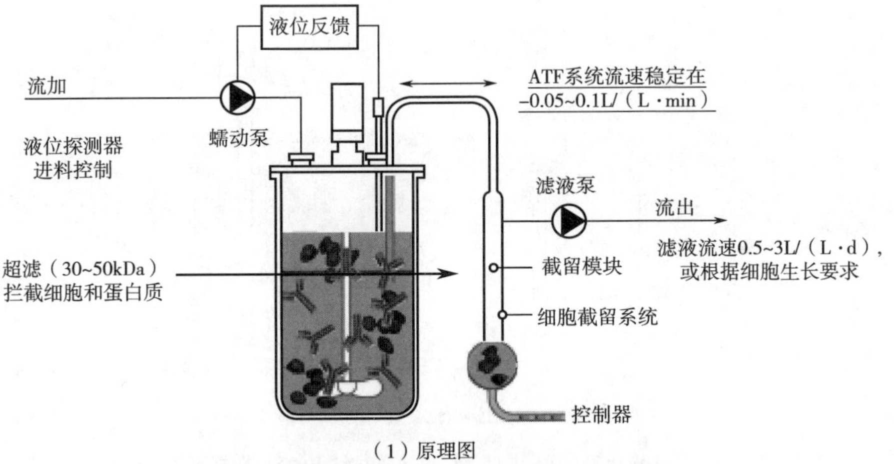

（1）原理图

（2）外观图

图 1-19　ATF 系统

表 1-3 ATF 系统的型号和换液量

系统	浓缩补料批次培养、灌流、浓缩灌流培养	微载体培养
ATF2	0~4L	0~10L
ATF4	4~25L	10~50L
ATF6	25~150L	50~250L
ATF8	150~400L	250~1000L
ATF10	400~1000L	1000~5000L

2. 细胞消化装置

在工业化动物细胞培养过程中，为达到最终的生产规模，需要采用一系统逐渐放大的反应器来培养种子细胞。反应器间传代培养是贴壁细胞扩大过程中的关键，细胞从上一级反应器的微载体上消化下来，再接种到下一级反应器中，通常需要一种专用的细胞消化装置（图 1-20），又称消化反应器。细胞消化装置的种类很多，结构简单，其主要完成的流程是

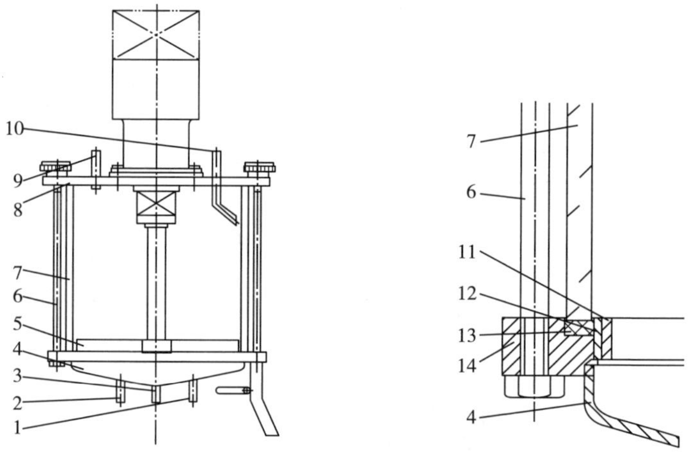

（1）细胞消化装置结构示意图

1—洗涤液/消化液入口 2—消化液出口 3—进/出料口 4—底封头 5—搅拌装置 6—紧固螺栓 7—筒体 8—盖板 9—出/入气口 10—进料口 11—筛网 12—筛网固定环 13—密封圈 14—封头法兰

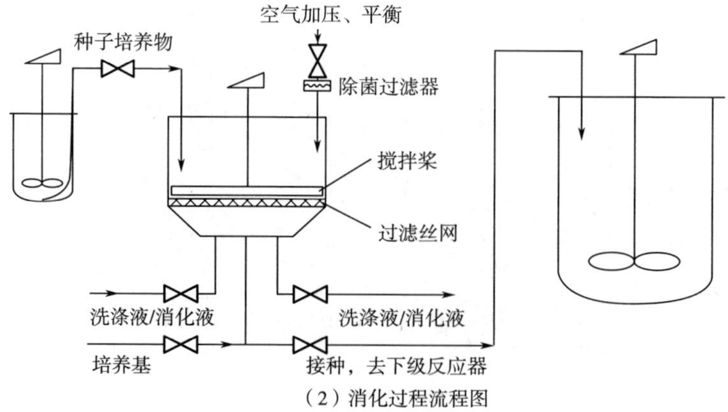

（2）消化过程流程图

图 1-20 细胞消化装置

种子细胞无菌接入、原培养液的排除、缓冲液冲洗种子细胞、消化液消化、消化液排除、新鲜培养液加入、消化后细胞的无菌收集以及操作过程中搅拌和恒温加热。

九、思考与讨论

1. 动物细胞工程实验室常用设施设备运作应具备哪些环境？
2. 动物细胞培养技术在疫苗生产中的优点有哪些？

第四节　无菌操作

体外培养细胞缺乏抗感染能力，所以防止污染是决定培养成败的首要条件。无菌操作是细胞培养的最基本实验技术，无菌的概念要成为一种潜意识，一种自觉行为。即便使用设备完善的实验室，若实验者粗心大意，技术操作不规范也会导致污染。保持一个干净有条理的工作空间，尽量能预先准备好，使培养物在培养物箱外停留最短的时间，而且要做到各种操作快速、简便和顺利，时刻警惕无菌面和非无菌面的意外接触，实验完毕，保持工作区干净整洁，每一项工作都必须做到有条不紊和完全可靠。

培训并练习掌握出入动物细胞工程实验室洁净区域的更衣和消毒操作程序，培训无菌基本操作。

一、前期准备

在开始实验前要制定好实验计划和操作程序。有关计算要事先做好，根据实验要求，准备各种所需器材并完成灭菌和消毒，清点无误后将其放置操作场所（培养室、超净台）内，然后开始消毒。这可以避免开始实验后，因器材不全往返拿取而增加污染机会。

二、环境消毒

无菌培养室每天都要用 0.2% 的新洁尔灭拖洗地面一次（拖布要专用），紫外线照射消毒 30~50min。超净工作台台面每次实验前要用 75%（体积分数）乙醇擦洗，然后紫外线消毒 30min。在工作台面消毒时切勿将培养细胞和培养用液同时照射紫外线，消毒时工作台面上用品不要过多或重叠放置，否则会遮挡射线降低消毒效果。一些操作用具如移液器、废液缸、污物盒、试管架等用 75%（体积分数）乙醇擦洗后置于台内同时紫外线消毒。

三、着装和洗手消毒

进入细胞培养室前先换专用鞋，进入缓冲间换专用实验服，戴上手套、口罩、消毒后进行实验，如果实验过程中手触及可能污染的物品和出入培养室都要重新用用 75%（体积分数）乙醇消毒。

四、火焰消毒

在无菌环境进行培养或做其他无菌工作时，首先要点燃酒精灯或煤气灯。之后一切操作，如安装吸管帽、打开或封闭瓶口等，都需在火焰近处并经过烧灼进行。但要注意：金属器械不能在火焰中烧得时间过长，以防退火，烧过的金属镊要待冷却后才能夹取组织，以免造成组织损伤。吸取过营养液的吸管不能再用火焰烧灼，因残留在吸管头中营养液能烧焦形成炭膜，再用时会把有害物带入营养液中。开启、关闭长有细胞的培养瓶时，火焰灭菌时间要短，防止因温度过高烧死细胞。另外胶塞过火焰时也不能时间长，以免烧焦产生有毒气体，危害培养细胞。

五、实验过程

开启无菌操作台风机运转 10min 后，才可开始实验操作，进行培养时，动作要准确敏捷，但又不必太快，幅度不能太大，以防空气流动，增加污染机会。无菌操作工作区域应保持清洁与宽敞，必要的物品可暂时放置，其他实验用品用完后应及时移出，以利于气体流通。实验操作应在操作台中央区域进行，勿在边缘非无菌区域进行。不能用手触及已消毒器皿，如已接触，要用火焰烧灼消毒或取备品更换。为拿取方便，工作台面上的用品要有合理的布局，原则上应是右手使用的物品放置在右侧，左手使用的物品放置在左侧，酒精灯置于中央。工作由始至终要保持一定顺序性，组织或细胞在未做处理之前，勿过早暴露在空气中。同样，培养液在未用前，不要过早开瓶；用过之后如不再重复使用，应立即封闭瓶口并直立可减少落菌机会。吸取营养液、磷酸盐缓冲液（PBS）、细胞悬液及其他各种用液时，均应分别使用吸管，不能混用，以防扩大污染或导致细胞交叉污染。工作中不能面向操作台讲话或咳嗽，以免唾沫把细菌或支原体带入工作台面发生污染。操作前用 75%（体积分数）乙醇擦拭超净台面及双手。手或相对较脏的物品不能经过开放的瓶口上方，不要在打开的容器正上方操作，实验容器打开后，用手夹住瓶盖并握住瓶身，倾斜约 45°取用，尽量勿将瓶盖盖口朝上放在台面上。瓶口最易污染，加液时如吸管尖碰到瓶口，则应将吸管丢掉。

六、实验结束

将实验物品带出工作台。如需要继续进行下一个实验，则需先用 75%（体积分数）乙醇擦拭无菌操作台面，再让无菌操作台风机运转 10min，之后方可进行。

七、思考与讨论

细胞工程实验中需要注意哪些无菌操作？体会细胞工程实验操作与普通生物学实验操作的差异。

第二章　动物细胞培养工程基础实验

实验一　细胞培养器材的准备

一、实验目的

1. 掌握细胞培养常用实验器材（玻璃器皿、橡胶制品、塑料制品、金属器械）的清洗要领、步骤以及注意事项。

2. 掌握细胞培养常用器材的包装方法和要求。

3. 掌握干热灭菌、湿热灭菌方法及操作注意事项。

二、实验原理

离体条件下，细胞对任何有害有毒性物质都十分敏感，极少的残留物都可以对细胞产生毒副作用，有害有毒性物质包括解体的微生物及细胞残余物以及非营养的化学物质，因此任何细胞都需要在无毒无菌条件下进行培养，细胞培养新采用和重新使用的器械、培养瓶等都要严格清洗、分类包装和消毒灭菌处理。细胞培养器材清洗的要求要比普通实验的严格得多，应按不同种类的器材进行彻底清洗。

三、实验材料

1. 玻璃器材

细胞培养所用的玻璃器材应由透明度好、无毒的中性硬质玻璃制成。国产螺旋口培养瓶有25mL、75mL、100mL、250mL等规格，进口培养瓶常以底面积（cm^2）表示；培养皿（直径有3.5cm、6cm、9cm和10cm等规格）；离心管（5mL、10mL）；注射器（5mL、10mL、20mL和30mL等）；贮存瓶（100mL、250mL和500mL）；青霉素瓶（5mL）；西力欣瓶（10mL）；还有尖吸管和移液管、载玻片（厚度0.8~1.2mm）、盖玻片（厚度0.12mm）、贮存尖吸管用的玻璃筒或金属筒、漏斗、烧杯、量筒、贮蒸馏水瓶、冷冻管（1.5mL、2mL）等。

液体储存瓶：用于储存各种配制好的培养液。

培养瓶：培养细胞专用。

培养皿：用于清洗组织或细胞培养。

吸管/移液管：用于移取液体或吹打细胞。

离心管：用于收集细胞等。

其他：如三角烧瓶、烧杯、量筒、漏斗、注射器、移液器等。

2. 橡胶制品

细胞培养中所用的橡胶制品主要是培养瓶盖子、胶塞、胶管、橡皮乳头等。

3. 塑料制品

目前，塑料制品大多经消毒灭菌、密封包装，打开包装即可用，多为一次性物品。重复使用的需经特殊方法清洗消毒。塑料器材厚薄均匀，有的表面经特殊处理，细胞易于生长。如多孔培养板，规格为 4 孔、6 孔、12 孔、24 孔、96 孔等；培养皿直径有 3cm、6cm、10cm 等规格；吸头有 10μL、200μL、1000μL、5000μL 等规格；培养瓶用底面积表示，有 $25cm^2$、$75cm^2$、$150cm^2$、$175cm^2$ 等规格。

4. 金属器械

解剖刀、眼科剪和镊子（直头、弯头）、中号圆头镊子等。

5. 杂用品

金属饭盒、试管架、各种规格胶塞（盖）子、记号笔、搪瓷盘、吸耳球、酒精灯、酒精棉球、包扎绳、火柴或打火机、各种支架、大号圆头镊子等。

组织培养中使用最多的是培养瓶、吸管、培养皿及各种瓶塞、注射器。实验者手中应有三套器材，瓶塞数要大于瓶数，才能保证实验中的循环使用。

四、实验内容

（一）清洗

清洗的目的是清除杂质，不残留影响细胞生长的成分，如解体的微生物、细胞残迹以及其他化学成分。

1. 玻璃制品

清洗要领如下 5 个方面：①浸泡。初次使用的玻璃器皿呈碱性，表面常附有灰尘和一些对细胞有毒的物质，如铅和砷等。空气湿度高时，玻璃器皿表面又易长霉。使用前，新器皿浸泡在 5% 稀盐酸中过夜，以中和玻璃表面的碱性物质并去除霉斑；然后经简单刷洗，流水冲洗（逐片进行），蒸馏水浸泡，干燥备用。培养后的玻璃器皿应立即投入清水中浸泡，以软化和溶解附着物。器皿中残留的细胞、蛋白质一旦干涸，即固着于玻璃表面，极难脱落。②刷洗。将浸泡后的或用过的玻璃器皿经自来水冲洗后，浸入热水中，然后将适量洗涤剂（洗洁精或洗衣粉）投入其中浸泡 30min，佩戴橡胶手套趁热用软毛刷反复刷洗器皿内外，要特别注意瓶角等部位的洗涤，不要留死角，并防止破坏器皿表面的光洁度，清洗时不要用力过猛。③干燥或烘干。将刷洗干净的玻璃器皿彻底冲洗干净、晾干或烘干（75℃，1h），准备浸酸。④浸酸。刷洗好的玻璃器材干燥后置酸液（浓硫酸+重铬酸钾）中浸泡 24h，或至少 4~6h。浸泡时器皿要充满酸液，勿留气泡或器皿露出酸液面。酸液去污能力很强，是清洗过程中关键的一环。酸液的强氧化作用可清除刷洗不掉的极微量杂质。⑤冲洗。反复“注水-倒空”10~15 次以上，最后用蒸馏水浸洗 3 次，晾干或烘干后包装备用。常用的酸液有下列三种，配制组分比例见表 2-1。

表 2-1 常用酸液的配制

酸液	重铬酸钾/g	浓硫酸/mL	蒸馏水/mL
弱酸液	100	100	1000
次强酸液	120	200	1000
强酸液	63	1000	200

酸液配制时应注意安全，须穿戴耐酸手套，并要保护好面部及身体裸露部分。配制时重铬酸钾先溶于水中，再慢慢加浓硫酸，不停搅拌。配成后酸液一般为棕红色。经多次使用，遇有机溶剂和水分增多时变为绿色，表明已失效，应废弃而重新配制。

2. 橡胶制品

细胞培养中所用的橡胶制品主要是培养瓶盖子、胶塞、胶管、橡皮乳头等。新购置的橡胶制品带有大量滑石粉及杂质，应先用自来水冲洗，再做常规清洗，或按如下程序清洗。

新购置的橡胶制品的洗涤方法：0.5mol/L NaOH 溶液煮沸 15min→流水冲洗→0.5mol/L HCl 溶液煮沸 15min→流水冲洗→自来水煮沸 2 次→去离子水煮沸 20min→50℃烘干备用。这样处理可完全除净胶塞上的硫磺等有毒物质。用过的胶塞，其清洗方法、要求基本同玻璃器材。因胶塞使用面常沾有洗涤剂，流水冲不净，故其为胶塞洗刷的重点部位，应用刷逐个刷洗。在使用过程中，胶塞不能与培养液接触，以防未洗净的胶塞污染培养液和细胞。

使用后的胶塞、盖子应及时浸泡在清水中，再做常规清洗，常规清洗方法：每次用后立即置入水中浸泡，然后用 20g/LNaOH 溶液或洗衣粉煮沸 10~20min，以除掉其中的蛋白质。自来水冲洗后，再用 1% HCl 溶液浸泡 30min，冲洗；用蒸馏水漂洗 2~3 次，晾干备用。

（二）包装

清洗后的培养瓶、培养皿、吸管、塞（盖）子、金属器械等器材用牛皮纸进行严密包装，封闭器材使用端，标记器材手持端，以便于消毒和贮存；吸管的手持端加棉塞后单独包装或放入吸管筒；瓶盖、胶塞包装（5~10 个/包）或放入铝饭盒包好。

包装常用材料：牛皮纸 硫酸纸、纱布、铝制饭盒。

注意事项：手指与器材接触面积要小，手指不能触及器材的使用端；封闭器材使用端，标记器材手持端；小包装；玻璃管道口（尖吸管、移液管手持端、抽滤瓶下口端等）加塞棉花。

（三）灭菌

湿热灭菌：将包装好的物品放入高压蒸汽灭菌器内，通常灭菌条件为 121℃（0.1MPa），20~30min。

干热灭菌：使用烘烤箱，主要用于玻璃制品和金属器材灭菌，160℃维持 120~180min，方可杀死芽孢。

高压蒸汽灭菌器使用注意事项：灭菌物品不能装得太满；加热升压前，打开排气阀门排放灭菌器内冷空气；达到所需压力时开始计时计算灭菌时间。

培养液和橡胶制品：115℃（65kPa），10min。

玻璃制品和金属器械：121℃（0.1MPa），20~30min。

灭菌完毕，待压力指针降至零位，等数分钟后，打开灭菌器盖。血清、合成培养基、酶和含有生物活性的液体，不能采用高压灭菌的方法进行灭菌处理，可采用过滤方法以除去细菌等微生物。

五、思考与讨论

对比细胞培养实验与其他科目实验在实验器材的准备上有哪些不同要求？尤其是实验器材在清洗要求方面有哪些异同？叙述细胞培养实验器材准备心得。

实验二　细胞培养液的配制与灭菌

一、实验目的

1. 了解动物细胞体外生存、生长所需要的基本用液种类。

2. 掌握配制细胞基础培养基、完全培养基、胰蛋白酶溶液、D-Hank's 液（或 PBS 磷酸缓冲液）等常用细胞培养用液的方法。

3. 掌握细胞培养用液使用除菌滤器滤过除菌和分装方法。

4. 培养无菌意识，掌握无菌操作要领。

二、实验原理

进行体外培养离不开适合细胞在体外生存和生长的各种溶液，即培养用液。培养用液主要包括培养液、缓冲液、平衡盐溶液、血清以及消化液、pH 调整液和抗生素液等常用溶液。

培养用液都直接与细胞接触，是培养细胞主要的直接生长环境。培养用液中各种成分要严格选择，品质优良。所用容器要彻底清洗，包装存放，严格消毒。配制过程要严格按照合理的程序操作，避免混入杂质。要明确标注所配液体名称及配制日期。制备好的培养用液要及时除菌并分装，在适当的条件下贮存。另外，还要注意使用期限，防止消毒后再度污染或变质。

三、实验材料

1. 实验试剂

DMEM 培养基、新生牛血清、KCl、KH_2PO_4、K_2HPO_4、NaCl、$NaHCO_3$、$Na_2HPO_4 \cdot 7H_2O$、Na_2HPO_4、酚红、56g/L 的 $NaHCO_3$溶液、1mol/L HCl 溶液、1mol/L NaOH 溶液、去离子水、双抗溶液胰蛋白酶粉末（1∶250）、EDAT—2Na 等。

2. 器材

精密电子天平、超净工作台、酸度计（精密 pH 试纸）等。

3. 其他材料

试剂瓶、一次性针式滤器、烧杯、容量瓶、吸管、移液器等。

四、实验内容

（一）水和平衡盐溶液的配制

1. 水

细胞培养配液必须使用玻璃或不锈钢蒸馏器制备的三次蒸馏水，用离子交换法或 EDI（电除盐）技术制备的纯化水以及二次蒸馏水只能用于清洗器皿。

蒸馏水的贮存对保持水的质量有很大影响，周围环境和空气能使水污染，或改变其 pH，所以贮存水的容器要尽量减少开启的次数，避免和外界多接触，存放时间不宜太长，一般不要超过一周，最好现制现用。

2. 平衡盐溶液

平衡盐溶液（balanced salt solution，BSS）是从 Ringer 生理盐水发展起来的，主要由无机盐和葡萄糖组成。平衡盐溶液是浓度近似于生理要求的无机盐等渗溶液，也有的含葡萄糖，但一般不含其他有机营养物。BSS 中的无机离子不仅是细胞生命所需成分，而且在维持渗透压、缓冲和调节溶液的酸碱度方面起着重要作用。BSS 内含少量的酚红，作为溶液酸碱度变化的指示剂：溶液变酸时呈黄色，变碱时呈紫红色，中性时呈桃红色，借此易于观察到培养液 pH 的变化。几种常见平衡盐溶液的成分见表 2-2。

PBS（phosphate buffer saline）是磷酸缓冲盐溶液的简称，一般作为溶剂，起溶解与保护试剂的作用。一般的有活性的生物制剂都要用它来稀释。原因就是它具有盐平衡、可调整适宜 pH 的缓冲作用，蒸馏水不具有盐平衡作用，会破坏生物蛋白质的结构及生物特性；生理盐水不具有调整 pH 的作用，对完整的、具有活性的物质不能保证其在最适条件下参与生物反应，所以使用 PBS 缓冲液是首选。它是生物化学研究中使用最为广泛的一种缓冲液，主要成分为 Na_2HPO_4、KH_2PO_4、NaCl 和 KCl，缓冲的 pH 范围很广；而 NaCl 和 KCl 主要作用为增加盐离子浓度。如有需要还可以补加 1mmol/L $CaCl_2$ 和 0.5mmol/L $MgCl_2$，以提供二价阳离子。

Hank's 缓冲液和 Earle 缓冲液是配制各种培养液最常用的基础溶液，Earle 缓冲液含有高浓度的 $NaHCO_3$，缓冲能力较强。

钙、镁离子是细胞膜的重要组成成分，它们有促使细胞凝聚作用。因而配制离散细胞用的消化液和细胞洗涤液时，宜采用钙、镁离子含量低的 Dulbecco 缓冲液和无钙、离子的 D-Hank's 缓冲液，或更为简单的 PBS 缓冲液。

表 2-2　几种常见平衡盐溶液的成分　　单位：g/L

	Ringer	PBS	Tyrode	Earle	Hank's	Dulbecco	D-Hank's	Eagle
$CaCl_2$（无水）	0.25	—	0.2	0.2	0.14	—	—	—
KCl	0.42	0.2	0.2	0.04	0.4	0.2	0.4	0.4
KH_2PO_4	—	0.2	—	—	0.06	0.2	0.06	—
$MgCl_2 \cdot 6H_2O$	—	—	0.1	—	0.10	—	—	—
$MgSO_4 \cdot 7H_2O$	—	—	—	0.2	0.10	—	—	0.2
NaCl	9.0	8.0	8.0	6.68	8.0	8.0	8.0	6.8
$NaHCO_3$	—	—	1.0	2.2	0.35	—	0.35	2.2
$Na_2HPO_4 \cdot 7H_2O$	—	1.56	—	—	0.09	2.16	0.06	—
$NaH_2PO_4 \cdot H_2O$	—	—	0.05	0.14	—	—	—	1.4
D-葡萄糖	—	—	1.0	1.0	1.0	—	—	1.0
酚红	—	—	—	0.02	0.01	—	0.02	0.01

3. 配制方法

（1）D-Hank's 缓冲液的配制　按成分表所示，准确称量试剂；许多试剂是含有水分的水化物，与不含水分者的称量不同，应加以换算。

①用数滴 56g/L 的 $NaHCO_3$ 溶液溶解 0.01g 酚红。

②称取 0.2g KCl、0.03g KH_2PO_4、4g NaCl、0.175g $NaHCO_3$、0.03g $Na_2HPO_4 \cdot 7H_2O$ 依

次溶解于适量去离子水中（注意应待前一种试剂完全溶解后，再溶解下一种成分）。

③将（1）加入（2）中。

④将（3）移入容量瓶中，定容至500mL。

⑤分装，69kPa、20min高压灭菌，4℃冰箱内保存。

按上述方法也可配制成10×浓度的贮存液，在贮存液内加少许氯仿（2~3mL）防腐；氯仿在高压灭菌时可挥发掉，不影响使用；加氯仿后要用力混匀，在室温或4 ℃贮存。用时按比例稀释，滤纸过滤后分装入瓶中，包装高压灭菌后，于无菌条件下，换上无菌胶塞，置冰箱中保存备用。如液体出现浑浊或沉淀时，应重新配制。

（2）Hank's缓冲液的配制　最常用的Hank's缓冲液的配方为：$CaCl_2$ 0.14g，KCl 0.40g，KH_2PO_4 0.06g，$MgCl_2 \cdot 6H_2O$ 0.10g，$MgSO_4 \cdot 7H_2O$ 0.10g，NaCl 8.00g，$NaHCO_3$ 0.35g，$Na_2HPO_4 \cdot 7H_2O$ 0.09g，D-葡萄糖 1.00g，酚红 0.01g，定容至1L。注：Hank's缓冲液可以高压灭菌，4℃下保存。

（3）1× PBS缓冲液的配制　1× PBS缓冲液就是0.01mol/L的磷酸盐缓冲液，可直接使用。0.01mol/L PBS缓冲液（pH 7.2~7.4）：NaCl 137mmol/L，KCl 2.7mmol/L，Na_2HPO_4 4.3mmol/L，KH_2PO_4 1.4mmol/L。称 7.9g NaCl、0.2g KCl、0.27g KH_2PO_4（或 1.8g K_2HPO_4）和 1.42g Na_2HPO_4，溶于800mL蒸馏水中，用1mol/L HCl溶液调节溶液的pH至7.4，最后加蒸馏水定容至1L。保存于4℃冰箱中即可。需要注意的是，通常所说的浓度0.01mol/L指的是缓冲溶液中磷酸根的浓度，而非钠离子或钾离子的浓度，钠离子和钾离子只是用来调节渗透压的。

（二）培养基的配制

1. 基础培养基的配制

基础培养基的基本成分包括四大类物质：无机盐、氨基酸、维生素、碳水化合物，通常有MEM、DMEM、RPMI1640、199、F10、F12细胞培养基系列。

目前实验室常用干粉合成培养基配制成液体后使用，干粉型培养基是用球磨机或喷雾法将各种培养液成分混合后制成，具有性质稳定、便于贮存和运输、使用方法简便等优点。

干粉培养基因颗粒极细，很容易完全溶解于水，配制培养液方法极易掌握，只要按照说明书将规定重量的干粉溶解在一定量的水中即可；按比例配制，经过消毒灭菌后即可使用。但应注意，不同厂家生产的同种产品其成分比例可能不全相同，配制方法也不同。有的培养基需加热或通气来帮助溶解，此外还应注意有的培养基成分不完全，要求另外加入补充成分。如谷氨酰胺就是时常再单独加入的成分。另外一般都不含$NaHCO_3$成分，也需配制时自行加入。但总的原则是配制过程中要使每一种成分都必须充分溶解和避免出现沉淀。所以在配制培养液时，要按照各种成分的性质、分成若干组分个别溶解，最后按比例和一定顺序混合。

配制方法：

①制备去离子水（玻璃三蒸馏水）；②加温水至15~30℃；③把干粉加入水中，搅拌使之溶解；④加1mol/L $NaHCO_3$；⑤加水至最终量；⑥必要时用1mol/L HCl或1mol/L NaOH溶液调节pH，因滤过时pH可能受影响；⑦用0.22μm或更小微孔滤膜滤过除菌。

2. 完全培养基的配制

含比例较大的血清，是培养细胞工作中最主要的培养用液，称为完全培养基。其组成为：基本培养基 DMEM 80%~90%；血清（胎牛血清或新生牛血清）10%~20%；这适用于一般细胞培养用液的组成。为培养特定细胞，一是要选择适应性培养基，可能尚须添加基本培养基中缺少或该细胞需要的成分。

血清含量甚少，用以维持细胞缓慢生长或不死的培养液习惯称维持液。一般细胞因缺少生长因子时不能增殖，生长缓慢；但发生转化或癌细胞因自身有产生促生长增殖因子的能力，虽在血清缺少情况下仍能生长；据此维持液可用于选择发生恶性转化的细胞。基本培养基 95%~98%；血清 2%~5%；如培养正常细胞完全不加血清，可维持细胞存活，但时间过长细胞难免退化。

3. 消化液的配制

经常使用的消化液是胰蛋白酶和乙二胺四乙酸二钠（EDTA-2Na）两种溶液，它们是传代细胞时用以使细胞脱离附着底物表面和离散成单个细胞。它们可以单独使用，也可按一定比例与胰蛋白酶混合一起使用。

（1）0.125% 胰蛋白酶溶液　称胰蛋白酶粉末（1∶250）125mg，用少许消毒的无 Ca^{2+}、Mg^{2+} 的 BSS 将胰蛋白酶粉末调成糊状置室温 4h 或 4℃ 冰箱内过夜，用 BSS 补足至 100mL，搅拌混匀，用 $NaHCO_3$ 或 HCl 调 pH 至 7.4~7.6，滤纸过滤后，用 0.22 μm 微孔滤膜滤过除菌，分装入小瓶（每小瓶 1~5mL），于-20℃保存。

（2）0.02% EDTA 溶液　EDTA-2Na 200mg，无 Ca^{2+}、Mg^{2+} 的 BSS 加至 1L；酚红 15mg，用 $NaHCO_3$ 或 HCl 调 pH 至 7.2。高压灭菌（121℃，15min），分装小瓶，于 4℃保存。

4. 抗生素液配制

多用双抗溶液，青霉素（100U/mL）和链霉素（100μg/mL）各 1g，溶于 100mL 纯水，滤过除菌，分装，-20℃保存，用时按 1∶100 稀释。

（三）过滤除菌

针式除菌滤器为塑料结构，中间垫一种特制的混合纤维素酯微孔滤膜，其过滤速度较快，效果较好，被多数实验室采用。滤膜孔径有 0.6μm、0.45μm、0.22μm 三种规格。过滤除菌时，常使用 0.22μm 孔径的滤膜。

五、思考与讨论

1. 描述几种常用细胞培养液的配制方法。
2. 叙述配制培养液过程中的注意事项。

实验三　原代细胞培养

原代培养又称初代培养，是指直接从机体取下组织和器官分离获得细胞后立即进行培养。因此，严格地说即从组织器官获得细胞接种培养到第一次成功传代之前的培养阶段，称为原代细胞培养。此时的细胞保持原有细胞的基本性质，如果是正常细胞，仍然保留二倍体数。最常用的原代培养有胰酶消化分散细胞培养法和组织块直接培养法。

一、实验目的

1. 通过分离培养鸡胚成纤维细胞或乳鼠心肌成纤维细胞，认识和体会原代细胞的制备方法和影响细胞培养的主要因素，并掌握原代细胞培养的方法。

2. 掌握组织块直接贴壁培养原代细胞的方法。

二、实验原理

原代细胞培养因具有细胞刚刚离体，生物性状尚未发生很大变化，具备二倍体的遗传性、方便采集等优点而广泛应用于病毒学、细胞分化、药物测试等试验。原代培养常取材于胚胎或幼龄动物器官组织，因为这些组织的细胞增殖能力强，分裂旺盛，分化程度低，易于培养。在禽类原代细胞培养中，鸡胚成纤维细胞（chicken embryo fibroblast，CEF）和乳鼠心肌细胞相对容易获得，而且增殖能力强，适应性强，具有良好的耐受性，性状比较稳定，不易发生转化，所以被广泛应用于分子和细胞生物学研究。CEF 的培养是在一定的条件下，在体外模拟体内生理环境，使从体内取出的成纤维组织细胞生存、生长和传代，并维持原有组织细胞的结构和功能特性。

胰酶消化分散细胞培养法就是将动物机体的某种组织从机体中取出，经各种酶（常用胰蛋白酶、胶原蛋白酶，适用于消化纤维性组织、上皮组织以及癌组织）、螯合剂（常用 EDTA）或机械方法处理，使组织细胞间蛋白质水解，分散成单细胞，置于合适的培养基中培养，使细胞得以生存、生长和繁殖的过程。

组织块直接培养法是比较简单的培养方法，其技术要点就是将从动物体内所取得的组织剪切成一定大小的组织块，再将组织块接种到培养皿或细胞培养瓶内，加入培养液，然后将培养皿、培养瓶送入培养箱中进行培养，使其在体外维持与生长，细胞从组织块边缘向外长出，铺满培养瓶。当所获取的组织较小时多用该法培养原代细胞。

原代细胞培养技术路线见图 2-1。

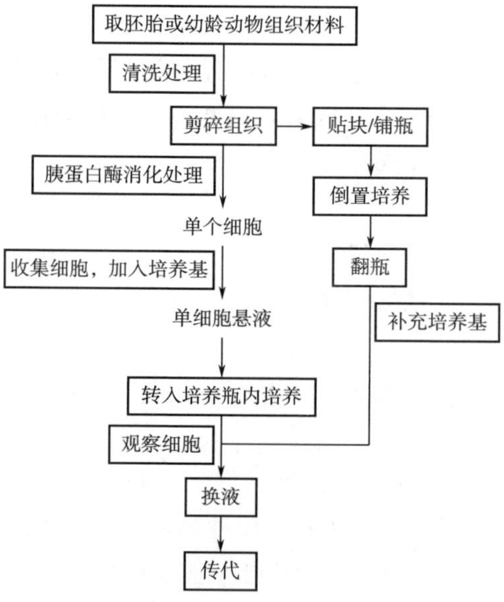

图 2-1　原代细胞培养技术路线

三、实验材料

1. 动物

9~10 日龄的鸡胚或 3 日龄乳鼠。

2. 试剂

D-Hank's 缓冲液、0.25%/0.125%胰酶消化液或胶原蛋白酶液、DMEM 培养液、新生牛血清。

3. 器材

超净工作台、照蛋器等。

4. 其他材料

细胞培养瓶、培养皿、吸管/枪头、10mL 离心管、眼科弯剪、眼科弯镊、组织块转移器/探针等。

四、实验内容

（一）胰酶消化分散细胞培养法

1. 采集组织

（1）鸡胚的取材　蛋壳消毒：取 9~11 日龄的鸡胚，用照蛋器选取血管清楚、活动正常的鸡胚，置蛋架上，气室向上，75%酒精棉消毒蛋壳气室部位。胚体采集：用镊子击破卵壳气室，并除去该部位卵壳。用无菌的眼科镊子撕开蛋壳气室膜并小心拨开绒毛尿囊膜和羊膜，并轻轻夹住鸡胚颈部取出鸡胚，移入灭菌的平皿内。用 D-Hank's 缓冲液洗去体表血液，移入另一个灭菌培养皿中。用灭菌剪刀剪去鸡胚头部、腿部、翅膀和内脏，留下躯干组织。

鸡胚的采集、清洗与取材见图 2-2。

（1）鸡胚的采集

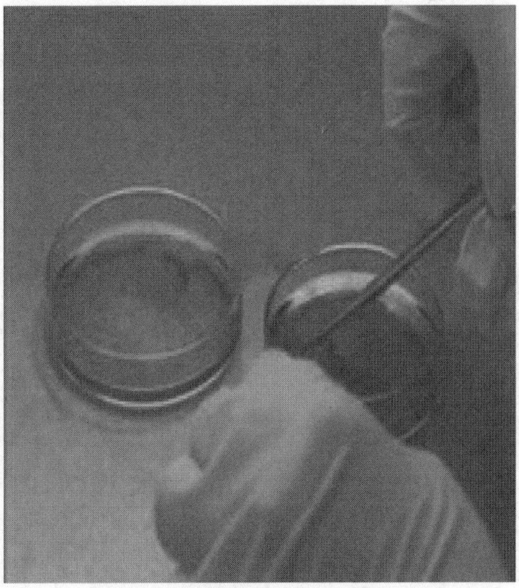

（2）鸡胚的清洗与取材

图 2-2　鸡胚的采集、清洗与取材

（2）乳鼠的取材　乳鼠消毒：将乳鼠脱臼处死后浸泡于 75%（体积分数）乙醇 1~2min，彻底消毒，或直接浸泡于 75%（体积分数）乙醇中溺死。将其胸部向上固定在解剖板上、用酒精棉球擦拭胸腹部再次消毒。心脏采集：取 2 把弯镊子撕开皮肤，充分撕拉开，再用酒精棉签消毒。用眼科弯剪在剑突处正中线稍偏左向上开胸后用剪子压住胸骨右缘，使心脏自然跳出，用眼科弯镊勾住心脏根部，取出心脏，置于盛有预冷 PBS 缓冲液的培养皿中。剪去心房、剔除心脏上结缔组织、脂肪及血管，PBS 缓冲液清洗 3 次，去除血污。

2. 剪碎组织

用 D-Hank's 缓冲液冲洗除去血污后，将采集的组织转移至灭菌青霉素瓶（带塞）中，用灭菌剪刀尽量剪碎（0.5~1mm^3 的小块）后，可再用 D-Hank's 缓冲液（淹住组织碎块即可）冲洗 1~2 次直至组织发白为止，然后将洗液吸弃。

3. 胰酶消化

根据鸡胚组织块的多少，加入 4~5 倍量的 0.25%/0.125% 胰酶消化液（5~6mL），于 37℃ 温箱或水浴锅内消化 15~20min，每隔 2~5min 振荡一次，使细胞分离，视其组织块变松散（边缘毛样模糊发白），呈现絮状，即可。

4. 终止消化

将消化后的标本拿入超净工作台内，加入 3~5mL 含 10% 新生牛血清的 DMEM 培养液以终止胰酶消化作用，反复吹打混匀。或静置 5~10min，使未分散的组织块下沉，尽量多地弃去上清液，再加入 5mL 含 10% 新生牛血清的 DMEM 培养液，用吸管轻轻吹打混匀。

5. 收集细胞

用 100 目不锈钢筛网过滤吹打后的组织细胞悬液至离心管中，或将细胞悬液倒入三层纱布玻璃漏斗过滤至离心管中，收集滤液，平衡后在 800~1000r/min 条件下离心 10min，弃上清液，离心管底沉淀即为收集的细胞。

6. 制备细胞悬液

在离心管中加入 2mL 培养液吹打重悬细胞沉淀，使细胞混匀分散，即为培养的细胞悬液。滴入血细胞计数板进行计数。

7. 接种培养

在培养瓶内加入 2~4mL 培养液（如果是 50mL 培养瓶加 4mL 培养液），再将 0.25~1mL 或全部（根据细胞密度和培养瓶的大小而定）细胞悬液移入培养瓶混匀，细胞密度调整到 5.0×10^5 个/mL~1.0×10^6 个/mL，晃动培养瓶（必要时可用吸管吹打几次）使细胞悬液与培养液充分混匀，将细胞瓶标明细胞名称、日期和组别，置于二氧化碳气体培养箱中培养（37℃，5% CO_2）。

8. 培养细胞的观察

分别于 24h、48h、72h 观察鸡胚成纤维原代细胞或乳鼠心肌成纤维原代细胞的形态及生长情况，根据培养液的颜色变化和细胞的生长情况及时换液和传代。

观察时注意培养液的颜色变化，变黄但不浑浊表示有细胞生长，红色表示细胞未生长或生长不佳。2~4h 不可大幅度移动培养瓶，以免影响细胞的贴壁和生长。37℃ 培养 4h 后细胞即可贴壁，24~48h 后于倒置显微镜下观察，贴壁生长成单层细胞，细胞透亮，呈纤维状，细胞膜清晰，有接触抑制现象。此时可更换培养液，培养良好的细胞可进行传代培养。

（二）组织块直接培养法

1. 取材

无菌采集鸡胚或乳鼠心脏放入灭菌的培养皿内。

2. 组织的清洗、修剪

用 D-Hank's 缓冲液清洗 2~3 次，去除鸡胚的腿、翅膀和内脏，乳鼠心脏去除心包膜等结缔组织。

3. 剪碎组织

将用于组织块培养的鸡胚组织或乳鼠心脏组织剪切成 1~3mm 长的小块。

4. 贴块、铺瓶

将剪切好的组织小块，用眼科弯镊/剪送入培养瓶内，用组织块转移器/探针/弯头吸管将组织块均匀铺于培养瓶的底面（生长面），组织块间距 0.5cm 左右，组织块铺好后，轻轻翻转培养瓶，将瓶底朝上。

5. 倒置培养

根据培养瓶的大小向瓶内加入少量的含 10% 新生牛血清的 DMEM 培养液，培养液勿接触组织块，盖好瓶盖，标明细胞名称、日期和组别，将铺有组织块的培养瓶倒置放于二氧化碳培养箱内培养（37℃，5% CO_2）。

6. 翻瓶

倒置培养 6~12h 或过夜待组织小块贴附瓶壁后，将培养瓶慢慢翻转正放，使组织浸入培养液中，静置培养，培养 24h 后可补充适量的培养液继续培养（此过程动作要轻巧，让液体缓缓覆盖组织小块，严禁动作过快使液体产生冲力将粘贴的组织块冲起而造成原代培养失败）。

7. 观察细胞

分别于 48h 或 72h 观察组织块周围鸡胚细胞或心肌细胞的生长情况。

8. 换液

原代培养 2~5d，需及时换液一次，去除漂浮的组织块和残留的血细胞。当细胞长满瓶壁后及时传代培养。

（三）注意事项

（1）防止污染是决定细胞培养是否成功的首要条件，整个操作过程要严格保持无菌。

①实验前，操作室，无菌工作台等实验场所需用紫外灯消毒 30min。

②实验前先洗手，手进入超净台后要用 75%（体积分数）乙醇擦拭消毒双手。

③超净台台面应整洁，用 0.1% 新洁尔灭擦净。使用超净台时，打开风机，点燃酒精灯。

④严格在酒精灯无菌范围之内（火焰附近）操作。吸管在吸液体前，瓶口在打开和关闭前都应在火焰上旋转灭菌，以免附在瓶口的细菌污染液体；拔出瓶塞，塞上瓶塞时瓶口和塞子要灼烧；倾倒液体前后要灼烧瓶口，并且瓶口向下，低于瓶底；倾倒液体时两瓶口之间不能接触；瓶子开口后要尽量保持 45°斜位；使用吸管时，取出后要手拿末端安上吸耳球或移液枪后，过酒精灯火焰略烧后使用或插在无菌盐水瓶或试管内；烧过的金属器械要

待冷却后才能接触夹取组织，以免造成组织损伤；吸取过营养液的用具不能再烧灼，以免烧焦形成碳膜。

⑤不能用手触已消毒器皿的工作部分，尽量不要用手直接拿无菌的物品，如瓶塞等，而要用器械如镊子等去拿，不能用手接触瓶口，吸管口以及镊子和剪刀的头部，工作台面上用品要布局合理。

⑥瓶内是严格无菌的，所以要保证吸管不能接触到瓶口的外壁，若一旦接触，应更换新的吸管。吸溶液的吸管不能混用。

⑦进行细胞培养时，操作动作要准确敏捷，但不必太快，以免引起空气流动过大，增加污染机会，为拿取方便，工作台面上的用品要合理摆放，液体在未用前不要过早打开瓶盖，用后应及时封闭瓶口，操作时不要向着无菌台讲话或咳嗽，以免把口腔中的微生物带入工作台而发生污染。

（2）剪碎组织块时务必要切成小块。

（3）严格控制胰酶消化时间。

五、结果与分析

1. 观察原代细胞的形态和生长状况，描述所观察到的原代细胞在 24h、48h、72h 等不同时间的形态并附细胞照片。

例如，鸡胚原代成纤维细胞和济宁白青山羊原代成纤维细胞，如图 2-3、图 2-4 所示。

2. 如出现细胞培养液浑浊情况，请鉴别是否细菌污染。描述培养细胞中细菌污染的基本特点。

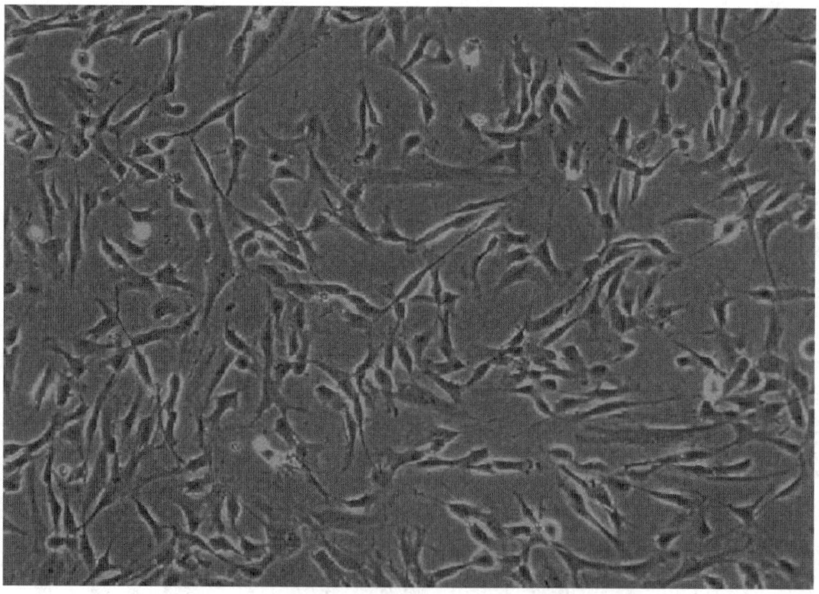

图 2-3　胰酶消化法培养鸡胚原代成纤维细胞

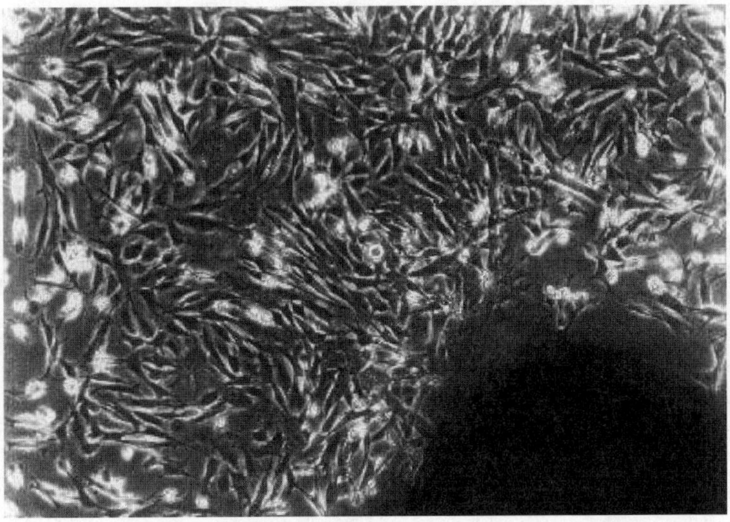

图 2-4　组织块培养法获得的济宁白青山羊原代成纤维细胞

六、思考与讨论

1. 动物细胞培养技术是如何发展起来的？

2. 为什么动物细胞要分散成单个细胞培养？用酶消化的是什么物质？

3. 幼龄与老龄动物的组织细胞比较，分化程度低的与分化程度高的组织细胞比较，哪一种更易于培养？思考一下，这是什么道理？

4. 动物细胞培养要经过去分化的过程吗？为什么？

5. 比较酶消化法和组织块法培养原代细胞的优缺点。

实验四　体外培养细胞的观察和记录

一、实验目的

掌握使用肉眼和倒置显微镜观察培养细胞的方法。

二、实验原理

细胞在体外培养过程中需要每天观察，以便及时了解细胞的生长状态。活细胞在光线下是透明的，光线通过活细胞时，波长和振幅几乎没有改变，所以用普通光学显微镜无法看清未经染色的活细胞。倒置显微镜利用光的衍射和干涉特性，把透过标本不同区域的光波的光程差转变成振幅差，使细胞内各种结构之间呈现清晰可见的明暗对比，从而使标本的各种结构变得清晰。因此，体外培养细胞的观察必须要用倒置显微镜。

观察培养细胞时，首先用肉眼注意培养液的颜色变化，变黄但不浑浊表示有细胞生长，红色表示细胞未生长或生长不佳。若培养基变为黄色且浑浊，表明培养细胞已被细菌污染。如果培养细胞内有丝状物存在，则表明有丝状真菌污染，被污染的细胞无法继续培养必须弃掉。生长良好的细胞在倒置显微镜下可观察到细胞透亮、细胞膜清晰、细胞形态规范。

显微镜观察细胞的方法是将培养瓶放在倒置显微镜下，根据培养时间的长短，可观察到细胞生长繁殖的过程，贴壁细胞的生长过程大致可分为潜伏期、指数（对数）生长期、停滞期（平台期）、凋亡期四个阶段。细胞接种后至孵育23h，培养细胞由圆形逐渐变为非圆形并沉淀接触瓶壁。细胞孵育第24~96h活的细胞贴住瓶壁，细胞由圆形变为圆饼形，放射延展细胞，再逐渐变为梭形极性细胞。细胞贴壁后经过一个潜伏阶段，才进入生长和增殖期。细胞增殖最旺盛的阶段为指数（对数）生长期，分裂相细胞增多。指数增生期细胞分裂相数量可作为判定细胞生长是否旺盛的一个重要标志。细胞数量达到饱和密度后，如不及时进行传代，细胞就会停止增殖，进入停滞期（平台期）。此时细胞数持平，故又称平台期（Plateau phase）。停滞期细胞虽不增殖，但仍有代谢活动，下一阶段由于因培养液中营养耗尽、代谢产物积聚等原因，细胞开始脱落，进入凋亡期。

三、实验材料

1. 细胞

原代培养细胞、传代培养细胞。

2. 试剂

细胞培养液、新生牛血清、0.25%胰蛋白酶消化液、二甲基亚砜（DMSO）。

3. 器材

超净工作台、移液器、CO_2 培养箱、显微镜、离心机等。

4. 其他材料

刻度吸管、吸耳球、试管、离心管、擦镜纸、酒精棉球等。

四、实验内容

1. 肉眼观察细胞生长状态及形态学特征

培养基浅黄色，澄清透明，此时需要半换液或全换液。如果培养基为其他颜色则说明细胞生长不是很好。

2. 在倒置相差显微镜下观察细胞

将培养瓶直接放在倒置显微镜下观察细胞的生长状态，状态良好的细胞折光性好，轮廓形态不十分清晰，较透明，细胞大小基本一致，细胞质均匀细腻，无粗大颗粒，细胞膜完整无固缩。悬浮细胞均匀分布或呈簇和较大团块（如葡萄样）悬浮生长，根据细胞来源及细胞株特点呈现均匀悬浮、呈簇悬浮和团块悬浮生长特性；贴壁细胞根据细胞的不同形态对细胞生长作出判断。而生长不良的细胞轮廓反而清晰，细胞间隙增大，胞内有颗粒空泡脂滴等出现，细胞形态不规则。

五、结果与分析

记录你在肉眼和倒置显微镜下所观察到的细胞生长状态，并分析细胞生长良好或不良的原因。

六、思考与讨论

体会观察细胞生长在细胞培养中的重要性。

实验五　细胞计数

一、实验目的

1. 掌握细胞计数的原理和方法。

2. 掌握细胞计数板和微量加样器的使用方法。

二、实验原理

原代细胞制备时，培养的细胞在一般条件下要求有一定的密度才能生长良好，所以要进行细胞计数。计数结果以每毫升细胞数表示。细胞计数是细胞培养中一项基本技术，是了解培养细胞生长状态以及测定培养基、血清、药物等物质生物学作用的重要手段。细胞计数主要利用血细胞计数板（图 2-5）来完成。血细胞计数板的每一大方格长为 1mm，宽为 1mm，高为 0.1 mm，体积为 0.1mm^3，可容纳的溶液为 0.1μL，每毫升溶液中所含细胞数即是视野中每一大方格数中细胞数的 10000 倍。

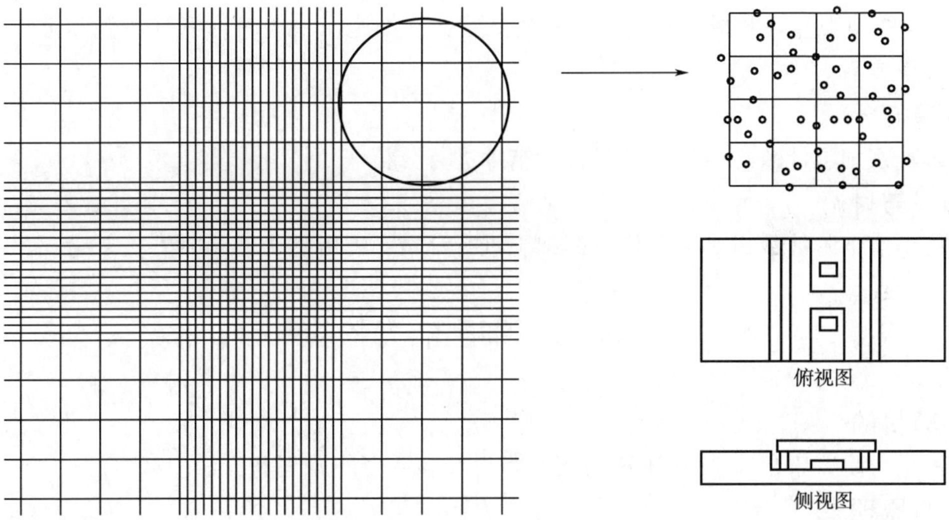

图 2-5　血细胞计数板模式图

三、实验材料

1. 细胞

贴壁培养的 BHK21（叙利亚乳仓鼠肾细胞）单层细胞、SP2/0-Ag14 细胞（小鼠骨髓瘤细胞）各一瓶。

2. 试剂

DMEM 培养基、0.25% 胰蛋白酶消化液。

3. 器材

微量移液器、显微镜、离心机等。

4. 其他材料

血细胞计数板、盖玻片、刻度吸管、吸耳球、试管、离心管、擦镜纸、酒精棉球等。

四、实验内容

1. 准备计数板

用酒精棉球清洁血细胞计数板和盖玻片，然后用吸水纸轻轻擦干。

2. 准备细胞悬液

用0.25%胰蛋白酶消化BHK21单层细胞或收集悬浮SP2/0-Ag14细胞，制成单个细胞悬液。要求细胞密度不低于10^4个/mL，若细胞数很少，应将悬液离心（1000r/min，5min），重悬浮于DMEM培养基中。

3. 加样

将盖玻片盖在计数板两槽中间，用微量移液器轻轻吹打细胞悬液，吸取少量细胞悬液，在血细胞计数板上盖玻片一侧边沿加细胞悬液，加样量不要溢出盖玻片，也不要过少或带气泡，否则要将血细胞计数板和盖玻片擦干净重新加样。

4. 在显微镜下计数

用10×物镜观察计数板四角大方格中的细胞数。细胞压中线时，只计左侧和上方者，不计右侧和下方者。

五、结果与分析

记录观察细胞计数的结果，并对实验结果进行分析。

六、思考与讨论

在使用血细胞计数板对贴壁培养的细胞进行计数，有哪些注意事项？

实验六　细胞活力检查

一、实验目的

掌握用台盼蓝染色法或MTT法检查细胞生长和活力的原理和方法。

二、实验原理

在细胞群体中总有一些因各种原因而死亡的细胞，总细胞中活细胞所占的百分比叫做细胞活力，细胞活力是细胞生长状态好坏的重要标志。由组织中分离细胞一般要检查细胞活力，以了解分离的过程对细胞是否有损伤作用。复苏后的细胞也要检查细胞活力，以了解冻存质量和复苏的效果。细胞活力理论上通常用活细胞占计数细胞的百分比来表示。用染色排除法更易于判断细胞的死活，常用的方法有台盼蓝染色法和MTT法。

台盼蓝染色法是用台盼蓝染料染细胞，这种方法是利用死、活细胞对染料的不同反应而区分两种细胞，由于死细胞的细胞膜通透性发生改变，某些染料可大量进入却不被排出，因而细胞呈色。而活细胞染料不易进入，因而不易着色，从而可以区分死细胞与活细胞。MTT法是由Mosmann在1983年首先在鼠淋巴细胞系的研究中应用于检测白细胞介素-2（IL-2）等细胞因子对细胞存活和增殖的影响。其原理是利用细胞内某些酶与特定的试剂发生显色反应，也可测定细胞相对数和相对活力。MTT的全称是3-(4,5-dimethylthiazol-2-yl)-2,

5-diphenyltetrazoliumbromide，商品名为噻唑蓝，是一种接受氢离子的黄色化合物染料，可作用于活细胞线粒体中的呼吸链。活细胞中的琥珀酸脱氢酶（SDH）和细胞色素 C 可使 MTT 分解，四氮唑环会开裂，产生蓝色结晶状颗粒（甲臜，formazan）沉积于细胞内和细胞周围。用 DMSO（二甲基亚砜）、盐酸-异丙醇、200g/L SDS-50% DMF（二甲基甲酰胺）等有机溶剂将蓝色结晶溶解出来之后，再用酶标仪在 490nm 或 570nm 波长处测定吸光度来评估有多少细胞存活。在一定细胞数范围内，蓝色结晶的生成量与活细胞数目成正比，而死细胞中的琥珀酸脱氢酶会消失，不能将 MTT 还原，细胞为无色。

细胞活力检查设备主要有 Countstar 自动细胞计数仪、CASY 快速细胞分析仪等，其中 Countstar 细胞计数仪是一款基于经典的台盼蓝染色法，整合先进的光学成像技术和智能图像识别技术的细胞计数仪。CASY 细胞分析仪是利用细胞膜的完整性来测定。死细胞具有一个可渗透的细胞膜，它允许等渗缓冲液 CASYt-on 进入，因此，死细胞内的细胞质同胞外的等渗缓冲液具有相同的电导率，可以被电极所忽略，所测得的仅仅是紧密结构的细胞核的体积；而活细胞拥有完整的细胞膜，CASY 技术分析的是全细胞的体积。利用两者的相对差异即可区分开来。

三、实验材料

1. 细胞

贴壁培养的 BHK21 单层细胞（叙利亚乳仓鼠肾细胞）、SP2/0-Ag14 细胞（小鼠骨髓瘤细胞）各一瓶。

2. 试剂

（1）4% 台盼蓝母液　称取 4g 台盼蓝，用少量双蒸水研磨后加至 100mL，用滤纸过滤，4℃保存。使用时，用 PBS 稀释至 0. 4%。

（2）MTT 溶液　称取 250mgMTT，放入小烧杯中，加 50mL PBS 缓冲液（0. 01mol/L，pH7. 4）在磁力搅拌机上搅拌 30min，用 0. 22μm 的微孔滤膜除菌，分装，4℃避光保存。两周内有效。

（3）DMEM/RPMI 1640 培养基、0. 25% 胰蛋白酶消化液、甲臜溶液（DMSO 溶液或 100g/L SDS-5% 异丁醇-10mmol/L HCl 溶液）、PBS 缓冲液（0. 01mol/L，pH7. 4）。

（4）酸化异丙醇。

3. 器材

超净工作台、Countstar 自动细胞计数仪、酶联免疫检测仪（酶标仪）、移液器、CO_2 培养箱、倒置显微镜、离心机等。

4. 其他材料

普通载玻片、盖玻片、Countstar 计数板、96 孔板、刻度吸管、吸耳球、试管、离心管、擦镜纸、酒精棉球等。

四、实验内容

（一）台盼蓝染色法与细胞计数

（1）将细胞悬液以 0. 5mL 加入试管中。

（2）加入 0. 5mL 0. 4% 台盼蓝染液，染色 2～3min。

（3）吸取少许染色的细胞悬液滴入载玻片上，盖上盖片。

（4）倒置显微镜下随机取 5 个任意视野分别计数死细胞和活细胞，并计算细胞活力。

（5）死细胞能被台盼蓝染上色，镜下可见深蓝色的细胞（蓝染），活细胞不被染色（拒染），镜下呈无色透明状。细胞活力按下列公式计算：

细胞活力（%）=［（细胞总数-着色细胞数）/细胞总数］×100%

如果具有 Countstar 自动细胞计数仪，也可将台盼蓝染色后的细胞悬液少许滴加到其配备的细胞计数板孔内，插入计数仪即可读出活细胞数和死细胞数。

（二）MTT 法测定细胞相对数量和生长活力

（1）用 0.25% 胰蛋白酶消化液消化收集贴壁型对数期 BHK21 细胞，或离心收集悬浮型对数期 SP2/0—Ag14 细胞，用血细胞计数板调整细胞悬液密度至 8×10^6 个/mL。可将细胞悬液进行倍比稀释，调成 8×10^6 个/mL、4×10^6 个/mL、2×10^6 个/mL、1×10^6 个/mL、0.5×10^6 个/mL 等。

（2）在 96 孔板中每孔加入 100μL 细胞悬液，使待测细胞密度为每孔 8×10^6 个/mL、4×10^6 个/mL、2×10^6 个/mL、1×10^6 个/mL、0.5×10^6 个/mL，每个密度设 3 个重复孔。同时设置对照孔（仅加 DMEM/RPMI 1640 培养基或 MTT 或 DMSO），其余空白孔全部加上 PBS 缓冲液以补充细胞培养时的水分。

（3）5% CO_2，37℃孵育 16～48h，倒置显微镜下观察，以细胞铺满或底部贴壁 80%～90% 为宜。

（4）每孔加入 10μLMTT 溶液（5mg/mL），继续培养 4h，吸弃每孔液体。

（5）若用 DMSO 溶解，每孔加入 150μL DMSO，置摇床上低速振荡 10min，使结晶物充分溶解。若用 100g/L SDS-5% 异丁醇-10mmol/L HCl 溶液溶解，每孔加入溶解液 100μL，放入 CO_2 培养箱中继续孵育 4～6h，镜下观察，待结晶全部溶解。

（6）在酶联免疫检测仪 490nm 或 570nm 处测定各孔的吸光度，酸化异丙醇调零点。

（三）注意事项

（1）台盼蓝染料对细胞有一定毒性，故染色时间不宜过长，否则会导致死细胞数量增大。检验细胞活力操作尽可能快，以免细胞脱水而死。

（2）细胞接种在 96 孔板时要使细胞均匀生长在底部，其后的药物处理、加试剂等都要轻取轻加，避免使贴壁细胞脱壁。若是悬浮细胞，每次都要离心，且使细胞在孔中分布均匀。高浓度的血清影响 MTT 反应，最好在 MTT 反应前 12h，换成无血清培养基液。

（3）MTT 法只能用来检测细胞相对数和相对活力，但不能测定细胞绝对数。在用酶标仪检测结果时，为了保证实验结果的线性，MTT 吸光度最好在 0.7～1.2。

（4）MTT 一般最好现配现用，过滤除菌后 4℃避光保存两周内有效，或配制成 5mg/mL 保存在-20℃冰箱长期保存，避免反复冻融，最好小剂量分装，用避光袋或黑纸、锡箔纸包住避光以免分解。MTT 有致癌性，需要小心防护。

五、结果与分析

1. 分别记录台盼蓝染色法得到的活细胞和死细胞的数量并计算出其细胞活力结果，并对实验结果进行分析。

2. 计算 MTT 法中每 3 个重复孔的平均吸光度，以细胞浓度为横坐标，吸光度为纵坐标绘制曲线，分析 MTT 测定值与细胞密度之间的关系。

六、思考与讨论

1. 除了台盼蓝染色法和 MTT 法，还有哪些染色法可以用于动物细胞活力鉴定？各有哪些特点？

2. MTT 法检测细胞活力应用于哪些细胞工程实验中？

实验七　细胞传代培养

一、实验目的

掌握动物贴壁细胞和悬浮细胞传代培养技术。

二、实验原理

体外培养的贴壁细胞长成致密单层，当密度达到铺满整个瓶底，产生接触抑制现象，且超出培养基的培养能力时，细胞生长停止或生长速度大大放缓，为使细胞能继续生长，同时也将细胞数量扩大，就必须进行传代培养。传代培养也是一种将细胞保存下去的方法，同时也是利用培养细胞进行各种实验的必经过程。贴壁细胞需经消化后才能分瓶，而悬浮型细胞直接分瓶就可以。传代细胞在生长过程中一般可分四期，分别为潜伏期、指数（对数）生长期、停滞期（平台期）、凋亡期，在传代后观察过程中注意区别。有些原代细胞经过多次传代（10~50 代或 50 代之后），其遗传物质发生改变，细胞癌变，成为不死细胞，称为无限细胞系或连续细胞系。有些原代细胞不能进行多次传代，生命期有限，称为有限细胞系。

三、实验材料

1. 细胞

生长良好的 BHK21 细胞。

2. 试剂

DMEM 完全培养基、0. 125% 胰蛋白酶溶液、Hank's 缓冲液。

3. 仪器

倒置显微镜、超净工作台、恒温水浴锅。

4. 其他材料

细胞培养瓶、吸管、吸耳球或移液器、酒精灯、酒精棉球、0. 1% 新洁尔灭溶液等。

四、实验内容

（1）进入无菌室之前用肥皂洗手，佩戴无菌手套。

（2）倒置显微镜下观察 BHK21 细胞形态，确定细胞是否需要传代及细胞需要稀释的倍数。

（3）细胞需要传代时，将 DMEM 完全培养基、0. 125% 胰蛋白酶溶液等置 37℃ 下预热。

（4）打开超净工作台的紫外灯照射台面 20min 左右，关闭超净工作台的紫外灯，打开风机清洁空气，除去臭氧，用 0. 1% 新洁尔灭溶液擦净。

（5）将培养用液瓶口用75%（体积分数）乙醇消毒，过酒精灯火焰后斜置于酒精灯旁的架子上。

（6）倒掉培养细胞的旧培养基　酌情可用2~3mL Hank's缓冲液或加入0.125%胰蛋白酶溶液1mL（覆盖住细胞即可）轻缓漂洗培养物1次，洗去残留的旧培养基。

（7）消化　在细胞培养瓶内重新加入2mL 0.125%胰蛋白酶溶液消化细胞。细胞消化的程度可以通过倒置显微镜直接观察判断，一般以细胞胞质突起缩回、细胞之间间隙增大不再连接成片、细胞近乎缩成圆形为度，表明此时细胞消化适度（一般2~5min）。也可以通过肉眼观察，当见到瓶底发白并出现细针孔空隙时立即翻转培养瓶，使细胞脱离胰酶，然后将胰酶倒掉，拍打细胞瓶使细胞完全脱落，加入4mLDMEM完全培养基。

（8）用吸管反复吹打细胞生长面瓶壁，使细胞脱离细胞瓶壁　吹打过程须有序进行，即要从一边开始到另一边结束，尤其是器皿的边缘地带和四角处，确保瓶壁各处的细胞均被吹打脱离。吹打时动作不宜过猛，吹出液体的力度要适中，否则会直接损伤细胞并产生能伤害细胞的气泡。经吹打10~15次后，得到细胞悬液。

（9）分瓶　将细胞悬液按1mL左右接种在含有9mL新的DMEM完全培养基的培养瓶内，盖好瓶盖，轻轻摇动混匀，做好标记，放入CO_2培养箱中37℃，5% CO_2培养。

（10）观察　培养48h、72h时分别观察传代细胞生长情况。拍下48h时的细胞生长情况图，打印附于实验报告。

五、结果与分析

1. 分别描述48h、72h观察到的传代细胞生长情况并附细胞照片。

例如萨福克（Suffolk）绵羊传代成纤维细胞，如图2-6所示。

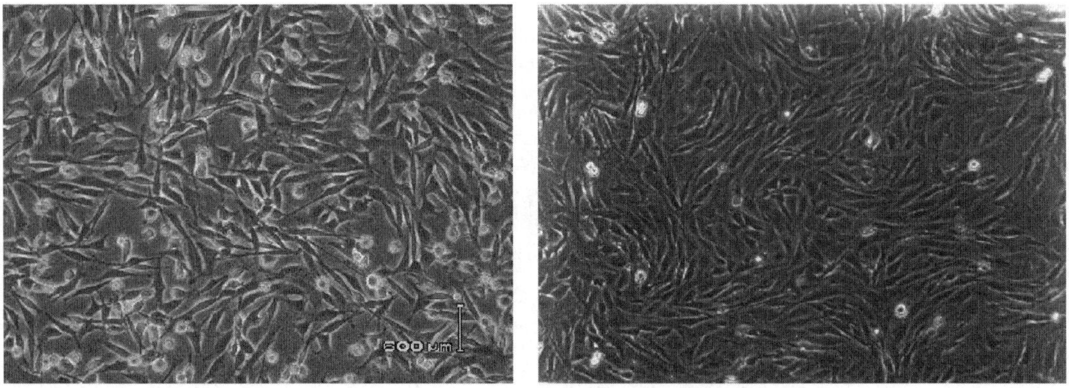

图2-6　萨福克（Suffolk）绵羊传代成纤维细胞（左48h、右72h）

2. 记录你所观察到的细胞生长状态，并分析细胞生长良好或不良的原因。

六、思考与讨论

细胞传代培养的“代”和细胞世代（generation）的“代”其含义相同吗？有哪些区别？

实验八　细胞的冷冻保存

一、实验目的

1. 了解细胞冷冻保存的原理。

2. 掌握细胞冻存技术的操作过程。

二、实验原理

冷冻保存就是将体外培养物悬浮在加有保护剂的溶液中，以一定的冷冻速率降至零下某一温度（一般低于-70℃的超低温条件），在此温度下对其保存的过程。在低于-70℃的超低温条件下，有机体细胞内部的生化反应极其缓慢，甚至终止。因此，采取适当的方法将生物材料降至超低温条件，即可使生命活动固定在某一阶段而不衰老死亡，当冻存的生物体快速恢复至常温时，其内部的生化反应可恢复正常。在冷冻保存过程中，冷冻保护剂的选择、最佳的冷冻速率和冷冻保存温度至关重要。如果将细胞悬浮在纯水中，随着温度的下降，细胞内外的水分都会结冰，所形成的冰晶会造成细胞膜和细胞器的破坏并引起细胞死亡。这种因细胞内部结冰而致的细胞损伤被称为细胞内冰晶损伤。如果将细胞悬浮在高溶质的溶液中，随着温度的下降，外部的水分会先结冰，从而使得细胞内未结冰的溶液中电解质的浓度升高，细胞膜上脂质会受到损坏，细胞便发生渗漏。于是，在复温时，大量水分会渗入细胞内，造成细胞死亡。这种因保存溶液溶质浓度增高而导致的细胞损伤被称为溶质损伤或称溶液损伤。当温度进一步下降，细胞内外都结冰，产生冰晶损伤。但是，如果在溶液中加入冷冻保护剂时，则可保护细胞免受溶质损伤和冰晶损伤。甘油、二甲基亚砜（DMSO）、乙二醇、丙二醇、乙酰胺、甲醇等都为渗透性保护剂。向细胞培养液中加入DMSO或甘油等冷冻保护剂后，由于它们对细胞无明显毒性，分子质量小，溶解度大，易穿透细胞，提高细胞膜对水的通透性，从而降低冰点，在缓慢冻结条件下，能使细胞内水分子在结冰前透出细胞外，减少细胞内冰晶的形成，从而减少由于冰晶形成造成的细胞损伤。并且冷冻保护剂易同溶液中的水分子结合，通过降低未结冰溶液中电解质的浓度，使细胞免受溶质损伤。

按照冷冻保护液在冻结后是否形成冰晶来划分，冻存可分为玻璃化冻存和非玻璃化冻存。玻璃化冻存是用冷冻保护剂组成的冻存保护液悬浮细胞，通过各种温级的冰箱分阶段降温至-80~-70℃，然后直接投入液氮进行长期保存。或者利用电子计算机程控降温仪以及利用液氮的气、液，按一定的降温速度降至-100℃以下，再直接投入液氮进行保存的方法，以该种方法冻结的细胞理论上无冰晶形成。若冷冻速度过慢，细胞脱水严重，细胞体积严重收缩，超过一定程度时即失去活性，例如，人红细胞，脱水体积缩小到正常的55%以下时即失活。冷冻速率过慢还会引起细胞外溶液部分结冰，从而使细胞外未结冰的溶液中的溶质浓度增高，产生溶质损伤。当冷冻速率过快时，细胞内水分来不及外渗，会形成较大冰晶，造成细胞膜及细胞器的破坏，产生细胞内冰晶损伤。快速玻璃化冷冻对细胞存活是最为理想的冷冻方法。细胞呈现玻璃化凝固，无冰晶形成或形成很小的冰晶，对细胞膜和细胞器不造成破坏；细胞也不会在高浓度溶质的溶液中暴露时间过长而受损。

利用超低温冷冻（-196℃液氮）技术，保存畜禽的细胞株、组织和生殖细胞活体，建立遗传资源的胚胎库和细胞库，这种方法是静态保种的技术之一。超低温可以抑制细胞内的一切新陈代谢活动，即随着温度的逐渐下降，细胞内的化学反应能力逐渐降低，当温度降到一定限度时，细胞内所有的化学变化也就处于一种暂停状态而使细胞得以长期保存，超低温保存的细胞以一定的方式复苏后仍具有存活的能力。

三、实验材料

1. 细胞

生长良好的 BHK21 细胞。

2. 试剂

冷冻保护液（以 9 份小牛血清与 1 份二甲基亚砜混合而成）、细胞培养液（含血清）、0.125%胰蛋白酶、D-Hank's 缓冲液（或 PBS 缓冲液）、75%（体积分数）乙醇等。

3. 器材

冻存管（容量为 1mL 或 1.5mL）、刻度吸管、止血钳、离心管（10mL）、玻璃注射器（10mL）、烧杯、酒精灯、吸耳球、记号笔、封口膜等。

4. 仪器设备

等速降温仪、普通冰箱、-30℃低温冰箱、-80~-70℃超低温冰箱、液氮冻存罐、普通生物显微镜、倒置显微镜、超净工作台（洁净层流罩）、恒温水浴锅、低速离心机、高压蒸汽灭菌器、电热鼓风干燥箱、天平等。

四、实验内容

本实验以非玻璃化冻存为例，介绍细胞的冷冻保存的方法。

（一）细胞选择

选择处于对数生长期的细胞，在冻存前一天最好换液。

（二）待冻存细胞悬液的准备

（1）按常规方法消化处于对数生长期的 BHK21 细胞，制备成单细胞悬液。计算细胞总数。

（2）将细胞悬液以 800~1000r/min 离心 5min，弃上清液。

（3）向沉淀物中加入冷冻保护液。轻轻吹打均匀，使细胞密度达 1×10^6~1×10^7 个/mL。

（4）按每管 1~1.5mL 的量，分装于冻存小管内。

（5）拧紧管盖，用封口膜封口。在冻存小管上做标记，包括细胞代号及冻存日期。

（三）冷冻

1. 方案一

（1）先将冻存小管放入普通冰箱（4~8℃）40min。

（2）置于普通冰箱上层冰盒（-10~-20℃），30~60min。

（3）再于-30℃放置 30min 左右。

（4）然后在-80~-70℃下过夜。

（5）最后将冻存小管投入液氮保存。

2. 方案二

（1）冻存小管放入普通冰箱（4～8℃）2h。

（2）从冰箱中取出悬于液氮罐口的气相液氮中，并在 2h 内缓缓进入液氮底部。

3. 方案三

（1）将冻存小管放入冻存盒或泡沫盒内-80℃下过夜。

（2）将冻存小管从冰箱中取出投入液氮保存。

程序降温：利用已设定程序的等速降温仪以-3～-1℃/min 的速度由室温降至（-80℃以下）-120℃，再放在液氮内长期储存。适用于悬浮型细胞与杂交瘤保存。

4. 标记

做好相应的记录，以方便查找及复苏培养。

（四）注意事项

（1）冷冻保存细胞浓度

①正常人纤维母细胞：1×10^6～3×10^6 个/mL。

②杂交瘤：（1～3）$\times10^6$ 个/mL，某些杂交瘤会因冷冻浓度太高而在解冻 24h 后死去。

③贴壁肿瘤细胞株：（5～7）$\times10^6$/mL，依细胞种类而异。Hela 细胞只需（1～3）$\times10^6$ 个/mL。

④悬浮生长细胞：（5～10）$\times10^6$ 个/mL，人淋巴细胞需至少 5×10^6 个/mL。

（2）冷冻保护剂为 10% DMSO，若是不确定细胞冷冻条件，在做冷冻保存同时，也应作一个备份培养，以防止冷冻失败。

（3）冻存可用 10%～90% 的血清，一般高浓度血清有助于维护细胞活力，此处介绍 20% 终浓度有利于细胞悬浮而少沉积（4℃时），复苏存活率在 80%～90%。对原代培养细胞，以 90% 血清冻存更为有效。

五、结果与分析

比较加冻存保护剂与不加冻存保护剂对细胞活力的影响，评价冻存的效果。

六、思考与讨论

1. DMSO 使用前是否需要高压灭菌，为什么？

2. DMSO 对人体有害，如何防护？

3. 简述本实验过程的注意事项。

实验九 冻存细胞的复苏

一、实验目的

1. 掌握冻存细胞复苏技术。

2. 了解细胞复苏要求及注意事项。

二、实验原理

复苏就是以一定的复温速率将冻存的培养物恢复到常温的过程。不论是微生物、动物细胞、植物细胞还是体外培养的器官都可以进行冻存，并在适当条件下复苏。

在复苏时，一般快速升温，1~2min 内恢复到常温，细胞内外不会重新形成较大的冰晶，也不会暴露在高浓度溶质的溶液中过长时间，从而无冰晶损伤和溶质损伤产生，冻存的细胞经复苏后仍保持其正常的结构和功能。

细胞复苏的原则是快速解冻：必须将冻存在-196℃液氮中的细胞快速升温至 37℃，使细胞外冻存时的冰晶迅速熔化，避免冰晶缓慢解冻时进入细胞形成再结晶，对细胞造成损害。

三、实验材料

1. 细胞

在液氮中冻存的细胞。

2. 试剂

DMEM 完全培养基（含 10%新生牛血清）、Hank's 缓冲液（或 PBS 缓冲液）、0.4%台盼蓝、75%（体积分数）乙醇等。

3. 器材

CO_2 培养箱（37℃，5% CO_2）、倒置显微镜、普通生物显微镜、超净工作台（洁净层流罩）、隔水式恒温培养箱、恒温水浴锅、低速离心机、高压蒸汽灭菌器、电热鼓风干燥箱、天平等。

4. 其他材料

细胞培养瓶（带盖或塞）、刻度吸管、止血钳、离心管（10mL）、玻璃注射器（10mL）、烧杯、酒精灯、吸耳球、血细胞计数板、微量加样器、记号笔等。

四、实验内容

1. 方法一

（1）将恒温水浴锅的温度调至 37~40℃，并预热其中的水。

（2）从液氮中取出所需细胞的冻存小管，立即投入 37~40℃温水中快速晃动使细胞迅速解冻，直至冻存液完全解冻。要在 1~2min 内完成。

（3）取出用 75%酒精纱布擦拭冻存管外壁的水，移入超净台工作内，将细胞冻存悬液移入离心管，加入约 5mL DMEM 完全培养基，轻轻吹匀。

（4）将细胞悬液经 800~1000r/min 离心 5min，弃上清液。

（5）给细胞沉淀物加入 DMEM 完全培养基，轻轻吹吸均匀。将细胞悬液移入加有培养液的培养瓶内，补足培养液，置 37℃，5% CO_2 培养箱进行培养。

（6）倒置显微镜下观察复苏细胞在培养液中的浓度或计算细胞活力，复苏后的细胞应该保持其冻存时的活力，活细胞数达 90%以上。取 100μL 体积的细胞，进行台盼蓝拒染计数，将其余细胞悬液分转入培养瓶内，活细胞终密度达到 5×10^5 个/mL。

（7）根据细胞的生长情况及时换液并传代培养。

2. 方法二

也可将融化的冻存细胞悬液直接转移到预先加有培养液的培养瓶中培养，过夜后及时更换新鲜的培养液，以弃掉冻存液。其余步骤和方法一相同。

五、结果与分析

观察复苏后的细胞形态，并与原代和传代细胞比较，计算其活力，评价冻存的效果。

六、思考与讨论

为什么复苏时需快速解冻？

实验十　绘制细胞生长曲线

一、实验目的

1. 了解细胞一代的生长增殖过程。
2. 掌握细胞生长曲线的绘制方法。
3. 掌握运用细胞生长曲线计算细胞最大增殖浓度和细胞倍增时间的方法。
4. 细胞生长曲线的绘制可用于比较不同动物血清的促细胞生长效应。

二、实验原理

无论是原代培养时期细胞还是传代培养时期细胞，每一代培养细胞根据其生长变化特点，都可以将其生长过程人为地划分为潜伏期、指数（对数）生长期和停滞期（平台期）三个阶段。以培养时间为横坐标，细胞密度为纵坐标而绘制的坐标图就是这一代细胞的生长曲线。细胞生长曲线是观测细胞在一代生存期内增殖过程的重要指标，是了解培养中细胞生长与死亡的动态变化最简单而直观的方法之一，不同种类的细胞其生长曲线各有其特点。不论是原代培养还是传代培养，其操作都会对细胞带来损伤，接种到培养器皿后，细胞都需要修复损伤，适应体外培养环境，经历黏附、贴壁和铺展等过程，才能恢复生长，因此这一时期细胞处于潜伏期。潜伏期也就是细胞对传代操作所致损伤的恢复期和对新的生长环境的适应期。潜伏期结束后，细胞增殖加速，活力旺盛，培养物中的细胞数量呈指数增长，这一时期称为指数（对数）生长期。常以有丝分裂指数（MI）、细胞群体倍增时间（PDT）来反映细胞分裂活动的程度。有丝分裂指数可用培养物中分裂相数量占全部细胞数量的百分比来表示。当细胞长满培养器皿，相互汇合成片时，正常的有机体细胞便表现出接触性抑制，当细胞密度增大到一定程度时，相互拥挤或挤压而致铺展程度降低，细胞堆叠，使得DNA合成受到抑制，细胞便不再分裂增殖，细胞数量维持在某一水平上，不再增加，生长活动停滞即停滞期（平台期），此时即便经常更换培养液也会因其迅速酸化而致细胞发生酸中毒，发生变性和从生长基质表面脱落死亡，这一时期称为凋亡期（平台期）。

细胞生长曲线是观测细胞在一代生存期内的增生过程的重要指标，它以细胞生长时间（d）为横坐标、细胞浓度为纵坐标作图。细胞生长期总体趋势均呈“S”形。细胞生长曲线是观察细胞生长基本规律的重要方法，只有具备自身稳定生长特性的细胞才适合在观察细胞生长变化的实验中应用。因而在细胞系细胞和非建系细胞生长特性观察中，生长曲线的测定是最为基本的指标。在细胞生长曲线上细胞数量增加一倍的时间称为细胞群体倍增时间，生长曲线上的最高峰值即为促细胞生长的最大增殖浓度。

实验中，常采用细胞计数绘制细胞生长曲线法。

细胞生长曲线是细胞培养实验中最基本的指标，是测定细胞绝对增殖数值和生长繁殖基本规律常用的简便方法。常用的方法为：在同一规格的培养瓶中，接种等量的同一代细胞，经培养后每隔 24h 取出几瓶细胞进行计数，以细胞生长时间为横坐标，不同时刻的细胞浓度为纵坐标，标出各点并连成线，即为该细胞的生长曲线，可反映出细胞生长的动态。

测定生长曲线的另一种方法是用 96 孔/24 孔细胞培养板，分 7 组，每组 3 孔，培养 1 周（7d），期间逐日检测一组，计数细胞数量，最后把 7d 中的细胞数值绘成图，即为细胞生长曲线。

细胞生长曲线可采用 MTT 法来进行。标准的细胞生长曲线呈“S”形，一般在传代后第一天细胞数有所减少，经过一段时间的潜伏期，再进入对数生长期，达到停滞期后生长稳定，最后衰老。

三、实验材料

1. 细胞

生长良好的 BHK21 细胞。

2. 试剂

DMEM 细胞培养基、Hank's 缓冲液（或 PBS 缓冲液）、新生牛血清三批、75%（体积分数）乙醇等。

3. 器材

CO_2 培养箱（37℃，5% CO_2）、倒置显微镜、普通生物显微镜、超净工作台（洁净层流罩）、恒温水浴锅、低速离心机、高压蒸汽灭菌器、电热鼓风干燥箱、天平等。

4. 其他材料

细胞培养瓶（带盖或塞）、刻度吸管、玻璃注射器（10mL）、酒精灯、吸耳球、血细胞计数板、微量加样器、24 孔板/96 孔板、记号笔等。

四、实验内容

（1）取对数生长期 BHK21 细胞，对于悬浮细胞，可直接进行计数与计算过程。如果计数对象为贴壁生长的细胞，首先需将培养物制备成单细胞悬液并计数。

（2）按有限稀释法原则，分别用三批新生牛血清制备单细胞悬液，最终使其细胞密度为 1.0×10^4 个/mL，血清含量为 10%。（比较不同动物血清的促细胞生长效应实验内容选做）。

（3）以每孔相同数量的细胞接种 24 孔板，接种 3 个板。或以每孔相同数量的细胞（0.2mL）接种到 96 孔板，每批血清接种 24 孔。

（4）每 12h（或 24h）计数，每次计数 2~3 孔的计算平均细胞数量，至细胞数量较前次结果有所下降时为止，连续计数 7d。

（5）以细胞生长时间为横坐标、以细胞浓度为纵坐标绘制细胞的生长曲线。

（6）通过细胞的生长曲线计算细胞的最大增殖浓度和细胞的倍增时间。

①生长曲线上的最高峰值即为细胞生长的最大增殖浓度。

②按生长曲线计算血清促细胞生长的细胞倍增时间，取细胞峰值前一天所计得的细胞数（Y），初始接种细胞数（X）及培养时间（T）计算：

$$倍增时间 = T/A \qquad A = \log 2^{(Y/X)}$$

五、结果与分析

绘制细胞生长曲线，计算细胞的最大增殖浓度和倍增时间，并分析实验结果。

六、思考与讨论

简述贴壁培养细胞一代生长周期各期的特点。

实验十一　单细胞克隆及克隆率测定

一、实验目的

掌握获得单细胞克隆及培养细胞克隆率的测定方法。

二、实验原理

克隆是单个细胞通过有丝分裂形成的细胞群体。细胞克隆是把一个细胞从群体中分离出来单独培养，使之重新繁衍成一个新的细胞群体的培养技术。克隆形成率即向底物接种单细胞悬液能形成细胞小群的百分数。

细胞系中的细胞类型是不均一的。通过单细胞克隆，能使培养物从不均一转变为均一，使培养物的遗传可变性减少。原代培养的细胞及其他未经克隆化的细胞系都具有异质性，而由单一细胞克隆化形成的细胞群体，细胞遗传性状差异减少，生物学性状均一，利于实验研究。

从理论上讲，各种培养细胞都可以克隆。但实际上，原代培养细胞和有限细胞系（二倍体细胞）比较困难，无限细胞系和肿瘤细胞比较容易。其原因是，当体内任何细胞被置于体外时，对细胞培养环境有一个适应过程，其间细胞对培养液具同化作用。而单细胞同化营养液的能力不如群体细胞强，原代细胞有限细胞系不如无限细胞系和肿瘤细胞。

细胞克隆化培养常用于肿瘤细胞、单克隆抗体的制备以及干细胞培养。但正常细胞很难在软琼脂和半固体中形成集落，而这种克隆化培养也是用来鉴别和筛选正常与异常细胞以及细胞恶性程度的方法之一。

单细胞分离培养技术有很多种方法。根据生长基质或培养物的性质或类型不同，常用的细胞克隆技术分为有限稀释法（多孔板克隆法）、饲养层克隆法、软琼脂克隆法、琼脂平板克隆法等多种。例如，干细胞一般多选用以成纤维细胞为饲养层，或用胶原、明胶预先包被在平皿上；恶性肿瘤细胞可选用琼脂和甲基纤维素作为支持物并提供一定的营养，也可用软琼脂和半固体的甲基纤维素；单克隆抗体的制备则多选用有限稀释法培养或半固体的甲基纤维素培养。

三、实验材料

1. 细胞

生长良好的对数期细胞。

2. 试剂

细胞培养基、Hank's 液（或 PBS 磷酸缓冲液）、胰酶溶液、台盼蓝染液、75%（体积分数）乙醇等。

3. 器材

CO_2 培养箱（37℃，CO_2 浓度 5%）、倒置生物显微镜、血细胞计数板等。

4. 其他材料

细胞培养瓶（带盖或塞）、刻度吸管、吸耳球、24 孔板/96 孔板、记号笔等。

四、实验内容

（1）取生长良好的对数期细胞，用刻度吸管、吸耳球吸出细胞培养瓶内的培养液。

（2）制备成单细胞悬液，单个细胞百分率应在 95% 以上。

（3）取少量细胞悬液，用台盼蓝染液染色并计数活细胞。

（4）将细胞悬液做梯度倍数稀释，使细胞的最终密度为 5 个/mL。

（5）接种细胞　取 96 孔板，接种上述细胞的稀释液，每孔接种 200μL，置 37℃、5% CO_2 的培养箱培养。

标记与培养 4~6h，待细胞下沉至培养板孔底后，从培养箱中取出 24 孔板/96 孔板，置倒置生物显微镜台上，观察和标记含单个细胞的孔数（B）。然后送回 CO_2 培养箱中继续培养。

待孔内细胞增至 500~600 个，约需 10d，中间换液一次，可进行分离培养。挑选生长良好的单细胞克隆孔，重新接种并扩大培养。

如果进行克隆率计算，培养至 120~144h 时，从培养箱中取出培养板，用倒置生物显微镜观察并计数已做过标记的孔（接种单细胞的孔）中形成克隆的孔数（A）。

$$克隆率（\%）=（A/B）\times 100$$

式中　A——克隆形成数；

　　　B——接种细胞数。

五、结果与分析

用照片记录你所得到的细胞克隆，并用语言描述。

六、思考与讨论

简述单细胞克隆的用途。

实验十二　细胞分裂指数和贴壁率的测定

一、实验目的

掌握细胞分裂指数和贴壁细胞贴壁率的测定方法。

二、实验原理

体外培养细胞生长、分裂繁殖的能力，可用分裂指数来表示。细胞的分裂指数是指分裂期细胞在全部细胞中所占的比例，用以表示细胞的增殖旺盛程度。一般要计算和观察 1000 个细胞中分裂细胞所占的比率，它与生长曲线有一定的联系，如随着分裂指数的不断提高，细胞也就进入了指数生长期。分裂指数是测定细胞周期的一个重要指标，也是不同实验研究选择细胞的重要依据。

细胞贴壁率又称接种存活率。适用于观察贴壁附着生长的细胞，是分析细胞增殖和存活的良好指标，因为只有活性相对较好的细胞才能贴壁生长，也反映细胞和培养底物材料的生物相容性。

当细胞是在低密度下（2~50 个/mL）以单细胞悬浮接种时，它们会生长成分散的集落，从这些集落的数目可以计算出贴壁效率。贴壁率的测定一般都接种较少的细胞，计数由一定细胞数组成的集落（通常约为 50 个细胞数）。

三、实验材料

1. 细胞

生长良好的细胞。

2. 试剂

培养液、中性福尔马林、95%（体积分数）乙醇、苏木精染液、伊红染液、结晶紫染液、PBS 缓冲液 1% $NaHCO_3$ 溶液。

3. 器材

CO_2 培养箱、普通生物显微镜。

4. 其他材料

细胞培养皿、盖玻片、吸管、6 孔板。

四、实验内容

(一) 分裂指数的测定

按细胞传代培养的方法消化分散细胞，以 2×10^5 个/mL 接种到放有盖玻片的 6 孔板中，每孔接种 3mL。

1. 染色

每 24h 取出 1 个盖玻片，按常规方法用 95%（体积分数）的乙醇固定，苏木精-伊红染液封片。

（1）37℃ CO_2 培养箱中培养，用 PBS 缓冲液漂洗 3 次，每次 1min。

（2）中性福尔马林固定 30min。

（3）先用蒸馏水漂洗 1 次，再用苏木精染液染色 20min。

（4）自来水洗，置入 1% Na_2CO_3 溶液中漂洗至蓝紫色。

（5）伊红染液染色 1min。

（6）流水冲洗，自然干燥后观察。

2. 计数

选择细胞密度适中的区域，用普通生物显微镜观察分裂细胞，共计数 1000 个细胞中分裂相细胞所占的千分比。

$$细胞分裂指数 = [细胞分裂相数/细胞总数(1000)] \times 1000‰$$

3. 绘图

将所测得的千分数逐日按顺序绘制成图即得细胞分裂指数曲线图。

(二) 贴壁率测定

（1）按消化分散细胞，制备单细胞悬液。

（2）通过计数，将细胞稀释至一定的密度（2~50 个/mL）接种到培养皿中。

（3）培养 2~3 周，弃掉培养液，用结晶紫染液染色 10min。

（4）计数集落，计数贴壁率。

贴壁率（%）=（所形成的集落数/接种的细胞数）×100

五、结果与分析

记录测定的细胞分裂指数和贴壁率，并比较不同组所测得的数值，分裂指数和贴壁率是否有相关性？

六、思考与讨论

分析影响细胞分裂和细胞贴壁的因素。

第三章 细胞库与细胞检定

实验一 细胞库建立

一、实验目的

学习建立细胞种子库、主细胞库和工作细胞库的方法。

二、实验原理

(一) 细胞系

来自原代培养的细胞往往含有多种类型，在传代过程通过纯化才会获得较为均一的细胞群体。细胞系（cell line）是由原代培养经初步纯化而获得的以一种细胞为主，能在体外长期生存的不均一的细胞群体，细胞系经过进一步的克隆化，便可得到由单一细胞组成的细胞株。由于细胞系和细胞株组成比较均一，生物性状比较清楚，能传代培养，被广泛应用于生命科学研究和生物医药的生产。

如果细胞系的生存期有限，则称之为有限细胞系；已获无限繁殖能力能持续生存的细胞系，称为连续细胞系或无限细胞系。无限细胞系大多已发生异倍化，具异倍体核型，有的可能已成为恶性细胞，因此本质上已是发生转化的细胞系。无限细胞系有的只有永生性（或不死性），但仍保留接触抑制和无异体接种致癌性；有的不仅有永生性，异体接种也有致瘤性，说明已恶性化。

由某一细胞系分离出来的、在性状上与原细胞系不同的细胞系，称为该细胞系的亚系。这是现有细胞系中最多的一类，我国已建立的细胞系主要为这类细胞。肿瘤细胞系多由癌瘤建成，多呈类上皮型细胞，常已传几十代或百代以上，并具有不死性和异体培养接种致瘤性。

对已建成的各种细胞系或细胞株习惯上都给予名称。细胞的命名无严格统一的规定，大多采用有一定意义的缩写字或代号表示。例如，HeLa 为供体患者的姓名，CHO 为中国地鼠卵巢细胞（chinese hamster ovary），NIH3T3 为美国国立卫生研究院（National Institute of Health，NIH）建立的，每 3d 传代，每次每毫升接种 3×10^4 个细胞。

(二) 细胞库

细胞库特指长期保存有多种细胞系和细胞株的设施或机构。与生物制品生产中的细胞库系统相区别，细胞库系统是指通过培养细胞用以连续生产多批制品的细胞系统，这些细胞来源于经充分证明无外源因子的一个细胞种子和（或）一个主细胞库，从主细胞库中取一定数量的细胞制备工作细胞系。

细胞库的建立可为生物制品的生产提供检定合格、质量相同、能持续稳定传代的细胞。细胞建库应在符合国家现行《药品生产质量管理规范》的条件下进行。

1. 细胞库的建立

三级细胞库管理包括细胞种子（cell seed）或原始细胞库（PCB）、主细胞库（MCB）及工作细胞库（WCB）。在某些特殊情况下，也可采用细胞种子及主细胞库二级管理，但须得到国家药品监督管理部门的批准。

（1）细胞种子　由一个原始细胞群体发展成传代稳定的细胞群体，或经过克隆培养而形成的均一细胞群体，通过检定证明适用于生物制品生产或检定。在特定条件下，将一定数量、成分均一的细胞悬液，定量均匀分装于一定数量的安瓿或适宜的细胞冻存管，于液氮或-130℃以下冻存即为细胞种子，供建立主细胞库用。

对于引进细胞，生产者获得细胞后，冻存少量细胞，经过验证可用于生物制品生产，此细胞可作为细胞种子，供建立主细胞库用。

（2）主细胞库　取细胞种子通过规定的方式进行传代、增殖后，在特定倍增水平或传代水平同次均匀地混合成一批，定量分装于一定数量的安瓿或适宜的细胞冻存管，保存于液氮或-130℃以下，经全面检定合格后，即可作为主细胞库，用于工作细胞库的制备。生产企业的主细胞库最多不得超过两个细胞代次。

（3）工作细胞库　工作细胞库的细胞由主细胞库细胞传代扩增制成。由主细胞库的细胞经传代增殖，达到一定代次水平的细胞，合并后制成一批均质细胞悬液，定量分装于一定数量的安瓿或适宜的细胞冻存管，保存于液氮或-130℃以下备用，即为工作细胞库。生产企业的工作细胞库必须限定为一个细胞代次。冻存时细胞的传代水平须确保细胞复苏后传代增殖的细胞数量能满足生产一批或一个亚批制品。复苏后细胞的传代水平应不超过批准用于生产的最高限定代次。所制备的工作细胞库必须经检定合格后，方可用于生产。

2. 细胞库的管理

主细胞库和工作细胞库应分别存放。每一个库应在生产设施内至少2个不同的地点或区域存放。应监测并维护细胞库冻存容器，以保证细胞库贮存在一个高度稳定的环境中。

非生产用细胞应与生产用细胞严格分开存放。

每种细胞库均应分别建立台账，详细记录放置位置、容器编号、分装及冻存数量，取用记录等。细胞库中的每种细胞均应具有细胞系/株名、代次、批号、编号、冻存日期、贮存容器的编号等信息。

为保证细胞冻存后仍具有良好的活力，冻存前的细胞活力应不低于90%，冻存后应取一定量的可代表冻存全过程的冻存管复苏细胞，复苏后细胞的活力应不低80%。二倍体细胞冻存后，应至少做一次复苏培养并连续传代至衰老期，检查不同传代水平的细胞生长情况。细胞冻存后，可通过定期复苏细胞及复苏后细胞的活力数据验证细胞在冻存及贮存条件下的稳定性。

（三）细胞库检定项目

细胞库建立后应至少对主细胞库细胞及生产终末细胞（EOPC）进行一次全面检定，当生产工艺发生改变时，应重新对生产终末细胞进行检测。每次主细胞库建立一个新工作细胞库，均应按规定项目进行检定。

细胞检定主要包括以下几个方面：细胞鉴别、外源因子和内源因子的检查、成瘤性/致瘤性检查等。必要时还须进行细胞生长特性、细胞染色体检查、细胞均一性及稳定性检查。这些检测内容对于主细胞库细胞、工作细胞库细胞及生产终末细胞均适用。细胞检定项目要求见表 3-1。

表 3-1　细胞检定项目要求

检测项目		主细胞库（MCB）	工作细胞库（WCB）	生产终末细胞（EOPC）*
细胞鉴别		+	+	（+）
细菌、真菌检查		+	+	+
分枝杆菌检查		（+）	（+）	（+）
支原体检查		+	+	+
内、外源病毒污染	细胞形态观察及血吸附试验	+	+	+
	体外不同细胞接种培养法	+	+	+
	动物和鸡胚体内接种法	+	-	+
	逆转录病毒	+	-	+
	种属特异性病毒检查	+	-	+
	牛源性病毒检查	（+）	（+）	（+）
	猪源性病毒检查	（+）	（+）	（+）
	其他特定病毒	（+）	（+）	（+）
染色体检查		（+）	（+）	（+）
成瘤性检查*		（+）	（+）	—
致瘤性检查*		（+）	（+）	—

注：*生产终末细胞是指在或超过生产末期时收获的细胞，尽可能取按生产规模制备的生产末期细胞；“+”为必检项目，“-”为非强制检定项目；（+）表示需要根据细胞特性、传代历史、培养过程等情况要求的检定项目；*表示 MCB 或 WCB。

细胞库系统应检定的项目及方法见表 3-2。

表 3-2　细胞库系统应检定的项目及方法

检定项目	试验方法或手段
种属鉴定	细胞形态学鉴定、同工酶谱分析、胞核型分析
无菌鉴定	细菌和真菌鉴定（膜过滤培养法）
成活力	冻存后复苏至少应达到 80% 以上
生长特性	存活率，形态学，增殖曲线，倍增时间，克隆形成
稳定性	胞核学，存活力，形态学，细胞关键标记；取 3% 的细胞管分别对前、中、后三段细胞管中的细胞按生长特性的要求检测

续表

检定项目	试验方法或手段
成瘤性	裸鼠或SCID小鼠为标准试验小鼠
致瘤性	当一种具有成瘤特性细胞，其引起肿瘤的物质为细胞DNA、细胞成分或细胞携带的致肿瘤因子等，应当用该细胞的DNA和细胞裂解物进行动物肿瘤模型的检定
感染活性	病毒整合到细胞DNA的检查，化学制剂诱导试验
细胞遗传学检查	光谱核学分析、基因组杂交比较、微阵列多型性单核苷酸多样性分析等
病毒因子	病毒：动物（成鼠、乳鼠、豚鼠、家兔），鸡胚，免疫学，细胞培养
	逆转录病毒：PERT，抗体生成试验，联合培养，透射电镜
朊病毒因子	蛋白质错误折叠环扩增技术（protein-misfolding cyclic amplification，PMCR），蛋白抗原位点分析

三、实验内容

1. 引进细胞

查阅、收集细胞系/株来源的相关资料，如细胞系/株制备机构的名称，细胞系/株来源的种属、年龄、性别和健康状况的资料。从细胞来源实验室获得，也可引用正式发表文献。如采用已建株的细胞系/株，应具有细胞来源的证明资料。应从能够提供初始细胞历史及其溯源性书面证明材料的机构获得，且应提供该细胞在该机构的详细传代记录，包括培养过程中所使用的所有原材料的详细信息，如种类、来源、批号、生产日期及有效期、制备或使用方法、质量标准及检测结果等。

2. 建库

细胞建库应在符合国家现行《药品生产质量管理规》的条件下制备，细胞库的建立可为生物制品的生产提供检定合格、质量相同、能持续稳定传代的细胞。

3. 入库登记

分别建立每种细胞库台账，详细记录放置位置、容器编号、分装及冻存数量，取用记录等。细胞库中的每支细胞均应具有细胞系/株名、代次、批号、编号、冻存日期，贮存容器的编号等信息。

四、思考与讨论

阐述动物细胞库在动物遗传资源保存与疫苗制备中的作用及意义。

实验二　细胞形态学检查

一、实验目的

掌握对建立的细胞库中细胞进行细胞形态学的检定方法。

二、实验原理

细胞形态学检查主要包括对细胞类型、细胞形状、细胞大小、核质比例、染色质和核仁大小与多少以及生长状态等的确定。

可用相差显微镜直接观察活细胞并拍照，也可以在染色后观察。动物细胞在体外培养时，其生长形态常出现以下几种类型。

1. 成纤维细胞型

此类细胞是成纤维细胞或成纤维样细胞为代表的间叶细胞。细胞外形与体内的成纤维细胞形状相似，细胞大致呈梭形或不规则形，细胞贴壁后呈长梭形、圆形，细胞核位于中央，胞质外伸出2~3个长短不同的突起，生长时呈放射状、旋涡状走向。多数细胞之间排列疏松，有较大的细胞间隙。

2. 上皮细胞型

此类细胞是以上皮细胞或类上皮细胞为代表的器官专一细胞即器官实质细胞，这类细胞泛指那些形状上类似上皮细胞的细胞，细胞扁平状，形态较为规则，细胞贴壁后呈三角形及不规则扁平的多角形，中央有扁圆形核，生长时彼此紧密连接成单层细胞。这类细胞不完全等同于动物体内的上皮组织细胞，绝大部分体外上皮细胞只能在原代培养中存活很短一段时间，不能传代，少数的也可以因为条件适合传代下去，甚至形成一个连续的细胞株系。

3. 游走细胞型

此类细胞在支持物上分散生长，一般不连成片、形成集落，细胞质常伸出伪足和突起，在培养器壁上生长位置不固定，呈活跃的游走和变形运动，速度快且方向不规则，细胞内易出现色暗的吞噬颗粒。该类细胞不太稳定，外形不规则且不断变化，当细胞密度增大、连成片时，形状类似成纤维细胞型或上皮细胞型。

4. 多形细胞型

这是一些形态上不规则的细胞，一般可以明显地分为胞体和胞突两部分，其中胞突为细长形，类似丝状伪足；胞体也略成多角形，但没有成纤维细胞那样规则。

以上四种细胞类型是细胞体外培养时常见且形态明显的几种。另外还有一些细胞在体外生长时不贴壁，可在培养液中悬浮生长，因此称之为悬浮型细胞。在实际情况下，所培养的细胞并不一定呈现某一种典型的类型。不同来源的细胞生长时的形态学表现不同，即使同一种细胞，不同条件下或处于不同功能状态时形态上也会表现出不同的类型。

三、实验材料

1. 细胞

细胞库中复苏的细胞。

2. 器材

倒置显微镜。

四、实验内容

1. 显微镜检查

将所培养的细胞置于倒置显微镜下肉眼观察细胞形态类型、培养细胞形态是否规范、细胞的生长状态。

2. 肉眼检查

可参考实验四体外培养细胞的观察和记录。

五、结果与分析

记录培养细胞的形态类型、细胞形状、细胞大小、核质比例、染色质和核仁大小与多少以及生长状态。

六、思考与讨论

阐述细胞形态学检查在细胞库细胞检定中的意义。

实验三　培养细胞同工酶检测

一、实验目的

掌握对培养细胞进行同工酶检测的原理和方法。

二、实验原理

同工酶（isoenzyme）是一组由同一种属中染色体上不同基因座的基因或同一基因座的等位基因编码的蛋白质，分布在同一个体的不同组织细胞结构中的，能催化相同的化学反应，但分子结构和生理功能有所不同的一类酶。同工酶是基因分化的产物，同工酶之所以能催化相同的化学反应是因为它们的活性部位在结构上相同或者非常相似。根据同工酶在电场中的不同迁移率可得到同工酶图谱。由来源25个不同种属的细胞匀浆进行同工酶分析，存在同一个体或同一组织中的同工酶，虽说其酶的总活性可能有很大变化，但同工酶谱将始终不变。来源于同种然而不同个体的细胞系中一个特定的酶常有不同的共显性等位基因，其产物是多型性的，同工酶在种与种之间，甚至种内存在多态性，但在一般情况下，这种等位同工酶的表型是稳定的，因此可以通过确定同工酶系统［6-磷酸葡萄糖脱氢酶（G-6PD）、乳酸脱氢酶（LDH）、核苷磷酸化酶（NP）、苹果酸脱氢酶（MDH）］的电泳迁移率对细胞系种属做出鉴定。目前世界主要培养物中心都把这种方法作为细胞系质量控制、种属来源确认、种间交叉污染判定和鉴定细胞是否恶性转化或区分正常细胞和肿瘤细胞的标准。

乳酸脱氢酶（lactate dehydrogense，LDH）同工酶是一类参与糖代谢的重要的酶，催化乳酸氧化成丙酮酸，同时NAD^+还原成NADH，或催化两者的逆向反应，是发现最早、研究最多的同工酶。1959年马科特（Markert）等用电泳的方法将牛心肌提纯的LDH结晶分离出5条区带，靠近阳极一端的称为LDH_1，靠近阴极一端的称为LDH_5，其余3种由“阳极”到“阴极”依次命名为LDH_2、LDH_3和LDH_4。目前已知，LDH在哺乳动物的体细胞中由2个不同的基因位点编码的H（heart）亚基、M（muscle）亚基以不同比例组成的四聚体分子组成，形成5种同工酶，即LDH_1（H_4）、LDH_2（H_3M）、LDH_3（H_2M_2）、LDH_4（HM_3）、LDH_5（M_4）。LDH同工酶的生成受代谢物和遗传基因的双重控制，在组织分化过程中A、B基因调控和表达不同，并且一旦形成就可以稳定遗传。已经证明，不同组织中LDH种类不同，每种组织LDH同工酶电泳酶谱具有特定的相对百分率，而且于同一组织的不同发育时期，其酶谱有时也将发生改变，例如，哺乳动物胎儿早期组织的 LDH 酶谱一般是以 LDH_5 和 LDH_4 占优势，随着发育又将逐渐被 LDH_1 和 LDH_2 占优势所代替，一般认为，需氧组织如心肌、脑、舌肌、眼球肌主要存在 H 型 LDH 同工酶，催化乳酸转变成丙酮酸；乏氧组织如骨骼肌、肝、红细胞等主要存在 M 型 LDH 同工酶，催化丙酮酸还原成乳酸。同工酶在各器官和组织中的分布和含量不同，在不同组织中都有其各自特定的酶谱，表现出种属的特异性和组织器官的特异性。因此，人们将 LDH 同工酶系统作为一种生化遗传指标而广泛应用于鉴别种间差异及亲缘关系、系统分类、进化理论和种群遗传分析领域。

除乳酸脱氢酶外，用于细胞种属鉴定的同工酶通常有苹果酸脱氢酶（malate dehydrogenase，MDH）、6-磷酸葡萄糖脱氢酶（glucose 6-phosphate dehydrogenase，G6PD）、甘露糖 6-磷酸异构酶（mannose-6-phosphate isomerase，MPI）、肽酶 B（peptidase B，PepB）、天冬氨酸氨基转移酶（谷草转氨酶）（aspartate aminotransferase，AST）和核苷磷酸化酶（nucleoside phosphorylase，NP）。在多数情况下，细胞的种属来源可用乳酸脱氢酶、核苷磷酸化酶、苹果酸脱氢酶和葡萄糖 6-磷酸脱氢酶来确定。细胞间的交叉污染在大多数情况也可用这 4 种同工酶检测，分析小鼠细胞系被仓鼠细胞污染时也需要肽酶。

苹果酸脱氢酶（malate dehydrogenase，MDH）是一种二聚体酶蛋白，是真核细胞及原核细胞三羧酸循环的重要酶，不但能够催化苹果酸氧化成草酰乙酸，而且也能够将草酰乙酸还原。MDH 是细胞染色体的相应等位基因编码的产物，分为由 A、B 基因编码的 sMDH（细胞质型）和由 C、D 基因编码的 mMDH（线粒体型）两种类型。前者形成 A2、AB 和 B2 三种分子形式，后者形成 C2、CD 和 D2 三种分子形式。在不同的生物可具有不同 MDH 类型及其同工酶。因此检测 MDH 同工酶在一定程度上可反映细胞的遗传特性及其种属分类。这两种类型的 MDH 同工酶具有不同的电泳行为，在常规电泳图谱中明显分为两个区带组，即 sMDH 区带组和 mMDH 区带组，后者泳动速度比前者慢。

小鼠、中国仓鼠和人的同工酶图谱见图 18-1。

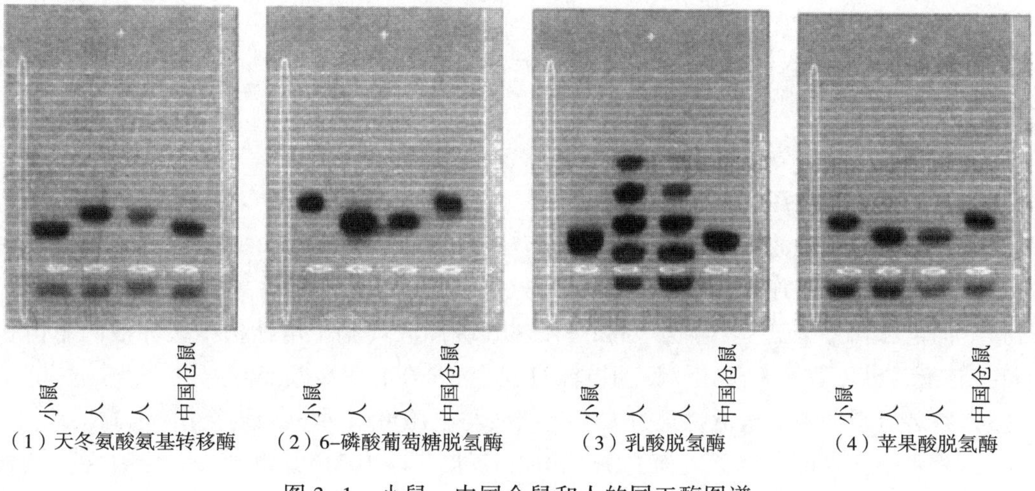

（1）天冬氨酸氨基转移酶　（2）6-磷酸葡萄糖脱氢酶　（3）乳酸脱氢酶　（4）苹果酸脱氢酶

图 3-1　小鼠、中国仓鼠和人的同工酶图谱

（鄂征，1998）

三、实验材料

1. 细胞

生长状态良好的细胞。

2. 试剂

巴比妥缓冲液（SAB8.6 缓冲液）、Dulbeccos 磷酸盐缓冲液（D-PBSA）、Triton X-100、乳酸脱氢酶染色液、琼脂糖凝胶等。

3. 器材

电泳仪、CO_2 培养箱、低速离心机等。

4. 其他材料

刻度吸管、烧杯、微量加样器、记号笔等。

四、实验内容

以 LDH 为例，采用电泳法进行实验。

(一) 样品提取

（1）取生长状态良好的细胞，按常规方法培养细胞密度至少达 5×10^6 个活细胞/mL。

（2）依照具体细胞系实验室推荐的方法收集细胞。

（3）细胞团块重悬于 D-PBSA 缓冲液中，计数活细胞。

（4）细胞悬液移至离心管中，1000r/min 离心 10min。

（5）弃上清，按上述 3 和 4 的方法共洗涤 3 次。

（6）加入 12.5μL 的 D-PBSA 缓冲液（用于 5×10^6 个活细胞）。

（7）涡旋细胞管 1~2s，直到细胞团块分散。

（8）向细胞悬液中加入 12.5μL 2×Trition-X-100。

（9）用微量加样器反复吹打，不可涡旋，使细胞完全破碎。

（10）4℃最高快速离心 2min。

（11）向裂解液中加入等量的酶稳定剂。

（12）通过轻柔抽吸混合裂解液，不可涡旋。

（13）将提取物等分为所需体积，-70℃保存。

(二) 电泳

1. 电泳仪安装

（1）打开孵育箱电源。

（2）每个孵育箱内放一个盘垫。

（3）在每孵育盘中加 6.0mL 去离子水，37℃保温 20min。

（4）向电泳槽每个盘室中加入 95mL SAB8.6 缓冲液（整个电泳槽中缓冲液的总体积为 190mL。该缓冲液不可重复使用，因为电泳过程中 pH 会有明显改变。

（5）将装有缓冲液的电泳槽通过安全连接线与电压可调的电源线连接，电源接地。

（6）将每个温控电泳室盖表面充满 500mL 冷水（4~10℃）。电泳盖一定要在垂直放置时装满水，否则水将流失。用冰将水冷却或在冰箱中储备足够的冷水，每次电泳前要更换冷水。

（7）每个染色盘中放500mL去离子水或蒸馏水，并用它洗涤孵育盘。这些水不能重复使用。

2. 电泳步骤

（1）电泳前再从冷室中取出琼脂糖凝胶，仔细标记每块待用琼脂糖凝胶，可用标签或用永久性记号笔在凝胶背面做个记号。

（2）将凝胶放在台面上，塑料突起向下。调整凝胶方向使样品孔离操作者最近。操作琼脂糖凝胶时戴手套。

（3）标记每个样品孔，标明将待检测的样品（如标准、对照、未知1、未知2等）。每块凝胶可检测6个未知样品。

（4）将琼脂糖凝胶从坚硬的塑料支持物上小心地剥离。沿着边缘小心处理凝胶，弃去硬塑料支持物。

（5）向样品孔加入细胞抽提物。用装有微量加样器将1μL细胞抽提物精确地加到每个孔中。每个样品用一个新头。将标准品点于泳道1，对照品点样于泳道2，未知点样于泳道3~8。为避免损伤琼脂糖凝胶，只有细胞抽提液滴可接触样孔，微量加样器不能碰孔。若点样量为2μL，在第一滴1μL样品散到琼脂糖凝胶内后再点第2滴。

（6）将每个已点样的琼脂糖凝胶插入电泳槽盖上，琼脂糖面向上。将琼脂糖凝胶的阳极（+）与电泳槽盖的阳极（+）匹配，可能需将琼脂糖凝胶轻微弯曲以便插入电泳槽盖。

（7）在每个电泳槽座上放一个电泳槽盖。内部有磁铁的黑端电靠近电源。打开电源（160V），定时25min。

（8）在电泳结束前大约5min时，从冰箱中拿出每个底物的试剂瓶，使其恢复到室温。

（9）临用前加0.5~1mL去离子水到每个试剂瓶中，轻轻地旋转小瓶使试剂溶解。

（10）电泳结束时，从电泳槽座上拿开电泳槽盖并将置于吸水纸上。

3. 染色

（1）从电泳槽室上取出琼脂糖凝胶，抓住凝胶膜边缘，向内轻压便可将其从盖中取出。

（2）将琼脂糖凝胶侧立，置于水平放在平面上的吸水纸上，样品孔朝向操作者。

（3）仔细地用不起毛的吸水纸吸去琼脂糖凝胶两端残余的缓冲液。

（4）沿着琼脂糖凝胶底边放置一支5mL的移液管。

（5）沿着移液管的前缘将重新制备的底物均匀倾倒于琼脂糖凝胶上。

（6）用平滑的动作推动吸管经过琼脂糖凝胶表面，移交完成，再向操作者方向拖回刻度吸管，在琼脂糖凝胶表面推多次，吸管滚动着离开琼脂糖凝胶末端，在此过程中移去多余的物质，注意不要破坏琼脂糖凝胶，此步骤无需加压。

（7）将边缘整齐的琼脂糖凝胶放入预热的孵育器盘中，琼脂糖凝胶面向上，并把盘置于37℃孵箱内染色5~20min。

（8）孵育后，用500mL双蒸水或去离子水清洗琼脂糖凝胶两次，用磁力搅拌捧搅动，每次15min，第一个15min后，取出每个凝胶膜，将水弃去，加入500mL新鲜水于容器中，将凝胶膜浸入水中，并予以遮盖避光，确保薄膜完全浸入而不是漂浮在清洗液上。

（9）从水中取回凝胶膜，将其放置于孵育箱或烤箱烘干室的干架内，烘干 30min 或直到琼脂糖凝胶干燥，也可将琼脂糖凝胶温室干燥过夜。

（10）清洁整理，倒掉电泳槽底缓冲液，并用蒸馏水冲洗，将电泳槽盖中的水倒出，冲洗槽盖内部并晾干。

（11）结果评估，区带是永久性的，凝胶膜也可保存起来，便于将来参考，如果随时间延长，出现背景染色，说明凝胶清洗不够充分。

4. 计算迁移率

同工酶迁移率（R_f）用相对迁移率来表示，即区带泳动距离（d）与指示染料泳动距离（D）之比，区带泳动距离一律按区带后缘的距离测算。计算公式：

$$R_f=(d/D)\times 100\%$$

五、结果与分析

记录检测细胞的同工酶图谱，并对检测结果进行分析。

六、思考与讨论

阐述细胞同工酶检测在培养细胞检定中的意义及原理。

实验四　动物细胞染色体核型分析

一、实验目的

掌握动物细胞中期分裂相染色体核型的制备及分析方法。

二、实验原理

在体外培养的细胞中，常常会由于外界环境差异、连续传代等多种因素而导致遗传信息在染色体水平上发生改变，即染色体畸变。染色体畸变大致会有两种情况，一种是染色体结构发生改变，另一种是染色体数目发生改变。由于某种外因的作用使染色体发生一个或一个以上的断裂，产生新的黏性断面，当它们彼此以不同的方式黏合时就会形成染色体某一区段的缺失、重复、倒位、易位等，从而引起染色体结构的改变。但如果染色体分裂，而细胞没有分裂，结果造成染色体数目成套增加，就发生了多倍体变异；在个别染色体发生不正常分裂，姐妹染色体没有分裂，使整个染色体组数目发生变化，成为超二倍体和亚二倍体等整倍体变异；或者二倍体染色体组丢失一条染色体、全部丢失、成倍增加，从而形成单体、缺体、多体等非整倍体，或含有两种以上不同的染色体组，成为嵌合体细胞。染色体畸变检查常用的方法为核型分析，核型分析是指按照染色体的数目、长度、着丝粒的位置、次缢痕及随体有无等相态特征，对细胞核内染色体进行分组、排队、配对并进行分析的过程。核型代表了生物体固有的细胞染色体组成，对生物分类、探讨动物遗传疾病、物种亲缘关系与进化等具有重要意义。目前计算机一些软件的应用，对于染色体快速分类、分组、测量等有了很大的帮助。

新建的二倍体细胞株及其细胞库必须进行染色体检查。对于已建株的二倍体细胞株，如 WI-38、MRC-5、2BS、KMB17 等，在建立主细胞库时可不必进行细胞染色体检查；但如对细胞进行了遗传修饰，则须按新建细胞株进行染色体检查。新细胞建株过程中，每 8~12 世代应做一次染色体检查，在 1 株细胞整个生命期内的连续培养过程中，应至少有 4 次染色体检查结果。每次染色体检查，应至少随机取 1000 个分裂中期细胞，进行染色体数目、形态和结构检查，并做记录，以备复查。其中至少选择 50 个分裂中期细胞进行显微照相，作出核型分析，并应粗数 500 个分裂中期细胞，检查多倍体的发生率。每次染色体检查，应从同一世代的不同培养瓶中取细胞，混合后进行再培养，制备染色体标本片。染色体标本片应长期保存，以备复查。可用 G 分带或 Q 分带技术检查 50 个分裂中期细胞染色体带型，并做带型分析。

三、实验材料

1. 细胞

对数生长期的细胞。

2. 试剂

秋水仙素、KCl、冰乙酸、甲醇、吉姆萨干粉、KH_2PO_4、甘油、0.25% 胰蛋白酶溶液等。

3. 器材

倒置显微镜、光学显微镜等。

4. 其他材料

胶头吸管、载玻片等。

四、实验内容

（一）染色体标本制备所用试剂配制

（1）秋水仙素储备液　10mg 秋水仙素溶于 10mL 超纯水。秋水仙素工作液：1mL 秋水仙素储备液混合 9mL 超纯水。

（2）低渗 KCl 溶液　0.4g KCl 溶于 100mL 超纯水。

（3）固定液　冰乙酸与甲醇以 1：3 的比例混合（现配现用）。

（4）吉姆萨母液　将 1.0g 吉姆萨干粉倒入研钵，加几滴甘油在研钵内研磨至无颗粒为止，然后加甘油至 33mL，放在 56℃ 保温箱保温 2h 后，再加入 45mL 甲醇搅拌均匀，于棕色瓶 4℃ 保存备用。

（5）磷酸盐缓冲液　0.34g KH_2PO_4 溶于 100mL 超纯水（用 NaOH 调节 pH 为 6.8）。

（二）染色体标本制备

1. 加秋水仙素

取对数生长期的细胞，加秋水仙素到培养液内，最终含量为 0.1~0.4μg/mL。

2. 培养

在 37℃ 培养箱中继续培养 3~6h，使大部分细胞处于分裂中期。

3. 采集分裂相细胞

加 0.25% 胰蛋白酶溶液用常规方法消化，然后加全培养液，终止胰蛋白酶溶液对细胞的作用。转入 15mL 离心管，以 1000r/min 离心 8min，收集细胞。

4. 低渗

吸除上清液，加入预热至 37℃、0.075mol/L（或 0.4%）KCl 溶液 2mL，打匀，继续加至10mL，37℃温箱中温育20~30min。

5. 预固定

悬液中加入新鲜固定液（冰乙酸：甲醇=1：3）1mL，轻轻打匀防止细胞破裂。

6. 固定

将悬液以1000r/min离心8min，去掉上清液，加入新鲜固定液5mL，打匀，室温静置20min。

7. 重固定

重复2次，离心后去掉部分上清液，剩余1.0~1.5mL，混匀。

8. 滴片

将载玻片成45°倾斜，甩掉冰水后用吸管取细胞悬液，从约1.5m高处，向每张载玻片上迅速滴上2~3滴细胞悬液，立即用嘴在片子上吹气使细胞分散均匀，然后用镊子夹住载玻片的一端，立即将载玻片掠过酒精灯几次，以助染色体分散和展开，室温下干燥，并在片子上注明品种、雌雄和细胞的代数。

9. 染色

用磷酸盐缓冲液（pH 6.8）稀释10倍的吉姆萨液染色10min，用蒸馏水轻轻冲洗，空气干燥。

10. 镜检

先用低倍物镜找出分散好的分裂相视野，再换高倍物镜和油镜观察，应看到很多中期分裂相细胞和铺展的染色体，细胞质被染成蓝色，细胞核被染成淡紫色。

（三）核型分析步骤

（1）在显微镜下仔细观察，找出染色体形态及分散良好、长度适中、姐妹染色单体清楚的中期分裂相进行显微拍摄；每个品种统计100个分裂相以确定染色体数目，测量并计算染色体的三个参数：即相对长度、臂比和着丝点指数，并确定染色体着丝点类型。

三个参数的计算公式如下：

$$\text{臂比}=\frac{\text{长臂长度}}{\text{短臂长度}}$$

$$\text{着丝粒指数}=\frac{\text{短臂长度}}{\text{染色体长度}}\times 100\%$$

$$\text{相对长度}=\frac{\text{某一染色体长度}}{\text{全部常染色单倍体总长度}+\text{X 染色体长度}}\times 100\%$$

（2）显微拍摄的照片放大，将其上的一个细胞内的全部染色体分别剪下。按照染色体的长短和形态特征进行同源染色体的目测配对。测量出每条染色体的短臂和长臂长度，计算出各条染色体的相对长度、着丝粒指数、臂比，并记录原始数据。

（3）根据测量数据校正目测配对排列的结果，进行调整排列。染色体最后在一张淡色的纸上按一定顺序排列，排列时注意短臂向上，长臂向下，性染色体单独排列，把染色体贴成一条完整的染色体组型图。

如标本需要保存或长时间观察，可过二甲苯两次后，用中性树胶盖玻片封片（或先迅速过丙酮两次，每次30s，再过二甲苯，然后封片也可）。

（四）判定标准

对 1000 个和 500 个分裂中期细胞标本异常率进行检查，合格的上限（可信限 90% 泊松法）见表 3-3。

表 3-3　人二倍体细胞染色体分析标准

染色体分析项目	染色体异常细胞数上限		
	1000（检查细胞数）	500（检查细胞数）	100（检查细胞数）
染色单体和染色体断裂	47	26	8
结构异常	17	10	2
超二倍体	8	5	2
亚二倍体①	180	90	18
多倍体②	30	17	4

注：①亚二倍体如超过上限，可能因制片过程人为丢失染色体，应选同批号标本重新计数。

②一个分裂中期细胞内超过 53 条染色体，即为一个多倍体。

五、结果与分析

（1）用照片记录所培养细胞的中期分裂相染色体及其核型。

例如，无角道赛（Dorset）特绵羊核型分析结果如图 3-2 所示。

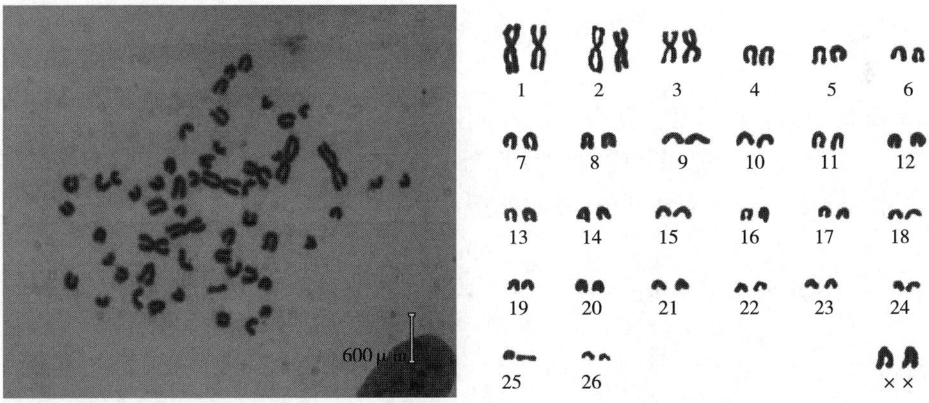

图 3-2　无角道赛（Dorset）特绵羊（雌）中期分裂相染色体及其正常核型

（2）计算出所培养细胞染色体的三个参数。

（3）绘制核型图。

六、思考与讨论

简述核型分析在动物细胞库检定中的意义。

实验五　培养细胞无菌检查

一、实验目的

掌握培养细胞中细菌、真菌污染的检测方法。

二、实验原理

在体外培养系统中，培养物的各项生长指标都是相对恒定的，一旦外界因素对其产生干扰，这种稳定性就会受到破坏。污染是最为常见的干扰因素，广义的污染包括各类微生物的污染、各种培养物间的交叉污染和化学污染。通常所说的污染多指各类微生物包括细菌、真菌、支原体及病毒对培养物的污染。微生物的污染及预防是至关重要的，污染了微生物的细胞，往往只能被遗弃，导致培养失败。细胞培养时最常发生的是霉菌和细菌污染。污染了霉菌的培养物，在倒置显微镜下可以观察到培养基中出现大小菌落或呈丝状、树状生长的菌丝。细菌污染细胞初期，对细胞影响不明显，直到后期增殖的细菌才可导致培养液浑浊，酸性代谢产物累积使培养基呈现黄绿色。对于细菌和真菌污染常用分离培养物再培养的方法检测。

三、实验材料

1. 细胞

细胞培养物。

2. 菌种

培养基灵敏度检查所用的菌株传代次数不得超过5代（从菌种保存中心获得的冷冻干燥菌种为第0代），并采用适宜的菌种保存技术进行保存，以保证试验菌株的生物学特性。

3. 试剂

硫乙醇酸盐半固体培养基、胰酪大豆胨液体培养基、中和或灭活培养基、0.5%葡萄糖肉汤培养基、胰酪大豆胨琼脂培养基、沙氏葡萄糖液体培养基、沙氏葡萄糖琼脂培养基、0.1%蛋白胨水溶液、pH 7.0氯化钠-蛋白胨缓冲液等。

4. 器材

集菌仪、CO_2培养箱（37℃，CO_2浓度5%）、倒置显微镜、恒温培养箱、高压蒸汽灭菌器等。

5. 其他材料

细胞培养瓶（带盖或塞）、刻度吸管、酒精灯、吸耳球、微量加样器、试管、记号笔等。

四、实验内容

（一）培养基的制备

硫乙醇酸盐半固体培养基主要用于厌氧菌的培养，也可用于需氧菌的培养；胰酪大豆胨液体培养基适用于真菌和需氧菌的培养。

培养基的制备及培养条件：

培养基可按以下处方制备，也可使用按该处方生产的符合规定的脱水培养基或成品培养基。配制后应采用验证合格的灭菌程序灭菌。制备好的培养基应保存在2~25℃、避光的环境，若保存于非密闭容器中，一般在3周内使用；若保存于密闭容器中，一般可在一年内使用。

1. 硫乙醇酸盐半固体培养基

酪胨（胰酶水解）15.0g	酵母浸出粉 5.0g
无水葡萄糖 5.0g	氯化钠 2.5g
L-胱氨酸 0.5g	新配制的 0.1% 刃天青溶液 1.0mL
琼脂 0.75g	硫乙醇酸钠 0.5g（或硫乙醇酸 0.3mL）
纯化水 1000mL	

除葡萄糖和刃天青溶液外，取上述成分混合，微温溶解，调节pH为弱碱性，煮沸，滤清，加入葡萄糖和刃天青溶液，摇匀，调节pH使灭菌后在25℃为7.1±0.2。分装至适宜的容器中，其装量与容器高度的比例应符合培养结束后培养基氧化层（粉红色）不超过培养基深度的1/2，灭菌。在待检物接种前，培养基氧化层的高度不得超过培养基深度的1/5，否则，须经100℃水浴加热至粉红色消失（不超过20min），迅速冷却，只限加热一次，并防止被污染。除另有规定外，硫乙醇酸盐半固体培养基置于30~35℃下培养。

2. 胰酪大豆胨液体培养基

胰酪胨 17.0g	氯化钠 5.0g
大豆木瓜蛋白酶消化物 3.0g	磷酸氢二钾 2.5g
葡萄糖 2.3g	纯化水 1000mL
无水	

除葡萄糖外，取上述成分，混合，微温溶解，滤过，调节pH使灭菌后在25℃的pH为7.3±0.2，加入葡萄糖，分装，灭菌。

胰酪大豆胨液体培养基置20~25℃培养。

3. 中和或灭活培养基

按上述硫乙醇酸盐半固体培养基或胰酪大豆胨液体培养基的处方及制法，在培养基灭菌或使用前加入适宜的中和剂、灭活剂或表面活性剂。

4. 0.5%葡萄糖肉汤培养基（用于硫酸链霉素等抗生素的无菌检查）

胨 10.0g	氯化钠 5.0g
葡萄糖 5.0g	水 1000mL
牛肉浸出粉 3.0g	

除葡萄糖外，取上述成分混合，微温溶解，调节pH为弱碱性，煮沸，加入葡萄糖溶解后，摇匀，滤清，调节pH使灭菌后在25℃的pH为7.2±0.2，分装，灭菌。

5. 胰酪大豆胨琼脂培养基

胰酪胨 15.0g	氯化钠 5.0g
大豆木瓜蛋白酶水解物 5.0g	琼脂 15.0g
纯化水 1000mL	

除琼脂外，取上述成分，混合。微温溶解，调节pH使灭菌后在25℃的pH为7.3±0.2，

加入琼脂，加热溶化后，摇匀，分装，灭菌。

6. 沙氏葡萄糖液体培养基

动物组织胃蛋白酶水解物和胰酪胨等量混合物 10.0g

葡萄糖 20.0g　纯化水 1000mL

除葡萄糖外，取上述成分，混合，微温溶解，调节 pH 使灭菌后在 25℃ 的 pH 为 5.6±0.2，加入葡萄糖，摇匀，分装，灭菌。

7. 沙氏葡萄糖琼脂培养基

动物组织胃蛋白酶水解物和胰酪胨等量混合物 10.0g

葡萄糖 40.0g　纯化水 1000mL

琼脂 15.0g

除葡萄糖、琼脂外，取上述成分，混合，微温溶解，调节 pH 使灭菌后在 25℃ 的 pH 为 5.6±0.2，加入琼脂，加热溶化后，再加入葡萄糖，摇匀，分装，灭菌。

8. 稀释液、冲洗液及其制备方法

稀释液、冲洗液配制后应采用验证合格的灭菌程序灭菌。

（1）0.1%蛋白胨水溶液　取蛋白胨 1.0g，加水 1000mL，微温溶解，滤清，调节 pH 至 7.1±0.2，分装，灭菌。

（2）pH 7.0 氯化钠-蛋白胨缓冲液　取磷酸二氢钾 3.56g、磷酸氢二钠 7.23g、氯化钠 4.30g、蛋白胨 1.0g，加水 1000mL，微温溶解，滤清，分装，灭菌。

（3）根据供试品的特性，可选用其他经验证过的适宜的溶液作为稀释液、冲洗液（如 0.9%无菌氯化钠溶液），如有需要，可在上述稀释液或冲洗液的灭菌前或灭菌后加入表面活性剂或中和剂等。

培养基的适用性检查：

本检查可在待检物的无菌检查前或与待检物的无菌检查同时进行。

无菌检查：

无菌检查用的硫乙醇酸盐流体培养基和胰酪大豆胨液体培养基等应符合培养基的无菌检查及灵敏度检查的要求。每批培养基随机取不少于 5 支（瓶），置各培养基规定的温度培养 14d，应无菌生长。

（二）培养基灵敏度检查

1. 菌种

培养基灵敏度检查所用的菌株传代次数不得超过 5 代（从菌种保存中心获得的冷冻干燥菌种为第 0 代），并采用适宜的菌种保存技术进行保存，以保证试验菌株的生物学特性。

铜绿假单胞菌（*Pseudomonas aeruginosa*）[CMCC（B）10 104]

金黄色葡萄球菌（*Staphylococcus aureus*）[CMCC（B）26 003]

枯草杆菌（*Bacillus subtilis*）[CMCC（B）63 501]

生孢梭菌（*Clostridium sporogenes*）[CMCC（B）64 941]

白色念珠菌（*Candida albicans*）[CMCC（F）98 001]

黑曲霉（*Aspergillus niger*）[CMCC（F）98 003]

2. 菌液制备

接种金黄色葡萄球菌、铜绿假单胞菌、枯草杆菌的新鲜培养物至胰酪大豆胨液体培养基中或胰酪大豆胨琼脂培养基上，接种生孢梭菌的新鲜培养物至硫乙醇酸盐半固体培养基中，30~35℃培养18~24h；接种白色念珠菌的新鲜培养物至沙氏葡萄糖液体培养基或沙氏葡萄糖琼脂培养基上，20~25℃培养24~48h，上述培养物用0.9%无菌氯化钠溶液制成含菌数小于100CFU/mL（菌落形成单位）的菌悬液。接种黑曲霉的新鲜培养物至沙氏葡萄糖琼脂斜面培养基上，20~25℃培养5~7d，加入3~5mL含0.05%（体积分数）聚山梨酯80的0.9%无菌氯化钠溶液，将孢子洗脱。然后，采用适宜的方法吸出孢子悬液至无菌试管内，用含0.05%（体积分数）聚山梨酯80的0.9%无菌氯化钠溶液制成含孢子数小于100CFU/mL的孢子悬液。

菌悬液在室温下放置应在2h内使用，若保存在2~8℃可在24h内使用。黑曲霉孢子悬液可保存在2~8℃，在验证过的贮存期内使用。

3. 接种培养与灵敏度判定

取每管装量为12mL的硫乙醇酸盐半固体培养基7支，分别接种小于100CFU的金黄色葡萄球菌、铜绿假单胞菌、生孢梭菌各2支，另1支不接种作为空白对照，培养3d；取每管装量为9mL的胰酪大豆胨液体培养基7支，分别接种小于100CFU的枯草杆菌、白色念珠菌、黑曲霉各2支，另1支不接种作为空白对照，培养5d。逐日观察结果。

结果判定：空白对照管应无菌生长，若加菌的培养基管内试验菌均生长良好，判断该培养基的灵敏度检查符合规定。

（三）检查方法适用性试验

当进行无菌检查法时，应进行方法适用性试验，以确认所采用的方法适合于待检物的无菌检查。若检验程序或产品发生变化可能影响检验结果时，应重新进行方法适用性试验。

菌种及菌液制备　除大肠杆菌（*Escherichia coli*）[CMCC（B）4 4102] 外，金黄色葡萄球菌、枯草杆菌、生孢梭菌、白色念珠菌、黑曲霉的菌液制备同培养基灵敏度检查。大肠杆菌的菌液制备同金黄色葡萄球菌。

1. 薄膜过滤法

取每种培养基规定接种的待检物总量按薄膜过滤法过滤，冲洗，在最后一次的冲洗液中加入小于100CFU的试验菌，过滤。加硫乙醇酸盐半固体培养基或胰酪大豆胨液体培养基至滤筒内。另取一装有同体积培养基的容器，加入等量试验菌，作为对照。置规定温度培养3~5d，各试验菌同法操作。

2. 直接接种法

取符合直接接种法培养基用量要求的硫乙醇酸盐半固体培养基6管，分别接入小于100CFU的金黄色葡萄球菌、大肠杆菌、生孢梭菌各2管，取符合直接接种法培养基用量要求的胰酪大豆胨液体培养基6管，分别接入小于100CFU的枯草杆菌、白色念珠菌、黑曲霉各2管。其中1管接入每支培养基规定的供试品接种量，另1管作为对照，置规定的温度培养3~5d。

3. 结果判断

与对照管比较，如含供试品各容器中的试验菌均生长良好，则说明供试品的检验量在该检验条件下无抑菌作用或其抑菌作用可以忽略不计，照此检查方法和检查条件进行供试品的无菌检查。如含供试品的任一容器中的试验菌生长微弱、缓慢或不生长，则说明供试品的检验量在该检验条件下有抑菌作用，应采用增加冲洗量、增加培养基的用量、使用中和剂或灭活剂、更换滤膜品种等方法，消除供试品的抑菌作用，并重新进行方法适用性试验。

方法适用性试验也可与供试品的无菌检查同时进行。

（四）无菌检查

无菌检查的方法包括薄膜过滤法和直接接种法。只要待检物性质允许，应采用薄膜过滤法。无菌检查所采用的检查方法和检验条件应与方法适用性试验确认的方法相同。无菌试验过程中，若需使用表面活性剂、灭活剂、中和剂等试剂，应证明其有效性，且对微生物无毒性。

1. 薄膜过滤法

薄膜过滤法应采用封闭式薄膜过滤器。无菌检查用的滤膜孔径应不大于 0.45μm。直径约为 50mm。根据供试品及其溶剂的特性选择滤膜材质。抗生素供试品应选择低吸附的滤器及滤膜。滤器及滤膜使用前应采用适宜的方法灭菌。使用时，应保证滤膜在过滤前后的完整性。

2. 直接接种法

直接接种法适用于无法用薄膜过滤法进行无菌检查的待检物，即取规定量待检物分别等量接种至硫乙醇酸盐半固体培养基和胰酪大豆胨液体培养基中。除生物制品外，一般样品无菌检查时两种培养基接种的支/瓶数相等；生物制品无菌检查时硫乙醇酸盐半固体培养基和胰酪大豆胨液体培养基接种的支/瓶数为 2∶1。除另有规定外，每个容器中培养基的用量应符合接种的供试品体积不得大于培养基体积的 10%，同时，硫乙醇酸盐半固体培养基每管装量不少于 15mL，胰酪大豆胨液体培养基每管装量不少于 10mL。

（1）取大约 0.5% 的总冻存细胞，分别溶解于 8mL 无双抗培养基中，混匀后将细胞悬液以 2000×g 离心 20min，并重复两次，以消除抗生素的影响。再重悬于 2mL 无抗生素的培养液里。

（2）将细胞以 0.5mL 接种到胰蛋白豆胨和麦芽汁培养基中（各 2 支），分别置于 37℃ CO_2 培养箱和 26℃的恒温培养箱中各 1 支培养两周。

（3）设置对照

阳性对照：枯草杆菌和白色念珠菌分别接种到胰蛋白豆胨和麦芽汁培养基中（各 2 支），置于 37℃ CO_2 培养箱和 26℃的恒温培养箱中各 1 支培养两周。

阴性对照：胰蛋白豆胨培养基和麦芽汁培养基各 2 支，分别置于 37℃ CO_2 培养箱和 26℃的恒温培养箱中各 1 支培养两周。

3. 结果判断

阳性对照管应生长良好，阴性对照管不得有菌生长。否则，试验无效。若接种管均澄清，或虽显浑浊但经确证无菌生长，判符合规定；若接种管中任何一管显浑浊并确证有菌生长，判不符合规定，除非能充分证明试验结果无效，即生长的微生物非供试品所含。当符合下列至少一个条件时方可判试验结果无效。

（1）无菌检查所用的设备及环境的微生物监控结果不符合无菌检查的要求。

（2）回顾无菌试验过程，发现有可能引起微生物污染的因素。

（3）供试品管中生长的微生物经鉴定后，确证是因无菌试验中所使用的物品和（或）无菌操作技术不当引起的。

试验若经确认无效，应重试。重试时，若无菌生长，判供试品符合规定；若有菌生长，判不符合规定。

4. 培养细胞的无菌检查

取混合细胞培养上清液或冻存细胞管样品进行检查，对于主细胞库及工作细胞库培养物，至少取混合细胞培养上清液 10mL，尽可能采用薄膜过滤法检测。对于冻存细胞，至少取冻存细胞总支数的 1%或至少 2 支冻存细胞管（取量大者），可采用直接接种法检测。

五、结果与分析

记录细胞培养物的无菌检测结果。

六、思考与讨论

如何用肉眼观察辨别被细菌污染的培养细胞？描述培养细胞被细菌污染后的特点。

实验六 支原体污染检查

一、实验目的

掌握 DNA 荧光染色法检测细胞培养中的支原体污染。

二、实验原理

细胞培养中经常发生却难以发现的是支原体污染，支原体体积小，直径只有 $0.2 \sim 1\mu m$，且无细胞壁，可以穿过常规的除菌滤膜，所以很难除去而且污染后的细胞仍能生存，甚至无明显变化，但支原体能附着在宿主细胞表面，与细胞竞争培养液中的单糖、氨基酸和核酸前体物质而繁殖生长。早期发现和处理相当困难，后期导致细胞大量破碎，培养液中浮有细胞膜碎片，细胞边缘模糊变形。目前对支原体污染常用的检测方法主要有 DNA 荧光染色法、聚合酶链式反应法、免疫学法以及支原体培养法。

对生产中每次传代后的细胞培养物、成品或半成品进行支原体检验，应符合要求。被检物至少应含有 $75cm^2$ 的活性生长细胞或相当于 $75cm^2$ 的细胞培养物，且应有代表性。

主细胞库、工作细胞库、病毒种子批、对照细胞以及临床治疗用细胞进行支原体检查时，应同时进行培养法和指示细胞培养法（DNA 荧光染色法）。病毒类疫苗的病毒收获液、原液采用培养法检查支原体，必要时可采用指示细胞培养法筛选培养基，也可采用经国家药品检定机构认可的其他方法。

支原体检测的指示细胞培养法又称 DNA 荧光染色法，其原理是将供试品接种于指示细胞中培养后，用特异荧光染料染色，支原体中的核酸可以被着色，因此，如果待检测细胞中含有支原体，那么导致指示细胞被感染，在染色观察时可观察到指示细胞亮斑周围附着大量蓝色小亮点。

三、实验材料

（一）细胞

指示细胞（已证明无支原体污染的 Vero 细胞或其他传代细胞，取培养的 Vero 细胞经消化后，制成细胞浓度 1×10^5 个活细胞/mL 的细胞悬液，以每孔 0.5mL 接种 6 孔细胞培养板或其他容器，每孔再加无抗生素培养基 3mL，于 5% 二氧化碳孵箱 36℃ ±1℃ 培养过夜，备用）

（二）试剂

二苯甲酰胺荧光染料（Hoechst 33258）浓缩液配制时先称取二苯甲酰胺荧光染料 5mg，加入到 100mL 不含酚红和碳酸氢钠的 Hank's 缓冲液中，在室温用磁力搅拌 30~40min，使完全溶解，-20℃避光保存；二苯甲酰胺荧光染料工作液即无酚红和碳酸氢钠的 Hank's 缓冲液 100mL 中加入二苯甲酰胺荧光染料浓缩液 1mL，混匀；固定液即乙酸：甲醇按照 1：3 比例混合的溶液（现用现配）；封片液即量取 0.1mL/L 枸橼酸溶液 22.2mL、0.2mol/L 磷酸氢二钠溶液 27.8mL、甘油 50.0mL 混匀，调 pH 至 5.5；DMEM 完全培养基、DMEM 无抗生素培养基等。

（三）器材

荧光显微镜、超净工作台、无菌吸管、细胞培养板（6 孔板）、37℃ CO_2 培养箱等。

四、实验内容

1. 指示细胞培养法检查方法（DNA 荧光染色法）

将供试品接种于指示细胞（无污染的 Vero 细胞或经国家药品检定机构认可的其他细胞）中培养后，用特异荧光染料染色。荧光染剂 Hoechst33258 染色剂会结合到 DNA A-T 富含区域，因为支原体 A-T 含量较高（55%~80%），所以可将其染色而检测。用 Hoeehst33258 荧光染色的细胞在荧光显微镜下观察，无支原体污染的细胞只有细胞核显色。而有支原体污染的细胞，在细胞核外与细胞核表面会出现蓝色荧光小点或丝状点，细胞被支原体污染经染色后，在细胞核外与细胞周围可看到许多大小均一的荧光小点，证明有支原体之污染。

（1）于制备好的指示细胞培养板中加入待检物（细胞培养上清液）1mL、设立对照组（加入 1mL 有支原体污染的细胞上清液作阳性对照，加入 1mL 无支原体污染的细胞上清液作阴性对照），置 37℃ CO_2 培养箱培养 3~5d。

（2）指示细胞培养物至少传代 1 次，末代传代培养用含盖玻片的 6 孔板培养 3~5d。

（3）用无菌吸管吸出 6 孔板中的培养液，加入固定液 5mL，放置 5 分钟，吸出固定液，再加入 5mL 固定液固定 10min。

（4）用无菌吸管吸出固定液，使盖玻片在空气中干燥，加二苯甲酰胺荧光染料（或其他 DNA 染料）工作液 5mL，加盖，室温放置 30min。

（5）吸出染液，每孔用水 5mL 洗 3 次，吸出水，盖玻片于空气中干燥，取洁净载玻片加封片液 1 滴，分别将盖玻片面向下盖在封片液上制成封片。

（6）用荧光显微镜观察。

五、结果与分析

1. 记录培养细胞的支原体检测结果，并对检测结果做出分析。

2. 结果判定

当阴性及阳性对照结果均成立时，试验有效。

（1）阴性对照　仅见指示细胞的细胞核呈现黄绿色荧光。

（2）阳性对照　荧光显微镜下除细胞核外，细胞周围或细胞膜表面可见大小不等、不规则的蓝色荧光小点。

如待检物结果为阴性判为合格，如待检物结果为阳性或可疑时，应进行重试；如仍阳性时，判为不合格。

六、思考与讨论

阐述支原体污染检测在培养细胞检定中的意义，并分析其对细胞的危害。

实验七　内源病毒因子、外源病毒因子检查

一、实验目的

掌握对培养细胞中内源病毒因子、外源病毒因子污染的检测方法。

二、实验原理

哺乳动物细胞是生物制药不可或缺的原料，扮演着整个制药过程的开端。来源于细胞系的生物技术产品存在一个普遍问题即潜在的病毒污染风险，这种污染可能来自细胞本身，也可能由于生产过程中外部病毒的偶然引入，即细胞内外源病毒因子。污染检查主要有两种：一是检查细胞系/株是否潜在携带可传染内源病毒，二是审查原材料或操作过程是否引入外源性病毒。病毒种类的确定应基于细胞来源、组织来源、细胞属性、传代历史、培养方法和过程等因素。主细胞库（MCB）需进行全面检定，而工作细胞库（WCB）只需关注可能在 MCB 传代至 WCB 过程中引入的外源性病毒。检测原理依据药典通则：生物制品生产检定用动物细胞基质制备及质量控制进行。

三、实验材料

1. 动物

乳鼠和成年小鼠、鸡胚、豚鼠、家兔。

2. 试剂

0.2%～0.5%鸡红细胞悬液和 0.2%～0.5%豚鼠红细胞悬液等，其制备方法如下。

选用 250～300g 健康豚鼠心脏采血 3mL，加至 12mL 4%（或 g/mL）柠檬酸三钠溶液中，轻轻混匀，800r/min 离心 10min，吸出上清液，将红细胞悬浮于无钙、镁的 PBS 缓冲液中，再次离心，如此洗涤直至上清液澄清，弃上清液，将沉积的红细胞留用。

选用 1000～3000g 健康鸡采血 1mL，同法制备鸡红细胞。分别取 100～250μL 豚鼠红细胞和鸡红细胞于 100mL 无钙、镁的 PBS 缓冲液中，即得 0.2%～0.5%豚鼠红细胞和鸡红细胞混合悬液。新鲜红细胞在 2～8℃保存不得超过 7d。

四、实验内容

（一）细胞形态观察及血吸附试验

取混合瓶细胞样品，接种至少6个细胞培养瓶或培养皿，待细胞长成单层或至一定数量后换维持液，持续培养两周。如有必要，可以适当换液。逐日镜检细胞，细胞应保持正常形态特征。

如为贴壁细胞或半贴壁细胞，细胞至少培养14d后分别取1/3细胞培养瓶或培养皿后置2~8℃作用30min，一半置20~25℃作用30min，分别进行镜检，观察红细胞吸附情况，结果应为阴性。新鲜红细胞在2~8℃保存不得超过7d，且溶液中不应含有钙或镁离子。

（二）体外不同指示细胞接种培养

用待检细胞培养上清液制备活细胞或细胞裂解物，分别接种包括猴源细胞、人二倍体细胞和同种属、同组织类型来源的细胞等三种单层指示细胞。待测样本检测前，可于-70℃或以下温度保存。

每种单层指示细胞至少接种10^7个活细胞或相当于10^7个活细胞的裂解物。接种量应占维持液的1/4以上，每种指示细胞至少接种2瓶。取培养7d的细胞各1瓶，取上清液或细胞裂解物再分别接种于新鲜制备的相应指示细胞盲传一代，与初次接种的另一瓶细胞继续培养7d，观察细胞病变，并在观察期末取细胞培养物进行血吸附试验；取细胞培养上清液进行红细胞凝集试验。

用0.2%~0.5%豚鼠红细胞和鸡红细胞混合悬液进行血吸附试验和红细胞凝集试验。将混合红细胞加入细胞培养瓶，一半置于2~8℃孵育30min，一半置于20~25℃孵育30min，分别进行镜检，观察红细胞吸附情况。取细胞上清液从原倍起进行倍比稀释后，加入混合红细胞，先置于2~8℃孵育30min，然后置于20~25℃孵育30min，分别观察红细胞凝集情况。

接种的每种指示细胞不得出现细胞病变，血吸附试验及红细胞凝集试验均应为阴性。试验要设立病毒阳性对照，包括可观察细胞病变的病毒阳性对照、血吸附阳性对照及血凝阳性对照。如待检细胞裂解物对单层细胞有干扰，则应排除干扰因素。

若已知待检细胞可支持人或猴巨细胞病毒（CMV）的生长，则应在接种人二倍体细胞后至少观察28d，应无细胞病变，且血吸附试验及红细胞凝集试验均应为阴性。

细胞病变阳性对照可选用脑心肌炎病毒（X74312株），血吸附阳性对照可选用牛副流感病毒3型（SB株）或其他适宜的病毒。

（三）动物和鸡胚体内接种

用待检细胞培养上清液制备活细胞（或适宜时采用相当量的细胞裂解物），接种动物体内进行外源病毒因子检测。待检细胞至少应接种乳鼠、成年小鼠和鸡胚（两组不同日龄）共计4组，如为新建细胞，还需接种豚鼠。原代猴肾细胞还需用家兔体内接种法或兔肾细胞培养法检查猴疱疹B病毒。按下表所列方法进行试验和观察。接种后24h内动物死亡超过20%，试验无效。

观察期内，如被接种动物出现异常或疾病应进行原因分析，观察期内死亡的动物应进行大体解剖观察及组织学检查，以确定死亡原因。如动物显示有病毒感染，则应采用培养法或分子生物学方法对病毒进行鉴定（如观察期内超过 20% 的动物出现死亡，且可明确判定为因动物撕咬所致），试验判定为无效，应重试。

观察期末时，符合下列条件判为合格。

1. 乳鼠和成年小鼠接种

至少应有 80% 接种动物健存，且小鼠未显示有可传播性因子或其他病毒感染。

2. 鸡胚接种

卵黄囊接种的鸡胚至少应有 80% 存活，且未显示有病毒感染；尿囊腔接种的鸡胚应有至少 80% 存活，且尿囊液红细胞凝集试验为阴性。

3. 豚鼠接种

至少应有 80% 接种动物健存，且动物未显示有可传播性因子或其他病毒感染。

4. 家兔接种

至少应有 80% 接种动物健存，且动物未显示有可传播性因子或其他病毒感染（包括接种部分损伤）。

动物体内接种检测法检测外源病毒因子详见表 3-4。

表 3-4　动物体内接种检测法检测外源病毒因子

动物组	要求	数量	接种途径	细胞浓度/（个活细胞/mL）	接种细胞液量/（mL/只）	观察天数
乳鼠	24h 内	至少 20 只（2 窝）	脑内 腹腔	$>1\times10^7$	0.01 0.1	21d
成鼠	15~20g	至少 10 只	脑内 腹腔	$>1\times10^7$	0.03 0.5	21d
鸡胚①	9~11 日龄	10 枚	尿囊腔①	$>5\times10^6$	0.2	3~4d
鸡胚	5~6 日龄	10 枚	卵黄囊	$>2\times10^6$	0.5	5d
豚鼠	350~500g	5 只	腹腔	$>4\times10^5$	5.0	至少 42d，观察期末解剖所有动物
家兔	1.5~2.5kg	5 只	皮下 皮内②	$>2\times10^5$	9.0 0.1×10	至少 21d

注：①经尿囊腔接种的鸡胚，在观察末期，应用豚鼠和鸡红细胞混合悬液进行直接红细胞凝集试验。②每只家兔于皮内注射 10 处，每处 0.1mL。

（四）逆转录病毒及其他内源性病毒或病毒核酸的检测

1. 逆转录酶活性测定

采用敏感的方法，如产物增强的逆转录酶活性测定法（PERT 或 PBRT 法），但由于细胞中某些成分也具有逆转录酶活性，因此，逆转录酶阳性的细胞，应进一步确认是否存在感染性逆转录病毒。

2. 透射电镜检查法

取至少 1×10^7 个活细胞采用超薄切片法进行透射电镜观察。

3. PCR 法或其他特异性体外法

根据细胞的种属特异性，在逆转录酶活性结果不明确或不能采用逆转录酶活性测定时，可采用种属特异性的逆转录病毒检测法，如逆转录病毒 PCR 法、免疫荧光法、酶联免疫吸附试验（ELISA）法等，逆转录病毒的定量 PCR 法还可用于逆转录病毒颗粒的定量。

4. 感染性试验

将待检细胞感染逆转录病毒敏感细胞培养后检测。根据待检细胞的种属来源，须使用不同或多种的敏感细胞进行逆转录病毒感染性试验。

不同的方法具有不同的检测特性，逆转录酶活性提示可能有逆转录病毒存在，透射电镜检查及特异性 PCR 法可证明是否有病毒性颗粒存在并进行定量，感染性试验可证明是否有感染性的逆转录病毒颗粒存在，因此应采用不同的方法联合检测。若细胞逆转录酶活性检测为阳性，则需进行透射电镜检查或 PCR 法及感染性试验，以确证是否存在感染性逆转录病毒颗粒。可产生感染性逆转录病毒颗粒，且下游工艺不能证明病毒被清除的细胞基质不得用于生产。

已知鸡胚成纤维细胞（CEF）或其他禽源性细胞含有逆转录病毒序列，常可产生缺陷型逆转录病毒颗粒，逆转录酶活性为阳性，对这类细胞进行逆转录病毒检测时，可直接检测细胞基质中是否存在外源性逆转录病毒污染，如禽内血病病毒、禽网状内皮病肿瘤病毒、感染性内源性逆转录病毒。在某些情况下，也可通过监测鸡群，以保证无上述感染性逆转录病毒污染。

小鼠及其他啮齿类动物来源的细胞系含有逆转录病毒基因序列，可能会表达内源性逆转录病毒颗粒，因此，对于这类细胞系，应进行感染性试验，以确定所表达的逆转录病毒是否具有感染性。对于特定啮齿类细胞（如 CHO、BHK21、NS0 和 Sp2/0），还应确定其收获液中病毒颗粒的量及其是否有感染性逆转录病毒，并应在生产工艺中增加病毒去除和（或）灭活工艺。仅有高度纯化且可证明终产品中逆转录病毒被清除至低于现行检测方法的检测限以下时，方可使用这类细胞。

（五）种属特异性外源病毒因子的检测

应根据细胞系/株种属来源、组织来源及供体健康状况等确定检测病毒的种类。若在主细胞库或工作细胞库中未检测到种属特异性病毒，后续过程中不再进行重复检测。

鼠源的细胞系，可采用小鼠、大鼠和仓鼠抗体产生试验（MAP、RAP 及 HAP）检测其种属特异性病毒。

人源的细胞系/株，应考虑检测如人 EB 病毒、人巨细胞病毒（HVMV）、人逆转录病毒（HIV-1/2、HTLV-1/2）、人肝炎病毒（HAV、HBV、HCV）、人细小病毒 B19、人乳头瘤病毒、人多瘤病毒、难培养的人腺病毒和人疱疹病毒-6/7/8 等。

猴源细胞系/株应考虑检测猴多瘤病毒（如 SV40）、猴免疫缺陷病毒（SIV）等。

这类病毒的检测可采用适当的体外检测技术，如分子检测技术，但所用方法应具有足够的灵敏度，以保证制品的安全。

1. 牛源性病毒检测

若在生产者建库之前，细胞基质在建立或传代历史中使用了牛血清，则所建立的主细胞库或工作细胞库和（或）生产终末细胞至少要求检测一次牛源性病毒。取待检细胞用培养上清液制备成至少相当于 1×10^7 个活细胞/mL 的裂解物，进行检测。如果在后续生产过程中不再使用牛血清，且主细胞库和（或）生产终末细胞检测显示无牛源性病毒污染，则后续工艺中可不再重复进行此项检测。

2. 猪源性病毒的检测

如果在生产者建细胞库之前，细胞基质在建立或传代历史中使用了胰酶（猪源），则所建立的主细胞库或工作细胞库和（或）超过生产限定水平的细胞至少应检测一次与胰酶来源动物相关的外源性病毒，包括猪细小病毒或牛细小病毒。如在后续生产过程中不再使用胰酶，且主细胞库和（或）生产终末细胞检测结果显示无相关动物源性病毒污染，则后续工艺中可不再重复进行此项检测。如使用重组胰酶，应根据胰酶生产工艺可能引入的外源性病毒评估需要检测的病毒种类及方法。

3. 其他特定病毒的检测

根据细胞的特性、传代历史或培养工艺等确定检测病毒的种类。有些细胞仅对某些特定病毒易感，采用上述检测方法无法检出，因此需要采用特定的方法检测，如对 CHO 细胞进行鼠细小病毒污染的检测等。

（六）荧光抗体法操作步骤

1. 材料准备

（1）PBS 缓冲液配制　称取磷酸氢二钠 1.19g、磷酸二氢钠 0.22g、氯化钠 8.55g，用少量蒸馏水/纯化水溶解后定容至 1000mL，调 pH 为 7.2~7.4，室温存放。

（2）洗涤工作液配制　称取碳酸钠 11.4g、碳酸氢钠 33.6g、氯化钠 8.5g，用少量蒸馏水/纯化水溶解后定容至 1000mL 为 4 倍浓缩液。使用时按 1 份浓缩液+3 份蒸馏水/纯化水的标准稀释为工作液，调 pH 为 9.0~9.5，室温存放。

（3）封片液的配制　洗涤液（工作液）与甘油 1：1 混合（体积比），调 pH 至 5.5，2~8℃保存。

（4）直接荧光抗体结合物

①牛腹泻病毒直接荧光抗体结合物。

②牛腺病毒 3 型直接荧光抗体结合物。

③牛细小病毒直接荧光抗体结合物。

④牛副流感病毒 3 型直接荧光抗体结合物。

⑤呼肠孤病毒直接荧光抗体结合物。

⑥狂犬病毒直接荧光抗体结合物。

⑦牛呼吸道合胞体病毒直接荧光抗体结合物。

⑧犬冠状病毒直接荧光抗体结合物。

⑨犬瘟热病毒直接荧光抗体结合物。

⑩犬细小病毒直接荧光抗体结合物。

（5）细胞株

①牛肾原代细胞（5代以内）：来源于甘肃省动物细胞工程技术研究中心。

②MDCK细胞（犬肾细胞）：来源于ATCC（美国模式培养物集存库）。

③Vero细胞（绿猴肾细胞）：来源于ATCC。

（6）培养基　DMEM高糖培养基（无抗生素，含新生牛血清10%）。

（7）阳性对照标准毒株

①牛腹泻病毒：Oregon C24V标准株，来源于中国兽药监察所。

②牛腺病毒3型：WBR-1株，来源于ATCC。

③牛细小病毒：Haden株，来源于ATCC。

④牛副流感病毒3型：SB株，来源于ATCC。

⑤呼肠孤病毒：Abney株，来源于ATCC。

（以上病毒做阳性对照时接种于牛肾原代细胞）

⑥狂犬病毒：CTN-1V株，由甘肃省动物细胞工程技术研究中心提供。

（本病毒做阳性对照时接种于Vero细胞）

⑦阳性质控玻片：犬瘟热病毒、犬细小病毒、犬冠状病毒和猪细小病毒的荧光抗体结合质控玻片。

（8）设备

①倒置显微镜。

②CO_2培养箱。

③荧光显微镜。

④生物安全柜。

2. 方法

（1）待检细胞样品制备　待检细胞经无抗生素培养基传1代，取3d未换液的且已长成单层的细胞，经反复冻融3次，1000r/min离心15min除去细胞碎片，收集上清液，过滤除菌即为待检样品。悬浮培养型细胞直接冻融后离心，同法制备待检品。

（2）待检细胞和阴性对照的细胞片制备

①细胞培养：选取生长至50%~75%的牛肾细胞，用0.25%胰蛋白酶消化后，加含有15%待检细胞样品的培养基10mL，吹打成细胞悬液，按1∶4比例传代，置（36±1）℃培养。至第7天同法传代1次，再培养7d。在培养过程中通过倒置显微镜观察细胞形态变化或细胞病变情况。

②细胞爬片：细胞培养至第14天，选取细胞3~4瓶，弃去培养液，经0.25%胰蛋白酶消化后，用含有15%待检细胞样品的培养基制成5×10^4个/mL的细胞悬液。取7个无菌平皿，向每个培养皿（预先放入2个盖玻片）中加入10mL细胞悬液，置（36±1）℃培养7d。在培养过程中定期观察细胞形态变化或细胞病变情况。

③同法制备Vero细胞的细胞爬片。

（3）阳性对照细胞片制备

①细胞爬片：选取培养至第 14 天的阴性对照细胞 1 瓶，制成 5×10^4 个活细胞/mL 的细胞悬液，按上述方法制备细胞爬片，置（36±1）℃培养 48h。

②病毒接种：48h 时，弃去培养液，加 10mL 牛腹泻病毒稀释液（稀释度为 10^{-6}，1mL 稀释度为 10^{-5} 的牛腹泻病毒 10^{-5} 9mL 培养液）于培养皿中，置（36±1）℃吸附 2h。弃去病毒稀释液，再加入含 5%阴性血清的培养基 10mL，置（36±1℃）培养 7d。

③同法用牛腺病毒 3 型、牛细小病毒、牛副流感病毒 3 型和呼肠孤病毒在牛肾原代细胞以及用狂犬病毒在 Vero 细胞上制备阳性对照。

（4）固定、染色、洗涤、制片和镜检

①固定：培养至第 21 天，取出供试品、阴性对照、阳性对照的培养皿，弃去培养液，取出盖玻片，用 PBS 缓冲液冲洗 3 次，丙酮固定 10min。弃去丙酮，于 37℃ CO_2 培养箱中干燥 15min。

②染色：于上述盖玻片上分别滴加牛腹泻病毒直接荧光抗体结合物 75μL/片，置于湿盒中，37℃温育 30min。

③洗涤：取出盖玻片，用洗涤工作液轻轻冲洗 3 次，然后在其中浸泡 10min。

④制片：取出盖玻片，用滤纸小心吸取背面及侧面的液体。另取洁净载玻片加封片液一滴，分别将盖玻片细胞面向下，盖在封片液上制成封片。

⑤镜检：在荧光显微镜的蓝光波长 520~530nm 下观察。

⑥同法用其他荧光抗体结合物依次检查细胞片，包括相应的阴性和阳性对照组。

（5）结果判定

①病毒特异荧光的判断。

a. 牛腹泻病毒（指示细胞为牛肾原代细胞）：细胞质呈现连续的黄绿色荧光。

b. 牛腺病毒 3 型（指示细胞为牛肾原代细胞）：细胞核呈现强的黄绿色荧光，细胞质细胞膜也着色，呈弥散状。

c. 牛细小病毒（指示细胞为牛肾原代细胞）：细胞质和细胞核黄绿色荧光。

d. 牛副流感病毒 3 型（指示细胞为牛肾原代细胞）：细胞质合胞体中小而明亮的球形特异性黄绿色荧光。

e. 呼肠孤病毒（指示细胞为牛肾原代细胞）：单个细胞或弥漫性胞浆黄绿色荧光和鲜明的中等大小不等的大型细胞质夹杂斑。

f. 狂犬病毒（指示细胞为 Vero 细胞）：单核细胞和多核细胞的细胞质呈现连续的特异性黄绿色荧光。

g. 犬瘟热病毒（指示细胞为 MDCK 细胞）：单个细胞的包涵体和胞浆膜呈现黄绿色荧光。

h. 犬细小病毒（指示细胞为 MDCK 细胞）：单个细胞细胞质和细胞核呈现黄绿色荧光。

i. 犬冠状病毒（指示细胞为 MDCK 细胞）：单个细胞间或细胞周围形成较大面积的黄绿色荧光。

j. 牛细小病毒（指示细胞为 ST 细胞）：绝大多数荧光位于细胞核，核外有少量细胞质呈现黄绿色荧光。

②阴性对照组在显微镜视野下细胞单层无特异性黄绿色荧光；阳性对照组在显微镜视野下细胞单层有相应的特异性黄绿色荧光，则试验有效。待检组呈现的荧光与阴性对照相同为合格，否则为不合格。

（6）注意事项

①病毒接种应在生物安全柜内进行，切不可同时进行两个或两个以上病毒的检测，以免病毒交叉感染。

②带有病毒的培养液应集中至一个容器中，实验后高压灭菌处理。

③所有接触过病毒的物品实验后应高压灭菌处理。

五、结果与分析

1. 用照片指示细胞病变和血吸附试验结果。

2. 将细胞病毒因子的检测结果填入下表。

检测细胞	病变阳性	血细胞吸附阳性	正常细胞
MRC-5 细胞			
Vero 细胞			
牛肾原代细胞			

3. 利用病毒荧光抗体结合物检查特异性病毒的阳性对照、阴性对照和试验组结果照片。

六、思考与讨论

阐述病毒因子检测在培养细胞检定中的意义，并分析病毒对细胞的危害。

实验八　培养细胞成瘤性检查

一、实验目的

掌握培养细胞的成瘤性检查方法。

二、实验原理

成瘤性是指待检细胞接种动物后，接种细胞在动物体内形成（肿）瘤的过程，成瘤性检查的目的是确定细胞基质接种动物后形成（肿）瘤的能力。成瘤性检查是确定细胞基质在动物体内是否能够形成肿瘤，是对细胞特性的鉴定。新建细胞系/株及新型细胞基质应进行成瘤性检查。某些传代细胞系已证明在一定代次内不具有成瘤性，而超过一定代次则具有成瘤性，如 Vero 细胞，因此必须进行成瘤性检查。用于疫苗生产的细胞系/株应进行成瘤性检查，但当未经遗传修饰的二倍体细胞被证明无成瘤性后，可不作为常规检查要求。体内法是成瘤性评价的标准，但对于某些细胞，也可采用软琼脂克隆形成试验或器官培养试验等体外法检测细胞的成瘤性，特别是对于低代次、在动物体内无成瘤性的传代细胞系。体外法的结果可作为细胞成瘤性评价的参考。

已证明具有成瘤性的传代细胞，如 BHK21、CHO、HEK293，C127、NS0 细胞等，或细胞类型属成瘤性细胞，如杂交瘤细胞，用于生产治疗性制品时可不再做成瘤性检查。具有成瘤性的新建细胞或新型细胞基质，需采用定量的方法进一步分析细胞成瘤性风险的大小，并计算该细胞的半数致瘤量（TPD_{50}），并根据生产工艺及制品的特性，评估成瘤性的风险。

三、实验材料

1. 细胞和动物

待检细胞、HeLa 或 HeLa S3 细胞、人二倍体细胞、3~5 日龄新生小鼠（或 4~7 周龄小鼠）。

2. 试剂

抗胸腺血清（ATS）或球蛋白。

四、实验内容

1. 细胞制备

（1）待检细胞制备　从主细胞库或工作细胞库复苏细胞，扩增至或超过生产用细胞龄限定代次 10 代以上，收获细胞并悬于无血清液体中（如 PBS 缓冲液），制备成密度为 5×10^7 个活细胞/mL 的待检细胞悬液，细胞活力应不低于 90%，用于成瘤性检测。

（2）阳性对照细胞　用 Hela 或 Hela S3 细胞或其他已知成瘤性为阳性的细胞，扩增至所需细胞量，用与待检细胞相同的液体悬浮细胞，并制备成密度为 5×10^6 个活细胞/mL 的悬液，细胞活力应不低于 90%，作为阳性对照细胞。

（3）阴性对照细胞　如需要，可用人二倍体细胞作为阴性对照，扩增至所需细胞量，用与待检细胞相同的液体悬浮细胞，制备成密度为 5×10^7 个活细胞/mL 的待检细胞悬液，细胞活力应不低于 90%，作为阴性对照细胞。

2. 动物选择

下述两种动物可任选其一：

（1）4~7 周龄小鼠，尽量用雌鼠，每组至少 10 只。

（2）3~5 日龄新生小鼠，体重 8~10g，每组 10 只，在出生后第 0 天、第 2 天、第 7 天和第 14d，分别用 0. 1mL 抗胸腺血清（ATS）或球蛋白处理后用于试验。

3. 动物接种

待检细胞组每只小鼠皮下或肌肉注射待检细胞 0. 2mL（即每只小鼠接 1×10^7 个活细胞），阳性对照组每只注射阳性对照细胞 0. 2mL，含 1×10^6 个活细胞。皮下接种时细胞应接种于小鼠背部区域，肌肉接种时细胞应接种于小鼠大腿部位。对于弱成瘤性表型的细胞或新建细胞，最好再使用新生小鼠进行成瘤性试验，每只接种 0. 1mL，含 1×10^7 个活细胞。

4. 观察

应定期观察及触摸所有动物在注射部位是否有结节形成，至少观察 16 周（至少 4 个月），前 3~6 周，每周观察 2 次，之后每周观察 1 次，并记录结果。

5. 结果分析及判定

（1）如注射部位有结节形成，应对结节进行双向测量，并记录每周的测量结果，以判定结节为进行性、稳定还是消退。

（2）阳性对照组应至少有 9 只动物有进行性肿瘤生长时，试验才视为有效。

（3）对出现的结节开始消退的动物，应在观察期末处死。

不能形成进行性结节的细胞，不视为具有成瘤性。细胞在动物体内没有形成进行性结节，但结节在观察期内始终存留，且具有瘤的组织病理学形态时，则需考虑是否需要开展进一步的检测，如延长观察时间或采用新生小鼠或其他动物模型分析细胞是否具有成瘤性。

（4）在观察期末，处死所有动物，包括对照组动物，肉眼及显微观察注射部位及其他部位（如心脏、肺、肝、脾、肾、脑及局部淋巴结）是否有接种细胞增生。

将这些组织用3.7%~4.0%甲醛溶液固定、切片，并用苏木精和伊红染色后进行组织病理学检查，判定接种细胞是否形成肿瘤或有转移瘤。如果有转移瘤形成，则需进一步分析转移瘤的性质及与原发瘤的相关性，并深入分析转移瘤形成的原因。

（5）如待检细胞接种组10只动物中至少有2只在注射部位或转移部位形成瘤，并且组织病理学及基因型分析显示形成瘤的细胞性质与接种的细胞一致时，则可判定为待检细胞具有成瘤性。

（6）如待检细胞接种组10只动物中仅有1只形成瘤且满足（5）的条件，则待测细胞可能具有成瘤性，需要做进一步的分析。

五、结果与分析

记录瘤的体积（长、宽和高），小鼠的体重变化（通常隔日测一次），瘤的最终质量，实验期间要观察记录小鼠的精神状态和存活状态，必要的时候可以取瘤和其他主要脏器器官组织做切片，验证瘤是否转移。

六、思考与讨论

试述细胞在小鼠上形成瘤体的机制。

实验九　致瘤性检查

一、实验目的

掌握细胞致瘤性的检查方法。

二、实验原理

致瘤性是指将待检细胞的细胞成分接种动物后，诱导动物本身细胞形成肿瘤的特性。致瘤性检查是保证细胞基质中不存在可使细胞永生化并具有形成肿瘤的因子。细胞基质致瘤性可能与细胞DNA（或其他细胞成分）或细胞基质中含有致瘤性因子相关。来源于肿瘤的细胞或因未知机制形成肿瘤表型的细胞，含有致瘤性物质的理论风险性相对较高。已建株的二倍体细胞，如MRC-5、2BS、KMB17、WI-38及FRhL-2新建主细胞库不要求进行致瘤性检查。已建株的或有充分应用经验的连续传代细胞，如CHO、NS0、Sp2/0、低代次的Vero细胞不要求进行致瘤性检查。新型细胞基质，特别是成瘤性为阳性的细胞，用于疫苗生产时，需进行致瘤性检查。

可采用待测细胞裂解物和（或）细胞DNA按照要求进行致瘤性检查。如根据细胞基质的表型或来源疑似有致瘤性病毒，建议用细胞基质裂解物接种动物进行致瘤性检查；若细胞基质具有成瘤性表型，建议用细胞DNA接种动物进行致瘤性检查。对致瘤性检查中出现进行性结节的细胞，应开展进一步的研究，鉴别致瘤性因子或致瘤性活性，并确定细胞的可适用性。

三、实验材料

1. 细胞

待检细胞。

2. 实验动物

新生（出生3日龄内）裸鼠、新生仓鼠及新生大鼠。

四、实验内容

（一）接种动物及数量

采用新生（出生3日龄内）裸鼠、新生仓鼠及新生大鼠进行致瘤性检查，动物接种数量应多于成瘤性检查用量。

（二）细胞准备

1. 待检细胞

来源于主细胞库或工作细胞库的细胞扩增至或超过生产用体外细胞龄至少3～10个细胞倍增水平，用于致瘤性检查。

2. 对照

细胞裂解物阳性对照尚不明确，DNA阳性对照可采用含有致瘤性基因的在动物体内可致瘤的DNA质粒。设置阴性对照可监测接种动物的自发肿瘤发生频率。设置阴性对照可根据具体情况而定，可采用PBS缓冲液作为阴性对照。

3. 检查方法

（1）细胞裂解物　采用对病毒破坏最小且能最大释放病毒的方法制备细胞裂解物，如可采用3次冻融及低速离心法，将样本悬浮于PBS缓冲液中，取含10^7个细胞的裂解物50～100μL分别于肩胛骨处皮下接种新生裸鼠、新生仓鼠及新生大鼠。接种前应确认样本中无活细胞存在，以免影响结果的有效性。

（2）细胞DNA　提取胞基质全细胞DNA悬浮于PBS缓冲液中，可适度进行超声波等剪切处理，取50～100μL含低于100μg的DNA样本分别于肩胛骨处皮下接种新生裸鼠、新生仓鼠及新生大鼠。阳性对照组应将阳性对照质粒与待测细胞DNA混合后接种，以确认待测样本无抑制效应。

五、结果与分析

1. 记录检测细胞（实验组）的成瘤/致瘤性病理检测结果及阳性对照（HeLa）瘤体检测、阴性对照结果。如肝、心、肺、脾及局部淋巴结细胞数量减少、发生变性坏死、组织多形核细胞聚集、多形核细胞聚集等病理切片的检测照片。

2. 结果观察及分析

①每周观察并触摸接种部位是否有结节形成，应至少观察4个月。

②观察期内如有1个或多个结节出现，则应每周双向测量结节大小并记录结果，以确定结节是进行性生长、保持稳定还是随时间而消退。有进行性结节生长的动物，当结节达到直径约2cm或国家规定的大小时应处死。

③观察期末，所有动物均应处死，肉眼及显微观察接种部位或其他部位是否有瘤形成。

任何疑似瘤均应采用适宜浓度甲醛溶液固定后进行组织学检查。如可行，建立细胞系并冻存后，以备进行后续的分子技术分析。

④显微检查肝、心、肺、脾及局部淋巴结是否存在转移性损伤。如有肿瘤形成，则要分析与接种部位原发瘤的相关性；如组织学检查显示与原发瘤不同，则要考虑可能有自发瘤形成，这种情况需跟踪结果。

3. 结果判定

（1）观察期末，如接种部位或其他远端部位未观察到进行性生长肿瘤，可判定细胞无致瘤性。

（2）在致瘤性检查中形成的所有肿瘤均应检查其基因组 DNA，分析是否有细胞基质物种来源的 DNA 及接种动物来源的 DNA，致瘤性试验中形成的肿瘤应为接种动物宿主 DNA。保存所有的肿瘤样本，以备必要时开展深入研究。

（3）对致瘤性检查中出现进行性结节的细胞基质，应考虑开展进一步的研究，鉴别致瘤性因子或致瘤性活性，并确定细胞的可适用性。

用于致瘤性检查的细胞系，应包括原始细胞库、主细胞库及工作细胞库细胞。被检查的细胞需要增殖到或超过生产用体外细胞龄限制的传代水平。

下列方法，任择其一。

①裸鼠法：用无胸腺小鼠至少 10 只，每只皮下或肌肉注射 10^7 个待检细胞；同时用 Hela 或 Hep-2 细胞作为阳性对照细胞，每只小鼠注射 10^6 个细胞；用二倍体细胞株作为阴性对照细胞。

②乳鼠或小鼠法：用 3~5 日龄乳鼠或体重为 8~10g 的小鼠 6 只，用抗胸腺血清处理后，每只皮下接种 10^7 个待检细胞，同时设立对照。

结果判定：对①或②中的动物观察 14 日，检查有无结节或肿瘤形成。如有结节或可疑病灶，应观察至少 1~2 周，然后解剖，进行病理组织学检查。对未发生结节的动物，取其中半数，观察 21 日，剖检；对另外半数动物观察 12 周，对接种部位进行解剖和病理学检查。观察各淋巴结和各器官中有无结节形成，如有怀疑，应进行病理组织学检查，不应有移植瘤形成。对注射二倍体细胞株的小鼠，观察 21 日，结果应为阴性。

六、思考与讨论

阐述致瘤性检查在细胞检定中的意义，并分析其在生物安全评定方面的价值。

第四章　动物细胞大规模培养技术

实验一　转瓶培养和细胞工厂培养

一、实验目的

掌握转瓶培养细胞和细胞工厂培养细胞的方法和原理。

二、实验原理

转瓶培养和细胞工厂培养都可以实时观察细胞。转瓶（cell roll）培养技术为传统的贴壁细胞培养技术，细胞接种在旋转的圆筒形培养器——转瓶中，培养过程中转瓶不断旋转，使细胞交换基础培养液和空气。但其存在的缺点是劳动强度大，占地空间大，单位体积提供细胞生长的面积小，细胞生长密度低，瓶间差异较难控制，因而难以产业化或规模化生产。重要的是转瓶由于不是静止培养，产品质量经常达不到要求或由于细胞易破碎而存在DNA毒性潜在危险。转瓶培养人用疫苗已停用，兽用疫苗还有厂家在使用。

细胞工厂，又称高通细胞培养皿，是一种新型的细胞静置培养器材，用高透明度医用级聚苯乙烯材质制备。表面积更大，占地面积更小，提升生产效率。产品分别有1、2、4、10和40层几种型号，培养面积为640~25295cm^2，1个10层细胞工厂培养面积相当于36个T-175细胞培养瓶，线性放大，其生长动力学与实验室规模的细胞培养产品相同。即拆即用，不需任何其他附件，省时省空间，大口方便用户直接向细胞工厂中进行灌注和排空。电子束灭菌，无热源。细胞工厂培养适用于工业批量生产，如疫苗、单克隆抗体或者制药工业，也适用于实验室操作和大规模细胞培养贴壁细胞。细胞工厂采用密闭系统，有效降低污染风险。

转瓶和细胞工厂见图4-1。

（1）转瓶　　　　（2）细胞工厂

图4-1　转瓶和细胞工厂

三、实验材料

器材

转瓶、细胞工厂。

四、实验内容

1. 操作步骤

以细胞工厂培养操作为例。

（1）拧开细胞工厂的盖子，用倾斜或泵打的方式将培养基注入细胞工厂内，细胞悬液缓慢流入细胞工厂各层中，盖上盖子，静置。也可以在细胞工厂的另一个入口装上一个装有滤膜的空气滤器。

（2）缓慢将细胞工厂侧立，加液口的一侧背向自己，静置使细胞悬液缓慢均匀流入各层中。

（3）侧向旋转 90°，保持进液口朝上，静置使细胞悬液缓慢流入各层中。

（4）双手握住进液口的一面，缓慢平放，避免液体大幅度晃动。

（5）移至合适的培养箱中进行培养。

（6）培养结束后，将培养基倒入收集容器。贴壁细胞需要用胰酶溶液将细胞消化为悬浮后倒入收集容器。

2. 注意事项

（1）移动细胞工厂的时候应尽量保持水平，否则会造成每层溶液不均匀。

（2）放置细胞工厂的平台架子一定要水平，防止同层的细胞溶液厚度不同。

（3）清洗细胞工厂时，如用水流清洗，切忌用较急的水流冲洗，否则易造成细胞工厂的损坏。

五、结果与分析

六、思考与讨论

简述转瓶培养和细胞工厂培养工艺的优缺点，并分析其在动物细胞大规模培养技术应用方面的价值。

实验二　磁力转瓶微载体培养

一、实验目的

学习和掌握在微载体动态培养系统中动物细胞培养的基本操作技术和相关参数的计算方法。

二、实验原理

体外培养的细胞按其生长方式可分为贴壁型和非贴壁型细胞。绝大多数动物细胞都属于贴壁依赖型细胞，该类细胞必须附着在某一固相支持物表面才能生长。1967 年荷兰学者 van Wezel 创立了微载体培养贴壁依赖型动物细胞技术。微载体是动物细胞培养中使用的一种直径为 60~250μm、无毒性、非刚性、密度均一的微珠，可以作为细胞贴附和生长的载体。在生物反应器中基于微载体培养系统兼具有贴壁培养和悬浮培养的特点，通过适当增加单位培养体积中微载体的量可提供更多的表面积支持细胞贴附和生长，而悬浮体系有利于动物细胞大规模培养的操作和控制。细胞培养低磁力搅拌器有配套硼硅玻璃搅拌瓶（旋转瓶）。瓶体容积范围为125~10000mL。

细胞在微载体表面的生长过程分为贴附铺展、分裂增殖、形成单层三个阶段。对于贴壁依赖型的细胞，其在微载体表面的贴附和铺展是细胞增殖的关键，对细胞形态、生长、分裂及分化等具有重要影响。在贴附和铺展过程中首先细胞与微载体表面接触并黏附；其次黏附到微载体表面的球形细胞开始扁平化；随着细胞与微载体表面接触面积增大，细胞逐渐铺展至完全地黏附在微载体上。在搅拌的培养体系中细胞在微载体上的贴附和增殖受多种因素影响。

经过几十年的发展，动物细胞微载体培养技术已日趋完善和成熟，并广泛应用于病毒疫苗生产、重组蛋白药物生产、干细胞和组织工程的研究等。与此同时，开发并市售的商品化微载体已达几十种，包括各种基质材料组成的微载体和各种结构特征的微载体。其中，Cytodex 3微载体是一种以交联葡聚糖为基质的固体实心微载体，在微载体表面覆盖一层变性胶原以提高细胞在微载体上的贴附率，常用于培养各类贴附依赖型细胞。

本实验采用Cytodex 3微载体和转瓶系统培养MDCK细胞，学习微载体和转瓶预处理方法，掌握MDCK细胞的接种和培养方法，通过培养过程中取样和细胞计数，计算微载体上的细胞贴附率，绘制细胞生长曲线。

细胞培养用磁力转瓶见图4-2。

图4-2　细胞培养用磁力转瓶

三、实验材料

1. 试剂

（1）2%二甲基二氯硅烷　2mL二甲基二氯硅烷（dimethyl dichlorosilane，DMDC）和98mL三氯乙烷按比例两者充分混匀，静置待气泡消失即可使用。

（2）PBS缓冲液　称取8.0g NaCl、0.2g KCl、3.63g $Na_2HPO_4 \cdot 12H_2O$、0.24g KH_2PO_4

加入纯净水至 1000mL，使其完全溶解。

（3）完全培养基　配制的 DMEM 高糖培养基经 0.22μm 滤膜过滤除菌后分装，使用前加 10%新生牛血清。

（4）1.25g/L 胰酶消化液　1.25g 胰酶溶于 1L 无菌 PBS 缓冲液中，0.22μm 滤膜过滤除菌后分装，可冻存，使用时融化。

（5）1g/L 结晶紫溶液　0.1g 结晶紫溶于 100mL 的 1mol/L 柠檬酸和 0.1% Triton X-100 的溶液中配制而成。

2. 器材

离心机、倒置显微镜、通风橱、烘箱、5% CO_2 培养箱等。

3. 其他材料

转瓶、磁力搅拌机（又称转瓶机）、超净工作台、酒精灯、酒精棉、培养瓶、血细胞计数板、盖玻片、载玻片、移液管、单道移液器、离心管。

四、实验内容

以磁力搅拌机（又称转瓶机）培养操作为例。

（1）转瓶用 2%二甲基二氯硅烷硅化。将装满硅化剂的转瓶于通风橱中浸泡过夜，倒出硅化剂（硅化剂可重复使用，需回收），转瓶置于通风橱内晾干，并于 55℃烘箱中进一步烘干，去离子水洗涤，以除去转瓶中残留的硅化剂。

（2）称取 300mg Cytodex 3 微载体置于转瓶内，加入 50mL PBS 缓冲液浸泡 30min，移除 PBS 缓冲液，重复浸泡一次后加入 PBS 缓冲液，至高温高压灭菌。灭菌后待冷却，转入超净工作台中吸出 PBS 缓冲液，加入 50mL 完全培养基，置于 37℃，饱和湿度，5% CO_2 培养箱中在转瓶机上搅拌过夜。接种前将转瓶中的培养基上清液吸出。

（3）待细胞生长至铺满瓶底，将其从 5% CO_2 培养箱中取出并移至超净工作台中，弃去培养瓶中的培养上清液，用 PBS 缓冲液漂洗细胞一次，加入 1.25g/L 胰酶消化液消化贴壁细胞，待细胞收缩变圆，培养瓶底部出现少量空白时，弃去胰酶，轻轻拍打培养瓶至细胞脱落，加入 10mL 预热的完全培养基，用移液管吹散细胞后取样（少量细胞悬液），台盼蓝拒染法用血细胞计数板计活细胞和死细胞。

（4）将消化并计数后的细胞（种子细胞）接种至装有微载体的转瓶中，细胞接种密度为 3×10^5 个/mL，微载体含量为 3mg/mL，培养体积为 100mL。

（5）接种细胞后的转瓶置于 37℃，饱和湿度，5% CO_2 培养箱中的转瓶机上，调节转瓶机转速为 30r/min，细胞接种 8h 后取 1.5mL 含微载体的悬液（取样时要晃动转瓶以使培养体系混合均匀），取样后调整转瓶速度为 50r/min 并继续培养。样品进行显微镜观察和细胞计数。

（6）在细胞培养过程中，细胞接种 24h 后取 1.5mL 含微载体的悬液（要求在培养体系混合均匀的条件下取样），在倒置显微镜下观察细胞在微载体上的生长情况，结晶紫法计微载体上贴壁细胞数。此后每 24h 取样，观察细胞生长并计细胞数，接种 120h 后培养结束。

五、结果与分析

1. 记录种子细胞的细胞密度和细胞存活率计算

培养瓶（T-flask）中生长至铺满底部的细胞经胰酶消化后，用培养液重悬，取 0.5mL 细胞悬液采用台盼蓝拒染法用血细胞计数板计得活细胞和死细胞数，并计算细胞密度，按如下公式计算细胞存活率。

细胞存活率（%）=［活细胞数/（活细胞数+死细胞数）］×100

2. 细胞在微载体上贴附和生长观察

取少量微载体悬液样品置于载玻片上，倒置显微镜下观察单个微载体上细胞负载和生长情况并拍照片。

（1）细胞接种 8h 后取样，在倒置显微镜下观察细胞贴附形态，并从不同视野中计 100 个以上微载体，统计无负载细胞的微载体数（即空球），按如下公式计算空球率。空球率反映了细胞在微载体上分布情况和微载体表面积的利用程度。

空球率（%）= 无细胞负载的微载体数/微载体总数×100

（2）细胞接种后每隔 24h 取样，倒置显微镜下观察在微载体上细胞形态和生长情况。

3. 细胞在微载体上贴附率测定

细胞接种 8h 后取 1mL 含微载体的培养液，采用结晶紫法计微载体上细胞数。样品以 1000r/min 离心 10min，弃培养上清液后加入与培养上清液等体积的 1g/L 结晶紫溶液，置于摇床上 37℃ 振荡孵育 1h。孵育后的样品吹打均匀，用血细胞计数板计细胞核数，计算细胞密度，并按如下公式计算细胞贴附率。

贴附率（%）= 接种 8h 后微载体上的贴壁细胞/接种时的细胞密度×100

贴附率反映了种子细胞在微载体上贴壁的贴附情况。

4. 绘制细胞生长曲线

细胞接种后每隔 24h 取 1mL 含微载体的培养液，采用结晶紫法计微载体上细胞核数，计算细胞密度，以时间为横坐标，细胞密度为纵坐标，绘制细胞生长曲线。

5. 细胞比生长速率和倍增时间的计算

根据细胞生长曲线，确定对数生长期开始和结束时的细胞密度以及对数生长期持续的时间，按如下公式分别计算细胞的比生长速率 μ 和倍增时间 t_d。

$$\mu = (\ln X_2 - \ln X_1)/t$$

式中　X_1——对数生长期开始时的细胞密度；

X_2——对数生长期结束时的细胞密度；

t——对数生长期持续的时间。

比生长率反映了细胞生长的相对快慢。

$$t_d = \ln 2/\mu = 0.693/\mu$$

六、思考与讨论

1. 优良载体需具备哪些特点？
2. 微载体培养技术有何特点？
3. 采用台盼蓝拒染法和结晶紫法计算细胞数，两者的原理和结果有何区别？

4. 如何从微载体上回收细胞?

实验三　生物反应器细胞培养

一、实验目的

掌握生物反应器的结构、工作原理及使用方法。

二、实验原理

生物反应器具有可连续灌流培养和收获的优点。根据培养细胞类型的不同，生物反应器培养包括全悬浮培养、微载体悬浮培养、片状载体细胞培养。

下面以 5L NBS（CelliGen 310）生物反应器为例，介绍反应器的使用操作方法。

（一）系统

细胞培养中，CelliGen 310 是在 BioFlow 310 内部运行的软件。多功能生物反应器全部装备都紧密包装，它可用于批式、分批式或连续式微载体培养，可控制 pH、溶解氧（DO）、搅拌、温度、泵补料、消泡、液位以及额外的入口和出口。

（二）容器

普通的生物反应器系统都设计为贴壁或悬浮细胞培养，带有多种类型的搅拌叶轮。也有叶轮的反应器罐，容量规格有 2. 5L、5. 0L、7. 5L、14. 0L。

每个反应器罐都有不锈钢顶盖和夹层。顶盖有以下功能的端口：接种、补碱、收集、取样，安装温度电极、气泡探测器、分布器、冷凝器、溶解氧及 pH 电极；磁力驱动器也在顶盖上。

CelliGen 310 型反应器罐体结构及其顶盖结构见图 4-3 和图 4-4。

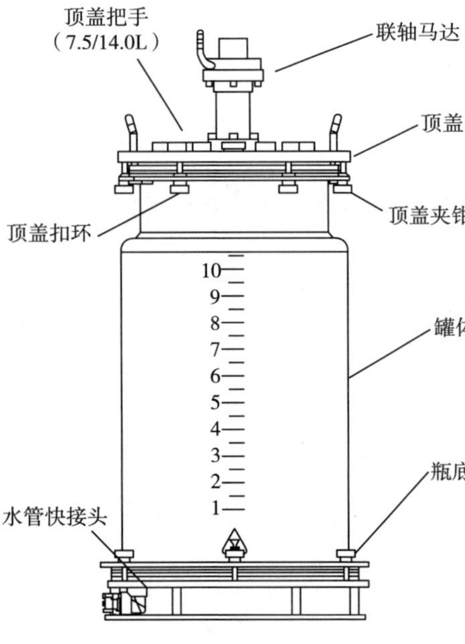

（1）实物图

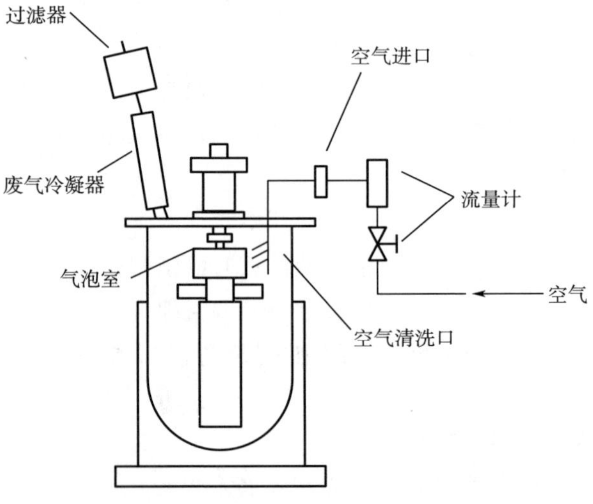

（2）示意图

图 4-3　CelliGen 310 型反应器罐体结构

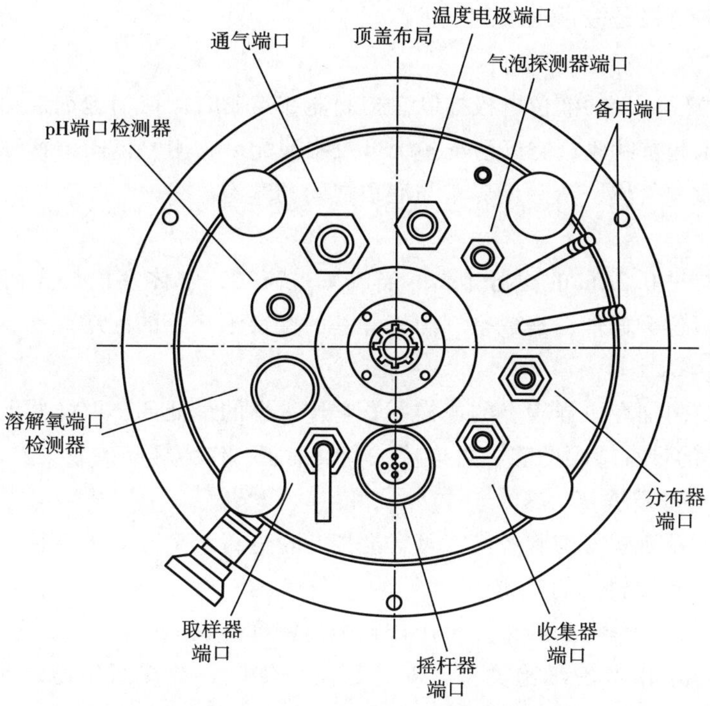

图 4-4　CelliGen 310 型反应器罐体顶盖结构

（三）搅拌系统

轴承箱在顶盖上部，与带有磁力耦合器的搅拌杆相连。高压灭菌时它容易拆卸和安装。发动机能提供 25~500r/min 的转速，但 14L 的反应罐最大转速在 150r/min。过程控制软件可将转速控制在 1~5r/min。

具有几种可选择的叶轮：倾斜叶片、桨式叶轮、带桨式叶轮的旋转滤器、细胞起重及笼式叶轮。

（四）温度控制

培养温度控制点可选择在 5~80℃（±0.1℃），通过软件控制，培养基温度由液面以下温度电极内的电阻式温度检测器感应，通过循环热水和冷水进入夹套内保持温度。

（五）通气

空气、氮气、二氧化碳和氧气四种气体可通过空气分散器进入培养基中。流率由控制器自动控制，有一种、两种、三种或四种气体的进量模式。流量控制器由触摸屏上的设置点控制。如果使用转子流量计，可以不用流量控制器。空气混合的百分比可手动或自动控制。

（六）pH 控制

pH 可控制在 2.00~12.00（±0.01）。pH 用凝胶 pH 电极感应。pH 控制是通过 PI 控制器控制，它控制两台蠕动泵，分配一个或更多进口根据需要补碱、补酸和通气控制。使用者也可以选择固定值控制 pH，在设定范围内（当 pH 在可忽略的范围内，不补加酸碱）。

（七）溶解氧控制

溶解氧控制在 0%~100%（±1%）。由溶氧电极感应，通过 PI 控制器控制空气的混合来控制溶解氧。溶氧电极是极谱电极。

(八) 泡沫控制

泡沫可通过位于顶盘的液位电极控制。控制器在需要时操控消泡剂泵加消泡剂。

如果你用细胞起重叶轮，空气清洗系统可控制泡沫。它用气体图谱特性提供自动和手动控制方式来控制罐顶气体，清除培养基与灌顶之间的气泡。

(九) 排气系统

废气经冷凝器过 0.2μm 的滤器排出。当流率过高时，气体室内会充满气泡。同时，内管和外笼之间的液位会偏低，造成空气与培养基的交换不充分的问题。

(十) 取样系统

取样系统包括附加在取样管上的取样器，它伸入罐的最低部，取样器上有橡胶吸管。连接一个 25~40mL 的带有螺帽的管，再连接一个收集瓶，作为样品的收集器。

(十一) 搅拌浆类型及选择

根据细胞类型及所获得细胞产品，可对搅拌叶轮进行选型。对于生长在微载体上的贴壁细胞，可选择桨式和倾斜式的叶轮。

对于分泌型产物，聚酯的纤维床可用作细胞高密度生长的固定基质。这是获得分泌蛋白质理想的方法，也不用考虑细胞类型。不论是昆虫细胞、杂交瘤细胞还是重组贴壁细胞，纤维床系统都能获得最大产量的产品。

双层滤网的细胞提升式叶轮，三个排水叶轮的旋转会在叶轮管内部产生低压。低压会使得包含细胞（或微载体）的培养液从罐底经过叶轮中空管流动。

在细胞起重叶轮网上，又称气体处理叶轮，位于膜内外之间有旋转分布器。空气混合器通过旋转叶轮装入罐中，产生的气泡在膜内外向上传递，并有叶轮顶部的两个排气口排出。

纤维床篮式叶轮，又称固定床或填充层，与细胞起重叶轮相比，它很简单，因为它没有气体交换笼。叶轮旋转，培养液从罐底经中空叶轮内螺旋流动，通过三个泄水口流出，由纤维床留下，然后再一次通过叶轮内管流向上流回。细胞固定到纤维床上。同时，空气通过分散器提供氧气。

旋转过滤器是 CelliGen 310 培养哺乳类细胞时的细胞截留装置，也可用于悬浮细胞和微载体，它是完整的叶轮装置。在收集废液和产物时，它能将细胞留在罐内。因此这是流加的另一种方式。其示意图见图 4-5。

旋转过滤器有一个主轴，与装叶轮的轴相似。它有桨式叶轮或旋转叶轮。在叶轮上面是旋转滤器笼。笼有一定的狭缝，培养基和产物可以通过，但细胞保留在外面。笼的旋转可以防止堵塞，尽管它最后还是会阻塞。

根据生长细胞的类型，有两个孔径的裂缝。对于悬浮细胞（大约 5μm），10μm 的笼可用。悬浮笼的孔径是 5~6μm。对于微载体，75μm 的开口用于 150μm 的微载体。

当笼顶开着时，笼底是关闭的。笼的上边缘在培养液以上下沉式的收集管用于收获。收获管设计成有 3/8 的坡度。收获管在笼内液面以下，收集无培养基的细胞。

每个旋转过滤器都具有主轴、增压系统、收集器和收集管等。

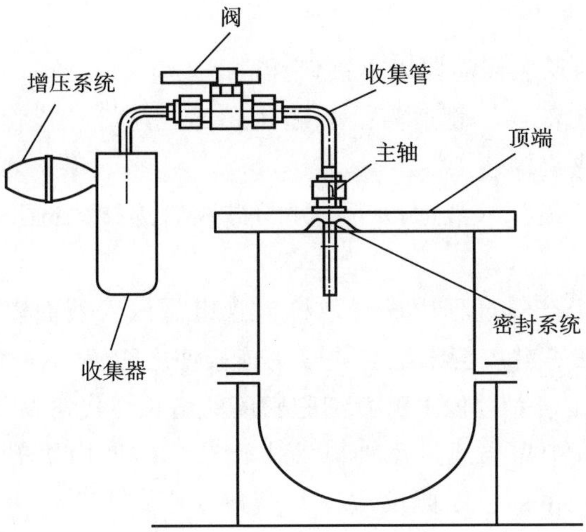

图 4-5　旋转过滤器示意图

(十二) 生物反应器使用规程

1. 罐体的清洗

玻璃罐体及补料瓶等玻璃器皿初次清洗时先用洗洁精浸泡清洗，然后用自来水将洗洁精彻底冲洗干净后，再用浓硫酸/重铬酸钾洗液浸泡过夜，取出后用自来水冲洗 10 遍以上，纯化水冲洗 6 遍以上。使用过程短期内罐体需要清洗时无须再用浓硫酸/重铬酸钾洗液浸泡过夜，直接先用洗洁精浸泡清洗，然后用自来水将洗洁精彻底冲洗干净，冲洗 10 遍以上后再用纯化水冲洗 10 遍以上。

不锈钢顶盖及不锈钢管路、玻璃快接头、硅胶管、瓶盖等材料先用洗洁精浸泡清洗，然后用自来水将洗洁精彻底冲洗干净后，再用 10g/L NaOH 溶液浸泡过夜，取出后用自来水冲洗 10 遍以上，纯化水冲洗 6 遍以上。

清洗时使用软布或软刷，碱液或酸液浸泡时，要保证管路及内壁等充分浸泡到。

筛网清洗存放时要小心，不要被硬物划破，有条件的话，用 NaOH 溶液煮沸清洗或放在氢氧化钠溶液中超声波清洗。

pH 电极用纯化水清洗干净后，将电极头部浸泡在饱和 KCl 溶液中，放在电极包装盒内。溶氧电极用纯化水清洗干净后，沥干放在电极包装盒中。温度电极一般不需要清洗，保护好电极头，妥善放置即可。

清洗后的上述设备若要马上准备投入使用，则装配连接后灭菌待用。若暂时一段时间不用，既可以装配连接灭菌后放置，也可以彻底烘干后放置。

2. 罐体装配及管路连接

罐体清洗后，给罐内装入约 2L 的不含钙、镁离子的 PBS 溶液（D-PBSA），要确保液位没过溶氧电极（DO）及 pH 电极。

将罐盖与罐体底座的螺丝孔对好，旋入配套的螺丝，先用手适度拧紧后再用内六角工具对角均匀拧紧。

罐盖固定好后，将排气瓶、补料瓶、碱瓶、取样瓶等用硅胶管或快接头与罐盖上的相应接口连接起来。

根据细胞培养的需要反应器需要以下接口：

（1）反应器底部的出液口　管道需接触罐体底部，并与硅胶管连接，硅胶管末端连接快接头使之能够与废液收集桶连接。

（2）进液口　管道不需深入液面以下，并与硅胶管连接，硅胶管末端与快接头连接使之能够与补液瓶连接。

（3）取样口　在整个培养过程中进行取样，管道需深入液面以下，并且为搅拌最均匀的区域，并与硅胶管连接，硅胶管末端与快接头连接使之能够与抽样瓶连接。

（4）补碱口　细胞在培养过程中随着细胞密度的增长，代谢物的积累，培养液 pH 会剧烈下降，因此在培养过程中需要通过添加碱液来调节反应器内培养基的 pH。在调节 pH 的过程中，补碱的量是很微量的，因此反应器补碱口很小，需要与很细的硅胶管连接。通常碱液的浓度为 4%。

（5）换液口　根据试验设计和换液装置的类型确定安装的高度进行安装，并与硅胶管连接，硅胶管末端与快接头连接，使之能够与收集桶连接。

为了便于反应器后期培养和操作，一般情况下与反应器相连接的快接头都是母头，其他补液瓶、碱瓶均连接公头的快接头。快接头连接时需要涂抹适量硅油，防止粘连在一起。

pH 及 DO 电极清洗校正后，也慢慢小心插入到相应的接口中，用手拧紧即可。切勿使用扳手等工具，防止用力过度损坏电极。

3. 电极校正

将 pH 电极和 DO 电极与控制柜上的电极线连接起来，用管理员权限登陆控制系统，切换到电极校正界面。

（1）pH 电极校正　pH 电极用纯化水清洗干净，轻轻用滤纸吸干水分（切勿摩擦 pH 敏感膜）。

ZERO 校正：用 6.86 缓冲液，校正值设为 6.86。将 pH 电极放入到准确可靠的 6.86 缓冲液中，待 PV 稳定后，按下 ZERO 键，等待 PV 变为 6.86 后，再进行 SPAN 校正。

SPAN 校正：用 9.18 缓冲液，校正值设为 9.18。将 pH 电极清洗拭干后放入到准确可靠的 9.18 缓冲液中，待 PV 稳定后，按下 SPAN 键，等待 PV 值变为 9.18。

检测校正结果：重新将 pH 电极清洗拭干后放入到准确可靠的 6.86 缓冲液中，如果 PV 与 6.86 偏差≤0.06，校正可靠。如果 PV 与 6.86 偏差较大，重复上述校正步骤，在 6.86 与 9.18 之间来回校正几次，待 PV 符合要求即可。

（2）DO 电极校正

ZERO 校正：设定值改为 0.0。有两种方法可以将 DO 校正零点。①将溶氧电极放入过饱和亚硫酸钠溶液中，PV 稳定后校正为零点；②将 DO 电极放入液体中，通入 N_2，待 PV 稳定后校正为零点。

SPAN 校正：设定值设为 100.0。推荐在灭菌后接种细胞前校正。此时罐内装入培养基，并按正常细胞培养条件下的培养工艺设定温度、转速及 pH，调节合适的流量，给反应器持续通入空气，待 PV 稳定后校正为 100 点。

4. 罐体及管路的保压与气密性测试

保压及气密性测试有多种方式，日常操作中可使用下面几种简便的方法。

（1）罐体气密性测试　将罐盖上除去排气管外的所有硅胶管用止血钳夹住。空气压力调为0.05~0.06MPa，气流速度（Flow）设定为100L/min，通过排气瓶过滤器往罐内通气，等待一段时间后，Flow的PV降到2以下时，可判断为罐体气密性良好。如果Flow的PV无法降低或听到明显的漏气的声音时，可用洗洁精溶液检查漏气的部位，根据情况处理后重新测试。气密性测试结束后，放气时，应使用止血钳夹住排气瓶过滤器两边硅胶管，然后轻轻松开止血钳，使气体缓慢释放，防止压力骤变对设备造成冲击。

（2）硅胶管、补料瓶、快接头的气密性测试　此测试也可以在管路连接装配到罐体上之前操作。将硅胶管、快接头、补料瓶连接起来，硅胶管的末端用止血钳夹住，除去补料瓶上的空气过滤器进气口外全部浸入到水中。将空气压力调为0.05~0.06MPa，Flow设定为100L/min，通过补料瓶上的空气过滤器通气，等待一段时间后，Flow的PV降到2以下，且看不到有持续性的气泡从特定部位冒出，可判断此段硅胶管、补料瓶、快接头气密性良好。如果Flow的PV无法降低或看到特定部位有气泡连续冒出，则要将漏气部位处理后重新测试。

用来夹硅胶管的止血钳钳嘴部位用一段短硅胶管套上后再用力度最小的那一档去夹硅胶管，以免将硅胶管夹破。

（3）空气过滤器测试　使用50mL注射器吸入适量纯化水，轻轻往空气过滤器的一端注入纯化水，待水填充到过滤器空腔一定比例后，遇到阻力，轻微用力下注射器无法再继续推进，且空气过滤器的另外一端也无纯化水持续流出。从该过滤器的另外一端重复此操作，若同样遭遇阻力且无纯化水持续流出即可判断此过滤器合格。如果测试中注射器可一直推进且过滤器的另外一端纯化水持续流出，则此过滤器破损，需更换新的过滤器。

测试中请勿过度用力推进，以免超出过滤器承受的压力，使其破损。

空气过滤器的清洗也使用相同的办法，反复多次用纯化水将过滤器两端清洗。过滤器清洗测试后必须烘干，以免残余水分堵塞过滤器。

5. 灭菌

灭菌前再次检查罐体及管路和补料瓶等是否连接装配好。管道内及瓶子内需残留有少量水分，不能干着灭菌。注意夹套内是否注纯化水至总体积的2/3处，罐体是否加注D-PBSA至总体积的2/3处。

所有深入到液面以下的管道须用止血钳夹住，罐体的排气管及排气瓶不能夹，须保持管路畅通不能弯折。

所有快接头需用橡皮筋固定好后用锡箔纸包好。

pH电极、DO电极、搅拌轴盖上保护套，温度电极套管也用纸盖住，多数反应器的温度电极不需要灭菌，贝朗生物反应器的温度电极需要和罐体连接装配好后进行灭菌。

检查完毕后，将罐体及补料瓶等放入灭菌设备中，放置的时候小心管道不要弯折。

根据不同的灭菌设备的使用说明，设定121℃灭菌60min以上。灭菌设备不同，操作方式可能不同，但一定要彻底排除冷空气，保证灭菌时罐内达到121℃，可以采用灭菌指示带或生物指示剂对灭菌效果进行验证。灭菌过程中温度也不宜太高，请勿超过125℃。

灭菌完毕后需等到压力温度降下来之后才能取出罐体，取出罐体后仔细检查管路、罐体、补料瓶连接情况，紧固螺丝。也可再作一次保压实验或气密性测试。若发现有可能导致后续操作污染的情况需处理后重新灭菌才能使用。

6. DO 电极极化

将灭菌后的罐体放置到操作台与反应器主机连接，通空气 6h 以上进行 DO 电极的极化。

7. 无菌检查

将灭菌后的罐体移放到操作台，快接头连接抽 PBS 的管路按无菌操作要求将罐内的 D-PBSA 排出，再通过快接头连接加入不含血清的无菌培养基，液位没过 DO 及 pH 电极。按正常培养工艺设置好温度、pH、DO、转速等参数，反应器设置为自动控制模式。此时可按前述方法对溶氧电极进行 SPAN 校正。

无菌检查根据情况一般需要做 48~72h，可从以下几个方面判断是否污染：

①从反应器的监控屏幕上看 DO、pH 的变化；

②罐内培养基的澄清度；

③取样做无菌检查。

无菌实验结束后，更换新鲜培养基，接种细胞，按工艺进行细胞培养。在培养过程中进行取样、换液、补液等操作。

取样时，除去排气管及取样出液管外，别的补料出料口以及进气口都用止血钳夹住。

培养过程中换液、取样、换快接头时一般宜将管道中的液体排空后再操作，操作时要用止血钳夹住硅胶管。

取样及换液完毕后，一般宜将管道内的液体排空，并且用止血钳夹住与罐体相连的硅胶管。

补液时需先校正好泵速及估算好剩余待补液体体积，以免液体补完后，泵入大量气泡。同时应注意泵的转动方向，以免硅胶管接错方向，将罐内细胞及培养液泵出。

8. 泵的校正

将与反应器连接的型号相同的硅胶管安装到泵上，一边连上一大烧杯水，一边连上一个准确的量筒，让泵按不同比例转动，用秒表计时，由量筒量得的体积除以秒表计得的时间即为泵速。

为了获得准确的泵速，需要对每个泵以及可能用到的不同比例的泵速都进行校正，当更换不同型号的硅胶管及管路时也需要对泵重新校正。

9. 气体调节

在无菌实验及细胞培养过程中，反应器一般采用空气-N_2-O_2-CO_2 四通路气体调节模式进行调节，并且将 N_2 关闭，以节约气体。

在通气状态下通过调节柜上各种气体的减压阀将每种气体的压力调整为 0.02MPa 左右。

10. 培养结束

培养结束后，收集细胞及培养液，根据后续工艺要求进行处理。

检查搅拌、温度、溶解氧、pH 和气体的控制程序全部关闭之后，关闭控制柜主机电源。将罐体等按前述清洗标准处理，烘干或灭菌后保存。

11. 其他

当搅拌开启运行过程中，请注意不要晃动罐体及搅拌轴，也不要进行插拔电极等操作，以免对设备造成损坏，必要时先将搅拌停下再进行后续操作。

搅拌的启动和关闭操作之间应间隔足够的时间，待 PV 稳定下来之后再进行后续操作。

搅拌电机的连接线的连接与拔出须在关机状态下操作。

关机前注意检查搅拌、温控、DO-pH 的控制程序全部关闭之后，再关闭电源。

开机和关机之间也应该间隔足够的时间。

培养过程中的重要工艺参数可以存储在 U 盘内，存储的数据有专用的软件读取分析。插入和拔出 U 盘时监控屏幕上都有相应的提示，注意观察以免 U 盘插错或被误拔出。

三、实验材料

1. 细胞

指数生长期的 Hi-five 悬浮细胞、指数生长期的 MDCK-XF 悬浮细胞。

2. 器材

5L NBS（CelliGen 310）生物反应器等。

四、实验内容

1. 生物反应器准备

清洗 5L 生物反应器罐体及各管道和接口，纯化水冲洗 10 次以上。连接生物反应器上的细胞接种管道、补液管道、出料管道、抽样管道和补碱管道等，尽量做到方便后续操作，并连接 ATF4 细胞截留系统，安装 DO 电极，校准并安装 pH 电极，然后加 D-PBSA 缓冲液至 2L，夹套注水至 2L 刻线，认真检查各管路及接口，确保连接正确且牢固。121℃高压灭菌 60min。灭菌结束，待反应器冷却后取出，通空气极化电极 6h，校准 DO 电极。

2. 培养条件控制

设置参数：温度 37℃，转速 120r/min，DO（溶解氧浓度）50%，pH7.10，用 O_2、N_2、CO_2、空气、40g/L NaOH 调节 pH 和 DO 电极。

3. 接种培养

（1）批培养。

（2）流加培养　接种细胞前，泵出反应器灌内的 D-PBSA，加培养基（根据接种细胞悬液体积及培养体积确定），设置温度为 37℃，待温度、pH、DO 等指标稳定后方可接种细胞。

将状态良好的指数生长期 Hi-five 悬浮细胞按照 5.0×10^5 个活细胞/mL 接种至反应器中或将对数生长期的 MDCK-XF 悬浮细胞，按照 3.0×10^5 个活细胞/mL 的接种密度无菌接种至反应器中。

初始培养体积定为 2L。待反应器运行稳定后，抽取 0h 代谢检测样品，根据细胞生长情况进行补液，补液至 4L 体积。

（3）灌流培养　根据培养液中葡萄糖、谷氨酰胺的消耗量，及乳酸、氨的积累量，设置灌流速度。

4. 取样分析

每24h取样观察，细胞计数并求细胞密度及细胞活力，并用NOVA生化分析仪检测上清液中葡萄糖（Gluc）、乳酸（Lac）、谷氨酰胺（Gln）、谷氨酸（Glu）、氨（NH_4^+）的含量，实时监控罐内细胞的生长状态。

五、结果与分析

记录生物反应器培养的细胞密度及细胞活力结果。

六、思考与讨论

阐述生反应器培养细胞的工作原理。

实验四　细胞的悬浮培养驯化

一、实验目的

掌握细胞悬浮培养驯化的原理及方法。

二、实验原理

为提高生物制品的产率和安全有效性，在生物反应器中大规模悬浮培养细胞，悬浮培养技术按细胞贴壁性分为悬浮细胞培养工艺和贴壁细胞微载体悬浮培养工艺。悬浮细胞（CHO细胞、BHK21细胞等）可以在反应器中直接生产增殖，具有细胞自由生长、培养环境均一、取样简单、培养操作简单可控、放大方便、污染率和成本低等优点；而贴壁细胞在反应器中悬浮培养需要借助微载体，细胞和球体接触部位营养环境较差，培养、取样观察及放大工艺复杂，成本高。虽然相对于悬浮培养，微载体培养工艺复杂，但与转瓶培养相比仍有很大优势，能提高生产规模、产品质量和劳动效率，因此贴壁细胞悬浮培养是主要手段。悬浮培养指的是一种在受到不断搅动或摇动的液体培养基里，培养单细胞及小细胞团的组织培养系统，是非贴壁依赖性细胞的一种培养方式。某些贴壁依赖性细胞经过适应和选择也可用此方法培养。增加悬浮培养规模相对比较简单，只要增加体积即可。深度超过5mm，需要搅动培养基，超过10cm，还需要深层通入CO_2和空气，以保证足够的气体交换。通过振荡或转动装置使细胞在培养期间始终分散悬浮于培养液内。

悬浮培养的细胞对培养环境的要求较高，培养液组成部分和培养条件对高细胞密度培养具有重要作用。细胞对无血清培养条件的适应能力和生长形式的驯化，对于建立优化的无血清高密度培养工艺非常重要。

用重组技术和细胞融合技术建立的工程细胞系，在进行无血清悬浮培养或高密度培养时，都需经过一定时间的细胞适应能力驯化。高细胞密度无血清悬浮培养的转化，可以导致细胞生长形式的转变和分泌蛋白特异结构上的转变。随着血清浓度的下降或细胞生长添加剂的去除，细胞生长速率逐渐下降。有许多报道已证实，培养条件的转变将造成细胞生长周期紊乱和进入S期时间的延长，细胞凋亡旁路的活性增加，最终细胞群体逐渐进入“生长危险期”（细胞生长速率和细胞活性明显降低）。另外，工程细胞分泌蛋白的结构形式，也常同时出现明显的改变，造成表达蛋白质的特异性转变。

通过驯化期可以逐渐修复那些不适宜的细胞群体，在驯化过程中监控并筛选那些具有优化性能特性（如细胞生长率、产生率、细胞死亡率、基因稳定性等）的细胞克隆或细胞群。悬浮培养的驯化主要包括无血清培养条件的驯化、高细胞密度培养的驯化和贴壁生长转化为悬浮生长的驯化三个方面。对贴壁生长细胞转化为悬浮生长细胞，其驯化的时间和难易程度随细胞种类的不同而表现各异。

三、实验材料

1. 细胞

单层培养的 CHO 细胞。

2. 试剂

完全培养基、无血清培养液、PBS 缓冲液、胰蛋白酶-EDTA 消化液。

3. 仪器

倒置显微镜等。

4. 其他材料

磁力搅拌瓶等。

四、实验内容

以 CHO 细胞为例，由单层培养到悬浮培养驯化方法和过程主要分以下几步：

（1）用含有血清的标准培养液单层培养贴壁生长细胞，弃去培养液，然后用灭菌的无钙、镁离子的 PBS 缓冲液洗两次。

（2）弃去 PBS 缓冲液，加 3mL（如 T-75 培养瓶加 5mL）的胰蛋白酶-EDTA 消化液（0.05%胰蛋白酶，0.53mmol/L EDTA-2Na），在倒置显微镜下观察，细胞开始变圆，轻拍培养瓶，使细胞脱落。

（3）加 6~10mL 悬浮细胞培养液，100×g 离心 4min，吸弃上清液，用无血清培养液重悬细胞，活细胞计数。培养基可以直接去掉血清，直接换成无血清培养基。也可以把血清加到培养基当中，再逐步减少血清，直到完全换成无血清培养基。更换培养基时尽量换一半，保留一半的条件培养基（条件培养基是培养 2~3d 细胞的培养基），里面含有细胞外泌的因子，有利于细胞的生长。

（4）用灭菌的搅拌瓶，加适当的培养液悬浮培养细胞，起始密度保持 5×10^5 个活细胞/mL，搅拌瓶或培养瓶需有良好的气体供应系统。无血清培养液对搅拌剪切力的保护较差，需加入普朗尼克 F68、肝素钠或硫酸葡聚糖，终浓度为 0.1%。

（5）培养条件 37℃，5% CO_2，搅拌速度在 75~95r/min，如果细胞活性低于 85%，降低转速为 10r/min，及时监测活细胞密度，建立悬浮培养的细胞生长曲线。

（6）如果发现培养瓶中存在明显的贴壁细胞或聚集成团，可以加入少量的胰蛋白酶-EDTA 消化液（0.01%胰蛋白酶，0.01mol/L EDTA-2Na），37℃下搅拌 30min，离心收集细胞；如果仍存在细胞聚集、贴壁现象，可在细胞生长液中加入少量（20~50 μg/mL）胰蛋白酶或分散酶。

（7）细胞密度达到 1×10^6 个活细胞/mL，细胞活率大于 90%，持续传代三代以上，可进一步放大悬浮培养，种子细胞密度至少（2~3）$\times10^5$ 个活细胞/mL。

五、结果与分析

记录细胞的悬浮培养驯化过程中的细胞密度及细胞活力结果，绘制细胞生长曲线图，分析生长变化特点。

六、思考与讨论

阐述细胞悬浮培养驯化的方法，并比较优缺点。

实验五　CHO 细胞的无血清培养驯化

一、实验目的

掌握细胞无血清培养驯化的原理和方法。

二、实验原理

一般情况下 CHO 细胞的培养都是在 DMEM/F12 基础培养基中添加 5%～10% 的小牛血清（用于重组蛋白）或胎牛血清（用于杂交瘤生产单克隆抗体）来完成的，血清除了供给细胞的营养成分外，还能促进细胞开始合成 DNA，对细胞的增殖有很大的作用。实验证明，血清在细胞的体外培养中提供了细胞增殖所必需的生长因子。但哺乳动物的血清价格昂贵，成本高不适于今天的大规模工业化生产。而且哺乳动物血清作为补加物，存在许多问题，首先血清的来源存在问题，血清来源于特定的地区，因而如果该地区发生灾荒或牛群中流行疾病，都可导致血清失去供应源。血清批量之间的差异大，重复性差，由于血清来源于动物，动物个体或群体的差异及时间上的差异都能导致每个批号的血清不完全一样。

从重组蛋白生产的角度来看，出于质量检查的要求，每换一个批号的血清，都包含大量的验证工作，这就给生产带来很大的麻烦。另外，血清来源于动物，因此经常被污染，污染的血清往往导致细胞生长缓慢，蛋白质产量下降，甚至导致细胞死亡。目前购自各大公司的血清虽能消灭细菌和所有支原体，但很难保证除去所有的病毒污染。血清的成分十分复杂，经研究表明，血清除含有促进生长的活性成分外，还含有一定的细胞毒性物质和抑制物质，对细胞有去分化作用，影响细胞功能的表达。血清复杂的成分也给基因工程表达产物的下游工作带来很大的困难，因此成分明确、价格经济的无血清培养基成为 CHO 细胞培养的一种必然需求。

无血清培养的驯化，就是一个使细胞从有血清培养条件，逐渐适应过渡到无血清培养的过程。当细胞在某一血清浓度下生长良好时，可以继续降低血清浓度。一般在 5%～10% 的血清浓度培养条件下，细胞的适应性、细胞生长率、细胞产量、细胞密度和基因表达稳定性等都不会有显著的变化。从 5% 降到 1% 时，细胞适应需要一个过程，每次降低血清浓度的速度应减慢，一般为每次降低 50%～100%；血清浓度等于或低于 1% 时，需要添加血清替代物和细胞生长因子，并随时监测细胞的各种生物学特性指标。假如某一血清浓度的培养出现细胞生长危机时，细胞生长率明显减慢、产物表达不稳定、细胞或产物表达量明显减低等，则应放慢适应过程或放弃这一浓度，转到前一步使血清浓度的降幅减小，并调整无血清培养液中添加剂的成分（如胰岛素、转铁蛋白、清蛋白、乙醇胺和 2-甲氧基雌二醇等）和含量，进一步对无血清培养液进行优化；连续几个月的无血清培养后，细胞生长率、细胞产量、细胞密度和产物表达稳定性和特异性结构方面都与有血清培养条件下无明显差异，则可以得到无血清培养细胞系。

三、实验材料

1. 细胞

CHO 细胞株。

2. 试剂

无血清培养基（CHO-S-sFM1I）、$NaHCO_3$、1mol/L NaOH、1mol/L HCl 等。

3. 器材

细胞活力计数仪等。

4. 其他材料

培养瓶、摇瓶或转瓶等。

四、实验内容

以 CHO 细胞的无血清驯化过程为例。

1. 无血清培养基的配制

用 90mL 纯水溶解制备 1L 量的袋装无血清培养基，加入 2.45g $NaHCO_3$，用 1mol/L NaOH 将 pH 调为 8.0，再用 1mol/L HCl 调回至 pH7.1，定容后用 0.22μm 滤器过滤除菌。

2. CHO 细胞的无血清驯化过程

（1）取处于对数生长期的贴壁 CHO 细胞，细胞活率大于 95%，开始进行无血清驯化。细胞驯化可以在培养瓶（T-flask）、摇瓶（shake-flask）或转瓶（spinner-bottle）中进行。

（2）将无血清培养基和含血清培养基的按 1∶1（*V/V*）的比例进行混合，悬浮细胞，接种量为 3×10^5个活细胞/mL。在 37℃，5% CO_2 培养箱中培养，使细胞密度达 5×10^5个活细胞/mL。

（3）然后用等体积的无血清培养基将细胞稀释到 3×10^5个活细胞/mL，继续培养，重复上述操作，逐步提高无血清培养基在混合液中的比例（*V/V*），即降低混合液中的血清含量，直至混合液中血清浓度降为 0.1%~0.2%，根据细胞生长和细胞活率情况，在降血清的每一阶段可稳定传代 1~3 代，接种密度维持在 2×10^5~4×10^5 个活细胞/mL。

（4）每一代的细胞活率大于 90% 后，此时可将细胞完全培养在 CHO 无血清无动物组分培养基中。用完全无血清培养基培养到细胞密度为 3×10^6 个活细胞/mL。

（5）在 CHO 无血清无动物组分培养基中进行放大培养，以 3×10^5 个活细胞/mL 接种，传 50 代，传代过程的细胞接种密度仍维持为 2×10^5~4×10^5 个活细胞/mL。至此完成适应工作，建立起适应无血清无动物组分培养的 CHO 种子细胞库。

3. 注意事项

（1）细胞在驯化过程中对外界环境如 pH、温度和渗透压等都较敏感。

（2）每次培养前需要进行一段时间的连续性适应。

（3）每次转换培养条件，细胞须处在对数生长期，活率应大于 90%。

（4）避免培养液过多过长时间地暴露在光和热环境中。

（5）培养液中减少（至少 10 倍）或限制加抗生素。

（6）培养环境应保持最小机械搅拌力或酶解作用。

（7）必要时添加蛋白酶抑制剂。

（8）控制和考虑低温和回收技术。

五、结果与分析

用照片记录无血清培养驯化得到的细胞。

六、思考与讨论

阐述细胞无血清培养的优缺点。

第五章　动物细胞培养工程应用技术

实验一　病毒性弱毒细胞疫苗的制备

一、实验目的

掌握利用细胞工程技术制备病毒性弱毒疫苗的原理和方法。

二、实验原理

弱毒疫苗又称活疫苗，是微生物的自然强毒株通过物理的、化学的和生物的方法减弱毒性，使其对原宿主动物丧失致病力，或引起亚临床感染，但仍保持良好的免疫原性、遗传特性的毒株用以制备的疫苗，此外，也有从自然界筛选的自然毒株，具有人工育成弱毒株的遗传特性，同样可以制备弱毒疫苗，如鸡新城疫 LaSota 疫苗。根据制备疫苗的材料，可将疫苗分为：细菌性疫苗、病毒性疫苗、寄生虫疫苗和类毒素疫苗。其中病毒性疫苗根据病毒的活性，可分为灭活类疫苗和弱毒类疫苗；根据疫苗有效成分的形式，可将疫苗分为全病毒疫苗、裂解疫苗和亚单位疫苗。根据疫苗成分的数量，可将疫苗分为单价苗、多价苗和多联（价）疫苗。根据病毒性疫苗的制备工艺、有效成分及发展过程，可将疫苗分为以下 6 种：同源组织脏器苗、细胞（或鸡胚）培养疫苗、亚单位或合成肽疫苗、基因工程疫苗、遗传重组疫苗、DNA 疫苗。其中细胞工程疫苗是将检定合格的病毒毒种接种到传代细胞或原代细胞中，经适时培养增殖后，获得高效价病毒原液，经不同方式的处理而制成的疫苗。

随着生物工程技术和生物化学、分子生物学的发展，兽用生物制品的动物疫苗种类、类型上均有重要的进展，各种新疫苗不断研制成功。大体分为：灭活疫苗、弱毒疫苗、单价疫苗、多价疫苗、混合疫苗、同源疫苗、亚单位疫苗、基因工程疫苗。

如果是弱毒，可不经任何处理，经检定合格后，制备成弱毒疫苗。如果是强毒，则需经病毒灭活处理，加入一定量的适当灭活剂和免疫佐剂，混匀，经检定合格后，制备成灭活疫苗。本实验规程为制备全病毒单价弱毒疫苗。在此操作规程中冻干保护剂的选择及冻干曲线设计尤为重要。

（一）冻干保护剂的选择

1. 冻干过程和贮藏过程的变性机制

在生物制品的冷冻干燥过程中，主要有三种效应会导致生物制品中活性组分的变性：低温效应、冻结效应和脱水效应。

（1）低温效应　生物制品中活性组分在降温与复温过程的一定温度范围内会发生变性。

（2）冻结效应　包括离子浓度的增加、冰晶的形成与生长、pH 变化以及相分离等。

①在生物制品的冻结过程中，不断结晶会导致溶液的浓度快速升高。小分子糖在最大冻

结浓缩基质中的计算浓度高达 80%。当溶液浓度发生变化时，离子浓度增加，促进了化学反应。

②在生物制品溶液在冻结过程中也会产生大量的冰-水界面。其中活性组分分子，如蛋白质，可能会被吸附到界面上，从而可能破坏蛋白质的天然褶皱结构，最终导致蛋白质变性。

③在有些生物制品溶液的冻结过程中，溶液的 pH 也会发生变化。如在添加有 pH 为 7 的磷酸盐缓冲液（NaH_2PO_4 和 Na_2HPO_4 的摩尔比为 0.72）的蛋白质溶液冻结过程中，由于 NaH_2PO_4 的溶解度远远大于 Na_2HPO_4，当溶液达到三相共晶点时，它们之间的摩尔比为 57，最终导致了 pH 的很大改变，蛋白质发生物理聚集和化学变性。

（3）脱水效应

①水溶液中蛋白质经过充分水合作用后，在蛋白质分子表面附着一单层水，这就是所说的水合层（hydration shell）。一般来讲，参与完全水合作用的水含量为 0.3~0.35g 水/g 蛋白质。而在冻干蛋白质产品中水的含量一般不超过 10%，因此，必定有一部分结合水在干燥过程中被除去。

②结合水的去除很可能破坏蛋白质的天然结构，最终导致蛋白质变性。这是因为富含结合水的蛋白质在脱水过程中暴露在乏水环境中，将质子转化为带电羧酸基团，破坏了蛋白质中电荷平衡，电荷密度的降低可能促进蛋白质分子之间的疏水作用，从而使蛋白质发生聚集。

贮藏过程蛋白质凝聚：是冻干生物制品活性组分在贮藏过程中发生变性的主要因素之一。导致蛋白质凝集可能是物理（非共价）相互作用，也可能是蛋白质发生化学凝集（共价）。

脱酰胺作用：也是蛋白质发生变性的主要途径之一。天冬酰胺（Asn）和谷氨酰胺（Gln）是蛋白质中易于发生脱酰胺作用的两种氨基酸。

非酶褐变：又称作美拉德反应。它使得还原性糖（如葡萄糖）与蛋白质中的赖氨酸（Lys）和精氨酸（Arg）形成络合物。

氧化反应：蛋白质中甲硫氨酸（Met）、胱氨酸（Cys）、组氨酸（His）、色氨酸（Trp）和酪氨酸（Tyr）残基的侧链是发生氧化反应的可能位置。

水解作用：虽然冻干的蛋白质中含有极少量的水分，但在贮藏过程中仍然会发生水解作用。

如前所述，生物制品的冷冻干燥过程是一个多步骤过程，会产生低温、冻结和脱水等多种效应；即使成功完成冷冻干燥过程后，在长期保存过程中也很难保证冻干生物制品活性组分的稳定性。为了防止生物制品在冷冻干燥和贮藏过程中活性组分的变性，研究者们研究和探索了大量有效的保护添加剂。

在冷冻干燥配方中，除了有活性或有治疗效果的组分之外和溶剂以外，还要使用多种添加剂，这些添加剂称为保护剂。保护剂不同于佐剂，佐剂具有治疗效果，而保护剂则无治疗效果。保护剂对于冻干制品必须是化学惰性的。按保护剂功能和性质可分为冻干保护剂、填充剂、抗氧化剂、酸碱调整剂。冻干保护剂（lyoprotectant）是在冻结和干燥过程中，可以防止活性组分发生变性的物质，如甘油、二甲基亚砜（DMSO）、海藻糖、蔗糖、聚乙烯吡咯烷酮（PVP）等；填充剂（bulking agent，bulking compound）能防止有效组分随水蒸气一起升华逸散，并使有效组分成型的物质，如甘露醇、乳糖、明胶等；抗氧化剂（antioxidant）是用作防止生物制品在冷冻干燥过程以及贮藏过程中发生氧化变质的物质，如维生素D、维生素E、蛋白质水解物、硫代硫酸钠等；酸碱调整剂（buffer agent，pH modifier）是在冷冻干燥过程和贮藏过程中，能将生物制品的pH调整到活性物质的最稳定区域的物质，如磷酸、山梨醇、EDTA、氨基酸等。

2. 保护剂的作用

（1）细菌和病毒需要在特定的培养介质下生长繁殖，但有些培养介质与细菌和病毒往往难以分离，它们一般能成功地冷冻干燥在这些培养介质中。如肉汤、蛋白质等。

（2）有些活性物质浓度极小，干物质含量极少。在冷冻干燥时已经干燥的物质会被升华的气流带走。为了改善浓度，增加干物质含量，使冻干后的产品能形成较理想的团块。因此需要加入填充物质，使固体物质的含量在4%～25%。这些填充物或赋形剂有蔗糖、乳糖脱脂、蛋白质及水解物、聚维酮、葡聚糖、山梨醇等。

（3）有些活性物质特别脆弱，在冷冻干燥时由于物理或化学原因会受到危害，因此加入一些保护剂或防冻剂，以减少冷冻干燥中的损害。例如，加入二甲基亚砜、甘油、右旋糖苷（葡聚糖）、糖类、聚维酮等。

（4）加入某些物质可以提高产品的崩解温度，以得到良好的产品并容易冻干，如甘露醇、甘氨酸、右旋糖苷、木糖醇、聚维酮等。

（5）为了改变冻干液体制剂的酸碱度而添加，从而改变共熔点以利于冻干，如碳酸氢钠、氢氧化钠等。

（6）为了改变产品贮藏的稳定性、提高贮藏温度，增加贮藏时间，如维生素C、维生素E、氨基酸、硫代硫酸钠、硫脲等。保护剂的范围相当宽泛，品种繁多，但不容易找到十分理想的保护剂。对于不同的冻干制品也没有一个通用的配方。每种产品的适宜保护剂需通过反复地试验才能确定。

冷冻干燥保护添加剂按分子质量可分为低分子化合物和高分子化合物。低分子化合物又可分为酸性物质、中性物质和碱性物质。酸性物质主要为谷氨酸、天冬氨酸、苹果氨酸、乳酸等；中性物质主要为葡萄糖、肌醇、乳糖、蔗糖、棉子糖、海藻糖、山梨醇D、L-苏氨酸、木糖醇等；碱性物质主要为精氨酸和组氨酸等。高分子化合物主要有清蛋白、明胶、蛋白胨、可溶性淀粉、糊精、肉汤、果胶、阿拉伯胶、羟甲基纤维素、藻类以及天然混合物如脱脂乳、血清等。一般低分子化合物在冻干过程中直接发挥作用，而高分子化合物则是促进低分子化合物的保护作用。因此制备保护剂配方时，一般多将低分子、高分子化合物配合使用。

这些添加剂按物质的种类可以分为糖/多元醇类（sugars/polyols）、聚合物类（polymers）、表面活性剂类（surfactants）、氨基酸类（amino acids）、盐类（salts）。糖类/多元醇包括蔗糖、海藻糖、甘露醇、乳糖、葡萄糖、麦芽糖等；聚合物类包括羟乙基淀粉（HES）、聚乙烯吡咯烷酮（PVP）、聚乙二醇（PEG）、葡聚糖、清蛋白等；无水溶剂类包括乙烯乙二醇、甘油、二甲基亚砜（DMSO）、*N*,*N*-二甲基甲酰胺（DMF）等；表面活性剂类包括吐温 80 等；氨基酸类包括 L-丝氨酸、谷氨酸钠、丙氨酸、甘氨酸、肌氨酸等；盐和胺类包括磷酸盐、乙酸盐、柠檬酸盐等。

保护剂的种类按化学成分可分为以下几类，见表 5-1。

表 5-1　疫苗保护剂的种类

复合物	糖类	盐类	醇类	酸类	碱类	聚合物
脱脂乳	蔗糖	硫酸钠	山梨醇	柠檬酸	氢氧化钠	葡聚糖
明胶	乳糖	乳酸钙	乙醇	磷酸	碳酸氢钠	聚乙二醇
多肽	麦芽糖	谷氨酸钠	甘油	酒石酸		聚维酮
酵母	葡萄糖	氯化钠	甘露醇	氨基酸		
肉汤	棉子糖	氯化钾	肌醇	乙二胺四乙酸		
糊精	果糖	硫代硫酸钠	木糖醇			
羟甲基纤维素		乙酸铵				
血清		氯化铵				
蛋白胨						
蛋白质及水解物						

由于冷冻干燥过程存在多种应力损伤，因此保护剂保护药品活性的机制也是不同的，可以分为低温保护和冻干保护。在生物制品的冷冻干燥配方中，有的添加剂只能起到某一特定的作用，而有的添加剂可以同时起到几方面的作用。如 PVP 既可用作低温保护剂，同时也可用作填充剂。

冷冻干燥过程中，由于还原性二糖的存在会使得冻干品发生美拉德反应，最终使冻干品发生质变。所以在冷冻干燥配方中，常用非还原性二糖。蔗糖和海藻糖是最常用的两种保护剂。海藻糖是一种天然糖类，是由特殊双糖分子构成的非还原性糖，非常稳定，能够在高温、高寒、干燥失水等恶劣的条件下在细胞表面形成特殊的保护膜，有效地保护生物分子结构不被破坏，从而维持生命体过程和生物特征。在生物制品的冷冻干燥过程中，甘露醇、山梨醇一般作为填充剂，这是因为在慢速冻结时会结晶，从而为活性组分提供支撑结构，同时甘露醇也不会与活性组分发生反应。甘油作为低温保护剂。

聚合物是指由简单的小分子（单体）经过聚合反应所形成的巨大分子。聚合物具有能提高生物制品混合溶液的玻璃化转变温度等优势，因而在有些生物制品的配方中常常加入多种聚合物类保护剂。聚合物类保护剂一般同时起着低温保护剂和脱水剂的作用。典型的聚合物类保护剂有聚乙烯吡咯烷酮（PVP）、牛血清白蛋白（BSA）、右旋糖苷（dextran）、聚乙二醇（PEG）等。PVP 常被用做澄清剂、色素稳定剂和胶体稳定剂。PVP 对生物材料的低温保存、冷冻干燥，都是很好的保护剂。同时它在生物制品的脱水干燥过程中又是很好的填充剂，为生物制品提供很强的支撑作用。BSA 冷冻干燥粉末常为白色或类白色，溶于水，其水溶液加热至 60~70℃ 时蛋白质会凝固沉淀。牛血清在很低的浓度下就能起到很好的保护效果，其保护作用原理与 PVP 一样。右旋糖苷是若干葡萄糖分子脱水的聚合物，又称葡聚糖。它可以抑制冰晶的长大，提供冷冻稳定性，用作生物制品冷冻干燥的低温保护剂。乙二醇可与环氧乙烷作用生成聚乙二醇，聚乙二醇（PEG）在工业上可用作乳化剂、软化剂、表面活性剂等，在生物材料的低温保存和冷冻干燥过程也是很有效的低温保护剂，其保护效果与PEG的分子质量有关。在一定程度上，它的低温保护能力远远大于其他低分子化合物（如蔗糖）。

通常把凡是能降低界面张力的，由亲水和亲油基团组成的化合物，称为表面活性剂。它们分子中的碳氢链部分是致使其溶于油的原因；而分子中的极性基团（如—COOH、—OH）则对水有亲和力。当这些分子处于空气-水界面或油-水界面时，亲水基团会定位在水相，而亲油基团则指向气相或油相。表面活性剂可分为离子型或非离子型两大类。凡是溶于水时能电离成离子的，称为离子型表面活性剂；否则，称为非离子型表面活性剂。在生物制品的冷冻干燥过程中，表面活性剂既能在冻结和脱水过程中降低冰水界面张力所引起的冻结和脱水变性，又能在复水过程中对活性组分起到润湿剂和重褶皱剂的作用。非离子表面活性剂具有相对较低的临界胶束浓度（critical micelle concentration，CMC），通常使用较低浓度就可以满足保护效果。其中吐温系列是最常用的非离子型表面活性剂。

氨基酸具有酸、碱两性，因此能够在生物制品的低温保存和冷冻干燥过程中能抑制溶液的pH变化，从而达到保护活性组分的目的。此外，氨基酸还是很好的填充剂，其中甘氨酸是最好的填充剂。

蛋白质具有两性电解质的性质，它既能和酸作用，又能和碱作用。当溶液在某一特定的pH时，蛋白质所带的正电荷与负电荷恰好相等，蛋白质不显电性，这时溶液的pH称为该蛋白质等电点。蛋白质在它们的等电点的环境下更为稳定。然而在极端的pH环境下，高静电荷引起强烈的分子内电推斥力，会导致蛋白质分子的展开。由于在蛋白质溶液的冻结过程中，溶液的浓度逐渐提高。在高浓度时可能会改变溶液的pH，严重情况下会导致蛋白质变性，从而直接使得生物制品失活。所以在生物制品的冻干保护剂配方中，往往要添加适量的缓冲剂。

抗氧化剂的种类繁多，抗氧化的作用机制也不尽相同，但都是以其还原性为依据。一种是抗氧化剂的自身氧化，消耗冻干样品内部和环境中的氧，使冻干样品物料不被氧化；另一种是抗氧化剂给出电子或氢原子，阻断冻干样品的氧化链式反应；还有一种是抗氧化剂通过抑制氧化酶的活性而防止冻干样品的氧化变质。将不同的抗氧化剂混合起来使用，比单独使用时具有更高的效力，即混合抗氧化剂具有增效的作用。

使用传统的冻干保护剂如牛奶蔗糖保护剂制备的冻干制品需要在-15℃及以下温度保存，且在长期保存时冻干病毒效价下降较快。在动物生物制品的生产中，通常弱毒疫苗和部分灭活疫苗也采用真空冷冻干燥的方法进行冻干保存，但现有冻干制品多数需要在-15℃保存，仅少部分具有一定耐热能力的疫苗在2~8℃保存。2~8℃保存在一定程度上提高了疫苗的耐热能力，但这一类冻干制品使用37℃耐热实验检验时仍然有0.1~1个滴度的损失，在疫苗保存和运输上依然需要冷链运输。因此在实际生产中需要耐热性能更好地冻干保护剂。

糖/多元醇对生物制品冷冻干燥过程的保护效果与其添加的浓度直接相关。当糖/多元醇浓度提高到一定程度时，对蛋白质的稳定作用能力可能达到了极限，过高的浓度甚至会使得冷冻干燥过程中蛋白质发生变性。

海藻糖初始浓度对磷酸果糖激酶（PFK）冻干保护效果的影响。

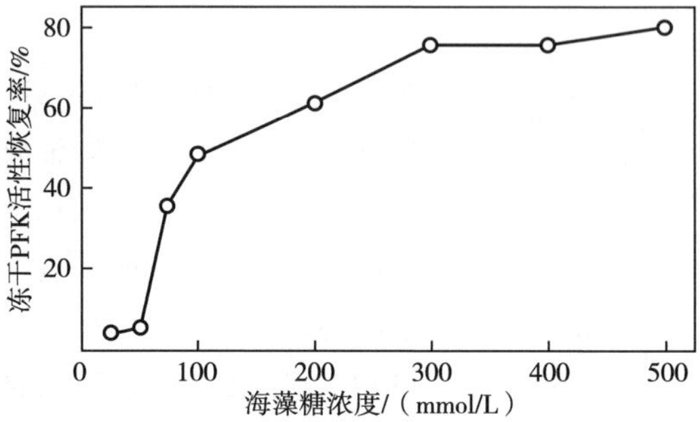

图 5-1　海藻糖初始浓度对磷酸果糖激酶（PFK）冻干保护效果的影响

PEG 在生物材料的低温保存和冷冻干燥过程中也是很有效的低温保护剂，其保护效果与 PEG 的分子质量有关。PEG 与蔗糖对乳酸脱氢酶（LDH）的冻干保护能力见图 5-2。

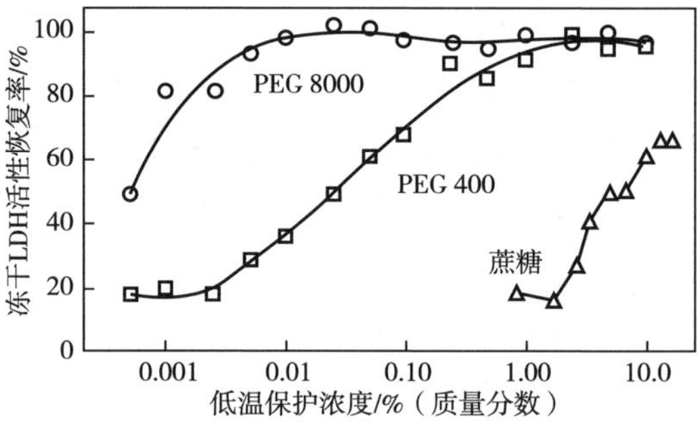

图 5-2　PEG 与蔗糖对乳酸脱氢酶（LDH）的冻干保护能力

（二）共熔点和崩解温度

对于冻干产品的共熔点就是产品的真正固化点，也就是产品在抽真空前必须冷却到的温度点，不然产品在抽空时将会起泡。在升华加热的时候也不能使产品超过这个温度，不然产品将熔化。因此，共熔点是在预冻阶段和升华阶段需要进行控制的温度值。

一个正常升华的产品，当升华进行到一定的时候，就会出现上层的干燥层和下层的冻结层，这两层之间的交界面就是升华面，升华面是随着升华的进行而不断下降的。

已经干燥的产品应该是疏松多孔，并保持在这一稳定的状态，以便下层冻结产品升华出来的水蒸气能顺利地通过，使全部产品都得到良好的干燥。但某些已经干燥的产品当温度升高到某一数值时，会失去刚性，变得有黏性，发生类似塌方的崩解现象，使干燥产品失去疏松多孔的状态，封闭了下层冻结产品水蒸气的逸出通路，妨碍了升华的继续进行。于是，升华速率变慢，从冻结产品吸收升华热也随之减少，由板层供给的热量将有多余，这样便引起冻结产品的温度上升，当温度升高到共熔点以上的温度时，产品就会发生熔化或发泡现象，致使冻干失败。

发生崩解时的温度称为该产品的崩解温度。对于这样的产品要获得良好的干燥，只有保持升华中的干燥产品的温度在崩解点以下，直到冻结产品全部升华完毕为止，才能使产品温度继续上升。这时由于产品中已不存在冻结冰，干燥产品即使发生崩解也不会影响产品的干燥，因为产品已从升华阶段转入解吸干燥阶段。没有发生崩解的干燥产品与发生崩解的干燥产品在外观上用肉眼看不出有什么差别，只有在显微镜下才能看到结构上的变化。当在显微镜下观察产品的冷冻干燥过程时，如果看到发生崩解现象，那么这时的温度就是该产品的崩解温度。

产品的共熔点可以通过电阻法、差示热分析法和低温显微镜直接观察法得知，但产品的崩解温度只有在冷冻干燥显微镜下直接观察才能得知。

产品的崩解温度取决于产品本身的品种和保护剂的种类；混合物质的崩解温度取决于各组分的崩解温度。因此在选择产品的冻干保护剂时，应选择具有较高崩解温度的材料，使升华干燥能在不算很低的温度下进行，以节省冻干的能耗和时间，提高生产率。有些产品的崩解温度高于共熔点温度，那么升华时仅需控制产品温度低于共熔点即可；但有些产品的崩解温度低于共熔点温度，那么按照一般的方法控制升华时就可能发生崩解现象，这样的产品只能在较低的温度下进行升华，因此必须延长冻干时间。产品的共熔点可以通过电阻法、差示热分析法和低温显微镜直接观察法得知，但产品的崩解温度只有在冷冻干燥显微镜下直接观察才能得知。

（三）冻干曲线的设计

在冻干过程中，把产品和板层的温度、冷凝器温度和真空度对照时间作图，称为冻干曲线。一般以温度为纵坐标，时间为横坐标。冻干不同的产品采用不同的冻干曲线。同一产品使用不同的冻干曲线时，产品的质量也不相同，冻干曲线还与冻干机的性能有关。因此不同的产品，不同的冻干机应用不同的冻干曲线。在生物制品冻干过程中，每一产品与系统真空度，隔板温度都随时间变化，形成其冻干曲线。糖/多元醇的浓度对保护效果的影响。病毒性弱毒疫苗制备工艺流程如图 5-3 所示。

三、实验材料

1. 病毒

兔化弱毒猪瘟病毒（分泌型病毒）。

2. 细胞

ST 细胞。

3. 试剂

DMEM、MEM、199 培养基或其他适宜培养基，新生牛血清、冻干保护剂等。冻干保护剂制备方法是：将质量分数 3% 的牛血清白蛋白（BSA）、2% 的甘露醇、2% 的甘氨酸、5% ~ 6% 的乳糖、88% 的去离子水混合均匀后经高压灭菌，备用。

4. 器材

倒置显微镜、冷冻真空冻干机等。

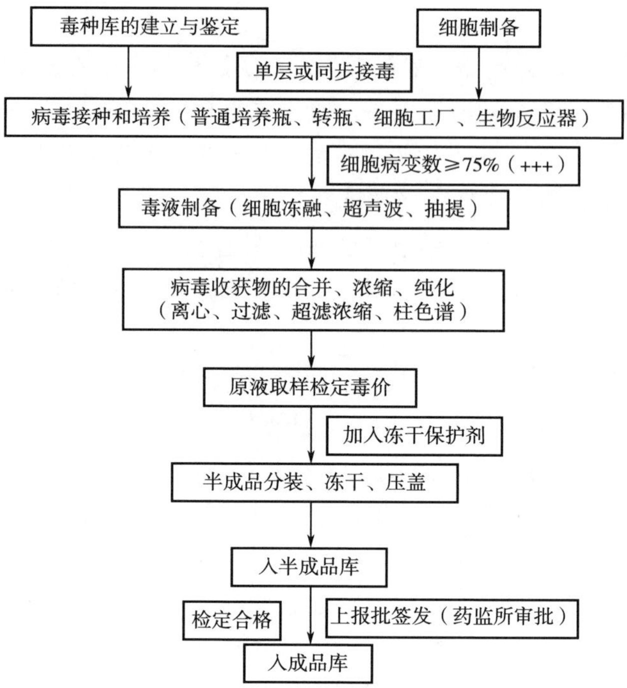

图 5-3　病毒性弱毒疫苗制备工艺流程

5. 其他材料

细胞工厂或细胞培养瓶、酒精灯、酒精棉球、镊子（事先按要求严格清洗、包装和消毒，备用）等。

四、实验内容

1. 病毒种毒库的建立与鉴定

生产疫苗的基础种毒可以由中国兽医药品监察所或其委托的保管单位，如新兽药转让单位提供或购买。自行采集的野毒株毒种要经过分离鉴定后，上报中国兽医药品监察所鉴定和保管，并经检定合格后，方可用于疫苗生产，用于生产疫苗时应建立相应的原始种毒库、基础种毒库和生产用种毒库，生产用种毒批（生产用种毒）由企业生产、鉴定和保管。毒种分强毒和弱毒，强毒通常指从得病动物体内分离到的致病毒株，只能用于制造灭活疫苗和检验用，若用强毒种制备活疫苗，则需要进行种毒致弱过程，大多数弱毒通常是采用人工的方法用强毒致弱而成，一般于制造活疫苗。致弱方法常用接种易感动物，当毒力稳定，安全性检测合格后，方可用于活疫苗生产。

病毒种毒批系统应符合以下条件：来源、历史清楚；鉴别试验验证确定为该病毒；病毒增殖滴度达到要求；免疫原性达到要求；从原始种毒到主/基础种毒批到生产工作种毒批的传递代次应确定；无细菌、霉菌和支原体污染；无外源因子污染。原始种子和主种毒批冻干保存于-20℃；工作种毒可以液体保存于-60℃以下，一般不超过两年；建立的台账实物一致；各种毒批标签应标明病毒名称、代次、数量、批号、制备日期、病毒滴度。

2. 制备细胞

培养病毒的细胞类型包括原代细胞、二倍体细胞和传代细胞系。病毒对原代细胞易感，繁殖滴度高，且无致瘤性等。但原代细胞不能在体外多次传代，组织原材料的来源不固定，易混入外源病原，造成外源病毒污染，不易控制其质量，影响产品的纯净和安全性；二倍体细胞是原代细胞经过次代细胞多次连续传代成为二倍体细胞。二倍体细胞的细胞形态学可能发生变化，但细胞染色体数与原代细胞一样。从几代至几十代，兼有原代细胞和传代细胞的优点，病毒对其易感，质量可控，适用于繁殖病毒，但不能在体外无限制传代；传代细胞系是由肿瘤组织培养而成或由细胞株转化而来，可在体外无限制的传代，其染色体数不正常，成为异倍体，适宜于许多动物病毒的生长，易于培养，可以建立种毒库，质量易控制。但存在潜在的致瘤性，要求背景情况应详细，并作系统鉴定合格后，方可用于繁殖病毒生产疫苗。常用的疫苗生产用细胞系有鸡胚细胞、猪肾细胞、猴肾细胞、仓鼠肾细胞、人二倍体细胞（2BS、KMB-17、MRC-5、WS-38、CHO 细胞）、BHK-21、Vero 细胞等。

根据最新版《中华人民共和国药典》规定，用于生产疫苗的工程细胞必须建立三个细胞库：原始细胞库，主细胞库和工作细胞库。原代细胞源自同一批动物，于同一天制备的多个细胞消化批可为一个细胞批，可用于一批病毒原液的制备。同一种疫苗生产用的传代细胞扩增应按相同的消化程序、分种扩增比率、培养时间进行传代。采用生物反应器微载体培养的应按固定的放大模式扩增，并建立与生物反应器培养相适应的外源因子检查用的正常对照细胞培养物。

将工作细胞库细胞按规定传代，同一种疫苗生产用的细胞扩增应按相同的消化程序、分种扩增比率、培养时间进行传代。采用生物反应器微载体培养的应按固定的放大模式扩增，并建立与生物反应器培养相适应的外源因子检查用的正常对照细胞培养物。

将 ST 细胞接种一层细胞工厂，用适宜的培养基进行培养，培养液为含适量灭活小牛血清和乳蛋白水解物的 DMEM、MEM、199 培养基或其他适宜培养基。

（1）在层流罩下或超净工作台内，将细胞工厂口用 75%（体积分数）乙醇消毒两个口，倒掉培养细胞的旧培养基。用 20~30mL PBS 缓冲液，轻缓漂洗培养物 1 次，洗去残留的旧培养基。

（2）在细胞培养瓶内加入 0.125% 胰蛋白酶溶液 20~30mL 消化细胞，当见到瓶底发白并出现空隙时立即将胰酶倒掉，可放入培养箱再消化几分钟，然后加入 150~200mL 完全培养基，终止消化并摇匀。

（3）将细胞悬液按 1∶6 分别接种在含有 20~30mL 新的 DMEM 培养基的细胞工厂内，盖好盖子，并摇动混匀，做好标记，送入 37℃，5% CO_2 培养箱中培养，于培养的 48h、72h 分别观察细胞生长情况。

3. 病毒接种和培养

接种病毒时应明确病毒感染滴度与细胞的最适比例（如病毒滴度为 10^{-3}，病毒含量为 2.5μg/mL）。也可将病毒以 0.05~1.0 MOI（multiplicity of infection，感染复数）接种细胞，同一工作种子批按同一 MOI 的量接种，以保证每批收获液病毒产量的一致性。除另有规定外，接种病毒后维持液不得再添加牛血清、抗生素等成分。在适宜温度下培养，培养期间根据细胞生长情况换维持液，维持液为不含新生牛血清的 MEM 或 Earle's 缓冲液，同一细胞批接种同一工作种子批病毒后培养，在不同时间的多个单次病毒收获液经检验后可合并为一批病毒原液。多次收获的病毒培养液，如出现单瓶细胞污染，则与该瓶有关的任何一次病毒收获液均不得用于生产。

ST 细胞传代后，每一层细胞工厂接种 0. 5mL 猪瘟病毒原液进行病毒扩增繁殖，置适宜温度下培养一定时间后，弃去培养液，用 PBS 缓冲液冲洗去除小牛血清，加入适量维持液，置 33～35℃继续培养。

4. 病毒收获

经培养适宜时间，培养病毒增殖至高峰期后，收获病毒液，弱毒细胞培养的细胞可多次收获病毒液，最后用 PBS 缓冲液清洗细胞，经离心或过滤（除去细胞碎片）的方法收集病毒。

（1）细胞内型病毒是待细胞完全脱落时间稳定后（大约 20h），取大部分病变的细胞，反复冻融 1～3 次，和/或超声波处理，或其他适宜方法处理收获病毒后，用三氯甲烷抽提以提取病毒。

（2）分泌型病毒经培养适当时间，收获细胞培养病毒液，根据细胞生长情况，换以维持液继续培养，进行连续多次收获病毒液。收集的液体于 4℃，10000r/min 离心 30min，收集上清液，0. 22μm 滤器过滤，-80℃保存，取 0. 5mL 毒液进行毒价测定。

5. 病毒收获物的毒力测定

（1）病毒滴定　采用微量细胞病变法。将毒种做 10 倍系列稀释，每稀释度病毒液接种猴肾细胞、Hep-2 细胞或其他敏感细胞，置 35～36℃培养，7d 判定结果。病毒滴度均应不低于 6. 5lg $CCID_{50}$/mL，应同时进行病毒参考品滴定。将毒种做 10 倍系列稀释，至少取 3 个稀释度的病毒液，分别接种细胞，用蚀斑法进行滴定。病毒滴度不应低于 7. 2lg PFU/mL。

（2）蚀斑法

①将符合要求的 BHK 细胞制成密度 5.0×10^4～1.0×10^5 个活细胞/mL 的细胞悬液，加至 96 孔板上，每孔加 0. 2mL，置 CO_2 培养箱培养。

②将病毒株冻干粉用病毒稀释液复溶后按 10 倍倍比的方法稀释成 10^{-1}、10^{-2}、10^{-3}、10^{-4}、10^{-5}、10^{-6} 病毒稀释液。

③当细胞生长至 70%～80%时，吸出培养液，分别接种上述 10^{-1}、10^{-2}、10^{-3}、10^{-4}、10^{-5}、10^{-6} 病毒稀释液和待测样品（病毒株的细胞培养的收获物），每孔 0. 1mL，每一梯度平行 6 孔，置 CO_2 培养箱吸附 2h，同时设立正常细胞对照组。

④取待检灭活血清 0. 4mL 于试管中，加入 1. 6mL 病毒稀释液，使其待检灭活血清含量为 20%，再加入 2mL 10^{-2} 的病毒液（含 100～200 个蚀斑数），标记后置 37℃中和 60min，每隔 15min 摇一次。

⑤取长好单层 BHK21 细胞的 96 孔板，吸去 96 孔板中的细胞培养液（每孔剩约 0. 2mL），做好标记，接入 10^{-2} 的病毒液（0. 2mL/孔），接种 3 孔，即为对照组；剩余三孔中接入待检灭活血清的中和液（0. 4mL/孔），即为实验组。标记后置于 37℃，5% CO_2 培养箱吸附 60min，每隔 15min 轻晃培养板一次，使其均匀覆盖细胞面。

⑥配制甲基纤维素覆盖物。20g/L 甲基纤维素溶液占 50%、MEM 培养基占（10×）占 10%、乙脑抗体阴性的灭活小牛血清占 10%、灭菌注射用水占 25%、75g/L $NaHCO_3$ 溶液占 3%、庆大霉素溶液占 1%、30g/L 谷氨酰胺溶液占 1%。

⑦将甲基纤维素覆盖物加到吸附好的细胞板上，每孔 4mL。置于 37℃，5% CO_2 培养箱。

⑧培养 5d 后取出细胞板，沿孔壁吸出培养液覆盖物，再沿壁轻轻加入结晶紫染色液覆盖细胞层，放置室温 30~60min。弃去结晶紫染色液，用流水轻轻冲洗每一孔，风干。

⑨观察 96 孔板中形成蚀斑的情况，分别计数对照组和实验组的蚀斑的数量，求各组的平均值，并判断待检血清中所含的病毒抗体水平。

6. 病毒收获物的浓缩

同批细胞生产的多次病毒收获液可在严格无菌操作的条件下合并为一批，采用透析、超滤或其他适宜方法适当浓缩至适宜蛋白质含量范围。上清液装入透析袋后，放入烧杯，用 PEG20000 覆盖透析袋，放入 4℃ 冰箱透析 2~4h，当透析袋内液体剩原来 1/2 时，停止透析。剩余液体即为浓缩抗原。当收获的病毒液量大时需要使用超滤浓缩机进行浓缩。

7. 病毒抗原纯化

不同类型疫苗的纯化工艺技术及目的要求不尽相同，对于全病毒疫苗主要是去除培养物中的培养基成分或细胞成分，对于亚单位疫苗、多糖疫苗、蛋白质疫苗等，除培养基或细胞成分外，还应去除病毒本身的其他非目标抗原成分，以及在工艺过程中加入的试剂等。应对纯化工艺过程进行验证，并设立抗原纯度、免疫活性、残留物限度等质量控制标准。

经浓缩并检定合格的病毒液以柱色谱或其他适宜的方法纯化，纯化后加入适量人血清白蛋白作为稳定剂及一定量的硫柳汞作为防腐剂，即为纯化病毒原液。

需要浓缩纯化的减毒活疫苗，应采用相对简单、温和的方法（如超滤、蔗糖密度梯度离心）进行病毒的浓缩、纯化，但应对在细胞培养过程中添加的牛血清、抗生素的残留量进行检测，并规定限度。对在细胞裂解、病毒提取过程使用有机溶剂的，应对其残留量进行检测，并符合规定。

8. 冻干保存

加入冻干保护剂，经冷冻真空冻干机冻干保存。

9. 入半成品库

半成品分装、冻干、压盖后入半成品库。

10. 检定合格后入成品库

培养收获的纯化的病毒原液按规定的同一蛋白质含量或抗原含量进行配制，加入适宜的稳定剂即为半成品。半成品分批分装后，工业用冻干机进行冷冻干燥，再按不同的规格分装包装后，即成为减毒活疫苗成品。

半成品分批分装，按规格分装至最终容器后经贴签和包装后，即为成品。分装是指通过分装设备将成品疫苗均一地分配至规定的终容器的过程。分装应符合最新版《中华人民共和国药典》的要求。应根据验证结果，对分装过程中产品的温度、分装持续的时间、分装环境的温度和湿度等进行控制。分装设备应经验证，以确保其性能稳定、可靠。

11. 成品检定

中间产物是从起始材料开始，通过一个或多个不同工艺如培养、分离以及纯化，添加必要的稳定剂等各工艺过程所获得的产物。

应对中间产物制备成半成品前进行关键项目的质控检测，如病毒滴度、抗原活性、蛋白质含量以及比活性指标，并需考虑对后续工艺阶段无法检测的项目，如纯度、残留物等。

活疫苗检定项目包括以下几项。

①无菌检验（纯粹检验）。

②鉴别检验：特异性血清中和检验。

③外源病毒检验：中和法检验。

④病毒含量测定：EID_{50}、ELD_{50} 或 $TCID_{50}$。

⑤安全检验：动物或鸡胚（剂量几倍至几十倍）。

⑥效力检验：攻毒保护或微生物含量测定。

⑦水分测定（冻干苗）：4%以内。

⑧真空度测定（冻干苗）：白色、粉色或紫色辉光。

⑨物理性状（冻干苗）：冻干。

五、结果与分析

1. 记录中间产物病毒毒价测定结果。
2. 根据对半成品及成品疫苗的检测结果，对你所制备的减毒活疫苗做出评估。

六、思考与讨论

比较采用原代细胞、二倍体细胞和传代细胞系制备疫苗的优缺点。

实验二　病毒性灭活疫苗的制备

一、实验目的

掌握病毒性细胞培养物灭活疫苗的制备原理和方法。

二、实验原理

灭活疫苗即将病毒利用物理或化学的方法处理，使其丧失感染性或毒性，而保持免疫原性，接种动物后能产生主动免疫的一类生物制品。灭活疫苗分为组织灭活疫苗、培养物灭活疫苗。本实验规程适用于细胞培养物灭活疫苗。

1. 灭活

生物制品意义上的灭活是指利用物理或化学的方法，破坏微生物的生物学活性，破坏病原微生物的繁殖能力和致病能力，但仍然保留反应原性和免疫原性的过程。灭活病毒会使病毒蛋白的高级结构受到破坏，蛋白不再有生理活性，所以失去感染、致病和繁殖能力，但是常规的灭活不影响病毒蛋白的一级结构，即不会使病毒蛋白的序列发生变化。所以，灭活的病毒具有抗原性，但失去感染力，这也就是灭活疫苗的制备原理。

按照灭活作用的性质可分为物理灭活和化学灭活，其中物理灭活包括热灭活、超声波灭活、紫外线灭活和射线照射灭活，热灭活容易发生菌体蛋白质变性，超声波灭活应放在冰浴中间断进行，紫外线灭活效果不够好，射线照射灭活应根据被照射物的容量大小选择照射距离和照射强度。化学灭活是指利用化学药品等使微生物、活性物质的某些结构位点发生改变，从而丧失生命力、感染性、毒性或活性。化学灭活效能常受灭活剂种类、剂量和作用温度、pH、时间等因素的影响，使用时必须筛选最佳的灭活条件，该方法最为常用。

2. 灭活剂

用于灭活微生物的化学试剂或药品称为灭活剂，常用的化学灭活剂主要有以下几种。

（1）甲醛　甲醛的水溶液称为福尔马林（含甲醛 36%～40%），灭活机制是还原作用，甲醛的醛基使氨基还原为甲基胺，羧基还原为亚甲基二醇单酯；羟基还原为羟基甲酚，巯基还原为亚甲基二醇。灭活浓度病毒为 0.05%～0.4%。灭活原则是低浓度、短时间而又能达到彻底灭活的目的。必要时可在灭活后加入焦亚硫酸钠，以中断其反应。

（2）烷化剂（alkylating agent）　主要包括 *N*-乙酰乙烯亚胺(AEI)、二乙烯亚胺（BEI）、缩水甘油醛（GDA）。灭活机制是烷化 DNA 分子中的鸟嘌呤或腺嘌呤等，引起单链断裂或双螺旋链交联，因改变 DNA 的结构而破坏其功能，妨碍 RNA 的合成，从而抑制细胞的有丝分裂，烷化剂还可与酶系统和核蛋白起作用而干扰核酸代谢。*N*-乙酰乙烯亚胺（AEI）为淡黄色澄明液体，有轻微氨臭味，能与水或醇任意混合，AEI 功能基团是乙烯亚胺基，可用于口蹄疫灭活疫苗，口蹄疫病毒液灭活终浓度为 0.05%，30℃，8h，加 2% 硫代硫酸钠阻断；市售二乙烯亚胺（BEI）商品为 0.2% 的 BEI 溶液，口蹄疫病毒悬液灭活终浓度 0.02%，加入 2% 硫代硫酸钠中断灭活。缩水甘油醛（GDA）对大肠杆菌、噬菌体、新城疫病毒灭活效果优于甲醛，本品易挥发，水溶液含量为 15～31mg/mL。

（3）苯酚　又称石碳酸。有腐蚀性，而且有毒，易溶于水及有机溶剂。其灭活机制是使微生物蛋白质变性和抑制如脱氨酶、氧化酶等酶系统的活性，从而导致微生物死亡。生物制品的常用量为 0.3%～0.5%，另外，芽孢、真菌和病毒对苯酚的耐受性很强。

（4）结晶紫　结晶紫是甲基紫、龙胆紫的纯品。其灭活机制是结晶紫阳离子与微生物蛋白质带阴性电荷的羧基形成弱电离的化合物，从而干扰微生物正常代谢和氧化还原作用，主要干扰细胞壁肽聚糖的合成，导致革兰氏阳性菌生长繁殖受阻。

（5）β-丙内酯（BPL）　又称丙内酯。其灭活机制是 β-丙内酯直接与病毒核酸作用，改变病毒核酸结构达到灭活目的。其优点是能破坏病毒的核酸芯髓，使病毒完全丧失感染力，而不损害其蛋白衣壳，保留其保护性抗原。然而研究表明，丙内酯是一种潜在的致癌因子。

（6）硫柳汞　常用做生物制品的防霉和消毒剂，对霉菌、细菌和病毒都有一定的灭活作用，百日咳菌苗作为灭活剂时常用含量为 0.01%～0.02%。

3. 佐剂

凡是可以增强抗原特异性免疫应答的物质均称为佐剂。世界卫生组织（WHO）认为佐剂除具有免疫增强效应外，且必须具备无致癌或辅助致癌性，安全无毒性，纯度高、杂质少，应有一定的吸附力，在动物体内易降解，不含与动物有交叉的抗原，不应诱发自身超敏性，性质稳定。通过筛选特定的佐剂，可以达到诱导正确的免疫应答的目的。

免疫佐剂作用机制主要有以下几个方面。①改变正常免疫机能，吸引大量巨噬细胞以吞噬抗原。佐剂与疫苗联合使用，有助于抗原性物质在胞内被加工，被主要组织相容性复合体（MHC）分子特异性的结合、保护、运输并递呈给效应细胞。②改变抗原的构型，使抗原物质降解，并加强其免疫原性。同一抗原和不同佐剂一起使用能够引起不同的免疫反应。③延长抗原在组织内的贮存时间，使抗原缓慢降解和缓释，并发挥免疫系统的细胞间协同作用（巨噬细胞与T细胞，T细胞与B细胞）。

佐剂按物理性质可分为颗粒型佐剂和非颗粒型佐剂，按佐剂的生物学性质（即Ballanti分类法）可分为微生物及其组分佐剂和非微生物物质佐剂，按佐剂在体内存留的时间可分为贮存型佐剂（depot type adjuvant）和非贮存型佐剂（non-depot type adjuvant）。常见的兽用免疫佐剂主要有矿物质佐剂、油乳佐剂和蜂胶佐剂。

（1）矿物质佐剂　矿物质佐剂是传统佐剂中的一类。在兽用疫苗的制备中广泛使用。如氢氧化铝胶和磷酸铝胶，主要诱导体液免疫应答，可刺激机体迅速产生持久的高抗体水平，比较安全。

（2）油乳佐剂　油乳佐剂是一种液体或粉末微粒（分散相或内相），借助乳化剂、机械力的作用，分散悬浮于另一种不相溶的液体中（连续相或外相），从而形成稳定的分散体系。乳化剂指油乳剂中内相与外相间的界面活性物质，具有促进和稳定两种互不相溶物形成乳剂，如羊毛脂、司盘80、Arlacel-80、吐温80、AtlsG-1471等。其乳化原理是降低分散物的表面张力，在微滴表面上形成薄膜或双片层，以阻止微滴（粒）的相互凝结。

油乳佐剂分为单相乳化佐剂和双相乳化佐剂。单相乳化佐剂常用的有：①油包水（W/O）型较黏稠，在机体内不易分散，但佐剂活性优良，为生物制品所采用的主要剂型；②水包油（O/W）型较稀薄，在机体内易于分散，但佐剂活性很低，生物制品中不采用。双相乳化佐剂又分为水包油包水和油包水包油型，黏度小，注射局部反应轻微，易吸收和佐剂效应高。油乳佐剂类型如图5-4所示。

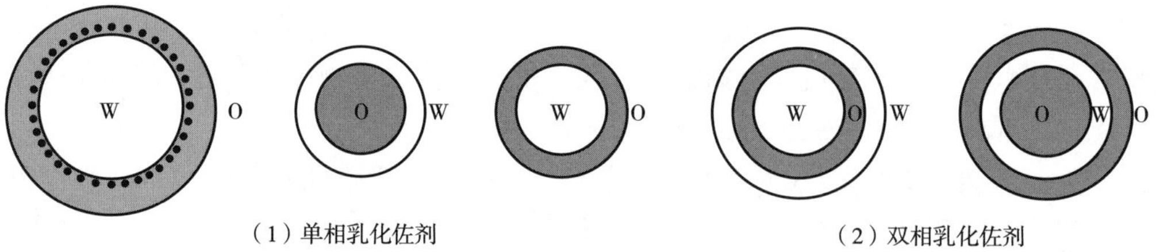

图5-4　油乳佐剂类型

①油乳佐剂乳化方法。

剂在水中法。将乳化剂直接溶于水中，在激烈搅拌下将油加入，可直接生成O/W型乳剂。若欲得W/O型乳剂，可继续加入油，直到发生变型。该法通常用匀浆器或胶体磨，高速搅拌而得到较好的乳剂。

剂在油中法。将乳化剂溶于油相，将油相直接加入水相中得O/W型乳剂，如水相直接加入油相，得到W/O型乳剂，如欲得O/W型乳剂，继续加入至变型。该法制成的乳剂，一般均匀颗粒直径在 0.5μm 左右，比较稳定。

②免疫实验动物用的佐剂配制。

弗氏不完全佐剂。是由低引力和低黏度的矿物油及乳化剂组成的一种贮藏性佐剂。弗氏完全佐剂是在不完全佐剂的基础上加一定量的分枝杆菌而成。虽然具有一定的副作用，但其佐剂活性是其他物质难以相比的，可使在正常状态下缺乏免疫原性的物质成为免疫原。先作用于 Th1 细胞，后是 Th2 细胞，并能启动细胞免疫而发挥作用。弗氏佐剂配方：矿物油 75%～85%，乳化剂 15%～25%，混合后经除菌过滤而成为弗氏不完全佐剂（FIA）；如向其中加入 0.5mg/mL 死结核分枝杆菌即为弗氏完全佐剂（FCA）。使用时，将含抗原的水相，与上述任一佐剂等量混合，用力振摇即可成为均匀的乳剂。注射前将配好的油佐剂与抗原水相 1∶1 混合，强力振摇，可配制成性状良好的乳剂疫苗。

白油佐剂。国外常用 Drakocel-6VR、Marcol-52 和 Lipolul-4；国内常用 7 号或 10 号白油。作为佐剂的质量标准为无色无味；50℃运动黏度 $7m^2/s$ 左右；紫外吸收值（250～350nm）<0.1%，紫外吸光系数 $<12\times10^8$；单环芳烃与双环芳烃含量低于 0.5%，无多环芳烃；小鼠腹腔注射 0.5mL 白油，观察 160d 或家兔皮下注射 2.0mL 白油，观察 60d，表现正常。白油佐剂配方：9 份油和 1 份司盘 80 混合后加 2% 吐温 80 和 1%～2% 硬脂酸铝，经高压灭菌后备用。乳化：将油相与抗原水相按（3∶1）～（2∶1）比例配制，先缓速混合，再通过胶体磨充分乳化，可获得稳定的 W/O 型乳剂苗。或者将黏稠的 W/O 型乳剂疫苗，再加 2% 吐温 80 的生理盐水，通过搅拌或胶体磨乳化，可制成双相乳剂疫苗。

③油乳佐剂检验。

黏度测定。测定方法有流出法、Saybolt 黏度计法。吸管内口直径为 1.2 mm，室温下吸满 1mL 乳剂，垂直放出 0.4mL 所需时间作为黏度单位。以 2～6s 为合格，不得多于 15s。

乳剂稳定性测定。加速老化法：疫苗于 37℃贮存 10～30d 不破乳；离心加速分层法：于半径 10cm 离心管装油乳剂，3000r/min 离心 15min 不分层，相当于保存 1 年以上不破乳。

（3）蜂胶佐剂　蜂胶佐剂是一种优良的天然药物；具有广泛的生物活性和药理作用（抗菌、抗病毒、抗肿瘤、消炎）；具有免疫增强作用：能保持抗原特性，增强巨噬细胞的吞噬能力，促进抗体的产生，提高机体的特异性和非特异性免疫力。

蜂胶佐剂疫苗制备方法如下。

①蜂胶的处理。将蜂胶（4℃以下贮存）粉碎过筛，按 1∶4（质量/体积）加 95%（体积分数）乙醇，室温浸泡 24～48h，冷却，过滤或离心取上清液，获得透明栗色纯净蜂胶浸液，4℃以下保存备用。除去干渣计算出浸液中含蜂胶量。

②蜂胶佐剂疫苗的制备。灭活菌液或病毒液，加入蜂胶乙醇浸液，使每毫升菌液中含蜂胶 10mg，边加边振荡，成为乳浊状即可。

（4）新型佐剂

①细胞因子类佐剂。细胞因子是机体的各种细胞在其生命周期中所释放的具有不同生物学效应的物质，是免疫细胞间相互作用的调节信号。该类物质相互诱生，相互影响，构成一个巨大的细胞因子网络（cytokine network）系统，各种细胞借助自己所释放的细胞因子完成各自的功能，在免疫应答中发挥作用。

根据生物活性，细胞因子可分为经典的细胞因子［如淋巴毒素（LT）、肿瘤坏死因子（TNF）、干扰素（IFN）］和对体液免疫和细胞免疫具有调节作用的因子［如白细胞介素（IL）和集落刺激因子（CSF）］，细胞因子可作为免疫佐剂，提高疫苗的免疫效果；作为免疫治疗剂，预防和治疗某些病原感染；通过基因重组，构建新型基因工程疫苗，如 IL-2-AIV-HA 重组痘病毒。几种重要的细胞因子：白细胞介素-2（IL-2）、白细胞介素-4（IL-4）、白细胞介素-12（IL-12）、γ-干扰素（γ-IFN）。

IL-2：刺激物为抗原或促有丝分裂原（ConA），T 细胞分泌，无抗原特异性；糖蛋白，含 133aa，分子质量 15~35kDa；70℃，30min 及 pH2~9 范围内稳定。

IL-4：刺激物为抗原或丝裂原，由 Th 细胞产生分子质量 15~20kDa；有 2~3 个糖基化部位，140 个氨基酸一种强有力的佐剂候选因子。

IL-12：是目前发现的唯一主要由 B 细胞产生的细胞因子，与 IL-2 有协同作用，所以曾被称为细胞毒淋巴细胞成熟因子（CLMF）和天然杀伤细胞刺激因子（NKSF）；为糖蛋白，分子质量 75kDa，由 40kDa（P40）和 35kDa（P35）两个亚单位构成，两个亚单位完全由不同的基因所编码，只有结合为一个完整的分子时才能发挥生物学活性；IL-12 活性高于 IL-2 和 IFN，在极低浓度时就有显著活性，对灭活疫苗、肿瘤和寄生虫抗原具有有效的佐剂活性；IL-12 诱导产生的 Th1 应答反应尤为引人注目，可望用于主要诱导细胞免疫应答的疫苗佐剂。

γ-IFN：由致敏 T 细胞在活的或灭活的病毒等干扰素诱生剂和某些细胞因子作用下所产生；有抗病毒、抗肿瘤、免疫调节和免疫佐剂等免疫生物学活性；要诱导 MHC-Ⅱ的表达，目前 γ-IFN 与抗原杂合的融合分子的研究是个热点，期待其成为一个有效的佐剂。

②CpG DNA。CpG DNA 是指含有非甲基化 CpG（胞嘧啶鸟嘌呤二核苷酸）基序的脱氧核糖核酸 DNA。

CpG 基序（motif）：指以非甲基化的 CpG 为基元构成的回文序列，其碱基排列大多为 5′-Pur-Pur-CpG-Pyr-Pyr-3′，具有较强免疫活性，称为免疫刺激序列（ISS，immunostimulatory DNA sequences）；CpG OND 含有非甲基化 CpG 基序的寡聚脱氧核苷酸。CpG DNA 对多种免疫细胞有激活作用，引起 B 细胞分化，分泌 IL-6、IL-10 等细胞因子和表达 MHCII、B7-1、B7-2 等表面分子，并阻止 B 细胞的凋亡；直接激活单核细胞、巨噬细胞和树突细胞，分泌 IL-12、γ-IFN 等 Thl 样为主的细胞因子，并刺激 MHCII、B7-1、B7-2 的表达；在 IL-12 协同下激活 NK 细胞，杀伤活性增强，并分泌 γ-IFN，γ-IFN 反过来进一步促进单核细胞、巨噬细胞和树突细胞的激活；协同刺激抗原特异性 B 细胞和 T 细胞分化，在 Thl 细胞因子的作用下，显著增强获得性细胞免疫优良的 T 细胞免疫佐剂。

③基因工程减毒素。目前研发的主要有霍乱毒素（CT）、大肠杆菌不耐热毒素（LT）和破伤风类毒素（TT）。霍乱毒素（CT）：良好的黏膜免疫佐剂，由 A 和 B 两个区构成的蛋白质；B 区具有主要免疫学作用，内含 5 种独立的非共价连接的 B 亚单位（CTB），无毒性，可与细胞结合，A 区是 CT 的生物学活性部分，具有酶活性。CT 毒素 A 和 B 两个亚单位的表达质粒 DNA 作为佐剂与 DNA 疫苗联和应用，还可诱导机体产生很强的 Th1 细胞因子反应（如 γ-IFN）和 Th2 细胞因子反应（如 IL-4），具有很强的佐剂作用。如仙台病毒-CT、

CTB-流感病毒 HA、链球菌表面蛋白-CTB。

大肠杆菌不耐热毒素（LT）：大肠杆菌 LT 毒素有 A 和 B 两个亚单位，有一定抗原性，如 A 亚单位基因工程点突变体 LT（R192G）无毒性作用，但仍保留了其佐剂效应，可诱导机体产生局部黏膜免疫反应。利用基因突变技术，构建的 A 和 B 两个亚单位的表达质粒 DNA 联合应用，也可诱导机体产生很强的 Th1 细胞因子反应（γ-IFN）和 Th2 细胞因子反应（IL-4）。而且，LT 毒素表达质粒作为佐剂，可协助 DNA 疫苗诱导机体产生更强的细胞免疫反应，有望成为一种新型免疫增强剂。

④免疫刺激复合物（ISCOM）。ISCOM 由抗原物质与由皂树皮提取的一种糖苷 Quil A 和胆固醇按 1∶1∶1 混合后自发形成的一种具有较高免疫活性的脂质小泡。ISCOM 直径 40nm，每个 ISCOM 约含 10~12 分子的蛋白质。ISCOM 应用于多种细菌、病毒和寄生虫病的疫苗，具有产生"全面"免疫应答的效力，可长期增强特异性抗体应答。ISCOM 能有效地通过黏膜给药，从而可以用于抗呼吸道感染。目前，兽用 ISCOM 疫苗已在国外投放市场。

病毒性灭活疫苗的制备工艺流程见图 5-5。

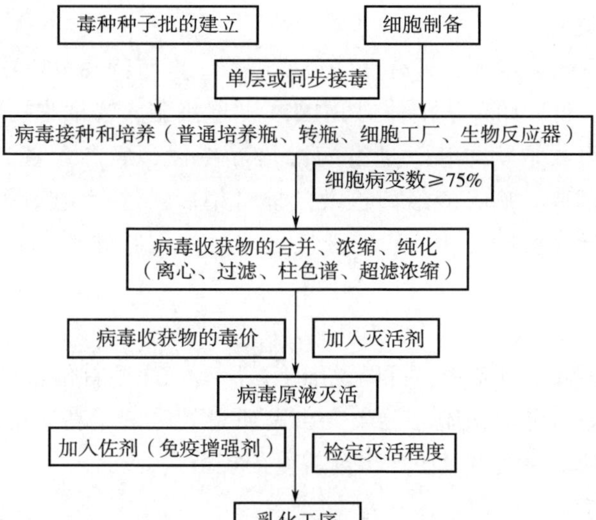

图 5-5　病毒性灭活疫苗的制备工艺流程

三、实验材料

1. 细胞和动物

BHK21 贴壁细胞等。

2. 毒种

口蹄疫病毒。

3. 试剂

甲醛灭活剂（0.05%～0.40%）、弗氏佐剂、冻干保护剂、氢氧化铝胶（又称铝胶，硫酸铝钾制成10%溶液，高压灭菌；调液 pH 至 8±0.1，加入明矾液1%～2%，充分混匀）、口蹄疫病毒特异性免疫血清和阴性血清等。

4. 其他材料

细胞工厂、刻度吸管等。

四、实验内容

口蹄疫病毒灭活苗，在制备口蹄疫疫苗之前，要做好准备工序，包括3个工序。①洗涤工序：为各种工序提供细胞瓶、毒液收获瓶等，洗涤质量的好坏，直接关系到细胞质量。②高压灭菌工序。③液体配制工序：为各种工序提供所需液体。

（一）毒种种子批的建立

试验以前期经过系统鉴定确认具有良好免疫原性、繁殖特性、特异性和纯净性的口蹄疫病毒毒株为原始种子，将原始种子接种到 BHK21 贴壁细胞，当细胞病变达 90%（致细胞病变效应）以上时，即可收取病毒液，进行病毒培养特性、病毒含量、特异性、免疫原性、病毒纯净性及保存期试验。病毒液经菌检及效检合格后，进行定量分装，各代次命名，依据检验结果建立种子批（实践证明，病毒液反复冻融使细胞破裂，充分释放包含的病毒粒子，可提高病毒效价）。

（二）细胞制备

生产健康的细胞供毒液制备用，可以说细胞是所有工序中首位重要的，不管是贴壁还是悬浮培养工艺，只有高质量的细胞才能生产出高质量的毒液，高质量的毒液可以生产出高质量的抗原，高质量的抗原就可以生产出高质量的疫苗。

（三）病毒接种和培养

先将含病毒的维持液接种在健康细胞中，放在温室培养（悬浮细胞在反应罐培养），细胞传代后，每一层细胞工厂接种病毒。

（四）收获病毒

观察细胞病变达到管宜程度时或经培养适宜时间，收获病毒液，为灭活工序提供合格的毒液，此工序含两个生产过程：①待病毒培养到一定时间（不同的病毒培养时间不同），即可收获毒液；②病毒收获物进行毒价检定、合并、浓缩、纯化。纯化方法应能有效去除非目标成分。

（五）病毒灭活

为乳化工序提供合格的抗原，此工序要对毒液进行细胞碎片的去除，之后加甲醛灭活剂，经过一定温度和时间后进行阻断，之后进行各种检测（无菌检验、安全检验等），检测合格后输送到乳化工序进行配苗（此工序也可在控制区进行）。

应在规定的蛋白质浓度范围内进行病毒灭活。病毒收获液中按 1∶4000 的比例加入 β-丙内酯（beta-propiolactone，BPL）或按终浓度不高于 200μg/mL（或 1∶4000）加入甲醛，甲醛灭活剂浓度为 0.05%～0.4%，置适宜的温度（37±1）℃、在一定时间内（12d）灭活病毒；病毒灭活到期后，每个病毒灭活容器应立即取样，分别进行病毒灭活验证试验，并进行细菌内毒素含量测定（也可在纯化前加入适宜浓度的甲醛溶液进行病毒灭活）。灭活后的病毒液即为源液。

β-丙内酯是一种烷化剂，能与包括核酸在内的许多亲核物质反应，BPL 对核酸的反应主要与嘌呤残基结构的修饰（特别是鸟嘌呤）有关。β-丙内酯诱导 DNA 链打开缺口，使 DNA 和蛋白质之间，以及双螺旋结构的 DNA 链之间发生交联。因此，β-丙内酯被广泛用于灭活病毒（DNA 病毒和 RNA 病毒）。

应选择适宜的灭活剂和灭活程序，对影响灭活效果的相关因素进行验证，确定灭活工艺技术参数。应建立至少连续 5 批次样品的病毒灭活动力曲线进行灭活效果的验证，通常以能完全灭活病毒的 2 倍时间确定灭活工艺的灭活时间，应在灭活程序前去除可能影响灭活效果的病毒聚合物。

灭活程序一经结束应立即取样进行灭活验证试验，取样后不能立即进行病毒灭活验证试验时应将样品置-70℃及以下暂存并尽快进行灭活验证试验。应选择敏感的病毒检测方法，并对方法学的最低检测能力进行验证。对同一批病毒原液分装于多个容器的，应按容器分别取样进行验证，不得采用合并样品进行验证。

（六）原液灭活程度检定

（1）灭活检验　EID_{50}、ELD_{50}、$TCID_{50}$ 或 qPCR。

（2）灭活剂含量测定　化学分析。

（3）无菌检查。

（4）支原体检查。

（5）抗原含量测定　采用酶联免疫法测定，应符合批准的要求。

（6）蛋白质含量　取纯化后的病毒液，依法测定，应不高于 80μg/剂。采用药典通则 0731 第二法测定，应符合批准的要求。

（7）病毒灭活验证试验　采用酶联免疫法或小鼠脑内中和试验鉴定毒种的特异性。取灭活后病毒液 25mL 接种于 Vero 细胞，每 $3cm^2$ 单层细胞接种 1mL 病毒液，37℃ 吸附 60min 后加入细胞培养液，培养液与病毒液量比例不超过 1∶3，每 7d 传 1 代，培养 21d 后收获培养液，混合后取样，用酶联免疫法检测病毒，应为阴性。或脑内接种体重为 11～13g 小鼠 20 只，每只 0.03mL，3 天内死亡者不计（动物死亡数量应不得超过试验动物总数的 20%）观察 14d，应全部健存。

（8）牛血清白蛋白残留量　应不高于 100ng/mL（药典通则 3411）。

（9）去氧胆酸钠残留量　采用去氧胆酸钠作为细胞裂解剂的，进行检测，残留量应不高于 20μg/mL。

（10）吐温 80 残留量

生产过程中使用吐温 80 的，残留量应不高于 20μg/mL（药典通则 3203）。

（七）加入免疫增强剂（佐剂）乳化

为分装工序提供合格的疫苗，此工序主要是对佐剂和抗原通过一定的程序进行乳化，也就是灭活乳化疫苗制造的过程。

应按照批准的配方进行半成品配制，将所有组分按配制量均一混合制成半成品。这个过程可能包括一个或多个步骤，如添加稀释液、佐剂吸附、稳定剂、赋形剂以及防腐剂等。半成品配制完成后特别是铝佐剂吸附的疫苗应尽快分装。

半成品配制添加的辅料，其质量控制应符合药典相关要求，添加防腐剂应在有效抑菌范围内采用最小加量；添加矿物质佐剂应依据抗原含量及吸附效果确定其加量。

灭活的病毒原液再加入佐剂乳化病毒，用于制备灭活苗。常规免疫佐剂有铝盐类佐剂（如氢氧化铝胶）、蜂胶佐剂、油水乳剂。在无菌条件，在 10mL 灭菌量瓶中，按 1∶1 的体积加入弗氏佐剂（首先为完全弗氏佐剂）和浓缩抗原，并添加足量的青霉素、链霉素和卡那霉素，用全玻注射器抽吸乳化，直至完全乳化为止。鉴别是否乳化完全，可吸取少许乳化液滴入盛有凉水的烧杯中，如果乳化液在水面不扩散，说明乳化合格，否则还要继续乳化。

乳化合格的病毒原液经铝吸附后，按规定的抗原含量进行稀释，可加入适宜的稳定剂即为半成品。

（八）分装工序

为包装工序提供合格的疫苗，此工序主要对疫苗按不同的规格进行分装，分装后进行加胶塞、轧铝盖。

（九）贴签包装工序

为产品出厂把最后一道关，此工序主要进行产品的标签和包装。

（十）产品检验

含半成品和成品检验，检验合格后上报批签发。

1. 半成品检定

应取样检测，所取待检样品应能代表该批半成品的质量属性。应依据生产工艺和疫苗特性设定检测项目，如无菌检查、细菌内毒素检查、残留有机溶剂、防腐剂等项目，铝佐剂疫苗应进行吸附率和铝含量检测。

（1）无菌检查　应符合药典通则 1101 规定。

（2）pH 应为 5.5～7.0（药典通则 0631）。

（3）铝吸附效果测定　取吸附后上清液，用酶联免疫法检测甲肝病毒抗原含量，上清液中甲肝病毒抗原含量应不高于吸附前抗原总量的 5%。

（4）铝含量　应为 0.35～0.62mg/mL（药典通则 3106）。

（5）聚乙二醇 6000 残留量　生产过程中加入聚乙二醇 6000 的，残留量应小于 10μg/mL（药典通则 3202）。

（6）物理性状　外观、剂型、稳定性、黏度检验。

（7）无菌检验　培养基检测。

（8）安全检验　动物检验。

（9）效力检验　攻毒保护或测抗体。

2. 成品检定

检定合格后入成品库。疫苗成品检测项目一般包括鉴别、理化测定、纯度、活性效力、异常毒性检查、无菌检查、细菌内毒素检查、佐剂、防腐剂及工艺杂质残留物检测等，其中工艺杂质主要包括以传代细胞生产的病毒性疫苗中宿主细胞蛋白质和DNA残留，以及生产过程中用于培养、灭活、提取和纯化等工艺过程的化学、生物原材料残留物，如牛血清、甲醛和β-丙内酯等灭活剂、抗生素残留等，由于制品特性无法在成品中检测的工艺杂质，应在适当的中间产物取样检测，其检测结果应能准确反映每一成品剂量中的残留水平。依据具体情况，成品的部分检定项目可在贴签或包装前进行。将疫苗接BHI平板过夜，看是否有菌长出，若有菌生长则添加抗生素或重新抽滤，将无菌的疫苗注射实验动物观察死亡情况。

应尽可能采用准确的理化分析方法或体外生物学方法取代动物试验进行生物制品质量检定，以减少动物的使用。检定用动物，除另有规定外，均应采用清洁级或清洁级以上的动物；小鼠至少应来自封闭群动物。

疫苗对温度极为敏感，保存不当会使效价严重受损（尤其是活疫苗）或剂型破坏，并导致疫苗失效，因此应严格在规定的条件下保存。

除水分测定外，按标示量加入所附疫苗稀释剂，复溶后进行以下各项检定。

（1）鉴别试验　将毒种做10倍系列稀释，取适宜稀释度分别与口蹄疫病毒特异性免疫血清和阴性血清等量混合，置37℃水浴90min，接种BHK21贴壁细胞进行中和试验，观察5~7d判断结果。中和指数应大于1000。结果应证明抗原性与推荐毒株相一致。或用酶联免疫法检查，应证明含有该病毒抗原。

（2）外观　冻干弱毒疫苗应为黄色疏松体，复溶后为橘红色或淡粉色澄清液体，无异物。灭活疫苗乳化后应为无色澄清液体或微乳白色混悬液体，无异物，易摇散，不应有摇不散的块状物。

（3）体外相对效力测定　应不低于0.75（通则3502）。

（4）pH　应为5.5~7.0（药典通则0631）。

（5）抗生素残留量　生产过程中加入抗生素的应进行该项检查。采用酶联免疫法，应不高于50t/剂。

（6）无菌检查　依法检查（通则1101），应符合规定。

（7）细菌内毒素检查　应不高于10EU/mL（通则1143凝胶限度试验）。

（8）异常毒性检查　依法检查（通则1141），应符合规定。

（9）铝含量应为　0.35~0.62mg/mL（药典通则3106）。

（10）游离甲醛含量　应不高于50μg/mL（药典通则3207第二法）。

（十一）上报批签发

“批签发”是指企业生产的每一批制品出厂销售前都必须经国家相关部门对其质量全面认可。生物制品批签发是指每批生物制品在出厂前及进口后，应当由指定的检验机构审查核对，并在必要时进行抽查检验，未经审查核对或者抽查检验不合格的，不得销售和使用兽药管理。

五、结果与分析

记录毒力检测、灭活检测、半成品检测及成品检测结果，并对结果进行分析。

六、思考与讨论

1. 分析动物来源细胞培养疫苗存在的风险。

2. 灭活疫苗与弱毒疫苗的比较。

实验三　动物细胞融合

一、实验目的

1. 了解动物细胞融合的常用方法及其基本原理。

2. 通过用聚乙二醇（PEG）诱导鸡血细胞融合试验，掌握细胞融合的基本过程。

3. 了解细胞融合技术在单克隆抗体技术、基因定位、基因表达产物、肿瘤诊断和治疗、生物新品种培育等领域的应用。

二、实验原理

动物细胞融合（cell fusion）又称细胞杂交（cell hybridization），是指用自然或人工方法使两个或多个遗传物质不同的细胞融合成一个细胞的过程，融合后形成具有原来两个或多核细胞遗传物质的单核细胞。动物细胞融合的原理是细胞膜具有流动性，融合细胞具有两个或多个细胞遗传信息、共同细胞质、单一连续细胞膜的单核细胞，又称杂交细胞（hybrid cell）。杂交细胞有两个细胞的遗传物质，可表现两个亲本细胞的遗传信息。细胞融合技术突破了有性杂交方法的局限，使远缘杂交成为可能。动物细胞融合成功应用于制备单克隆抗体（McAb）。

诱导细胞融合的方法有三种：生物方法、化学方法和物理方法。

1. 生物病毒诱导融合

如仙台病毒、牛痘病毒、新城疫病毒、副流感病毒和疱疹病毒的被膜中有融合蛋白（fusion protein），可介导病毒同宿主细胞融合，也可介导细胞与细胞的融合。用紫外线灭活的这些病毒即可诱导细胞发生融合。病毒颗粒黏附到细胞表面后，细胞膜被病毒颗粒穿通，细胞膜连接，导致细胞融合，细胞核物质发生交换与整合，形成杂交细胞。

2. 化学试剂诱导融合

很多化学试剂能够诱导细胞融合，如聚乙二醇（polyethylene glycol，PEG）、二甲基亚砜、山梨醇、甘油、溶血性磷脂酰胆碱、磷脂酰丝氨酸等。化学和物理方法可造成膜脂分子排列的改变，去掉作用因素之后，质膜恢复原有的有序结构，在恢复过程中便可诱导相接触的细胞发生融合。

这些物质可借助氢键与水分子结合，导致细胞脱水而改变细胞膜脂质分子结构的排列，使两细胞接触处质膜的脂类分子发生疏散和重组，改变接触处双分子层质膜的相互亲和以及彼此的表面张力作用，在去除这些之后，细胞膜趋向于恢复原有的有序结构。在恢复过程中接触的细胞由于接口处脂质双分子层的相互亲和与表面张力，再者细胞膜具有一定的流动性，胞质流通，细胞膜发生融合，从而产生细胞杂合体。选择合适分子质量、浓度及作用时间是化学诱导融合技术的关键。化学诱导方法、操作方便，诱导融合的概率比较高，效果稳定，适用于动、植物细胞，但对细胞有一定毒性。

在诱导物（如仙台病毒、聚乙二醇）作用下，相互融合的细胞发生凝集，随后在质膜接触处发生质膜成分的一系列变化，主要是某些化学键的断裂与重排，最后打通两质膜，形成双核或多核细胞（此时称同核体或异核体）。通过有丝分裂，细胞核便发生融合，形成杂种细胞。

3. 物理电刺激诱导融合

电刺激诱导是先使细胞在电场中极化为偶极子，沿电力线排列成串，再利用高强度、短时间的电脉冲击穿细胞膜，细胞膜的脂质分子发生重排，由于表面张力的作用，两细胞发生融合。电诱导法具有融合过程易控制、融合率高、无毒性、作用机制明确，重复性高等优点。

动物细胞融合技术突破了有性杂交方法的局限，使远缘杂交（种间、属间、科间、动植物间）成为可能。该技术成为研究细胞遗传、细胞免疫、肿瘤和生物新品种培育等的重要手段，特别是利用杂交瘤技术制备单克隆抗体。

动物细胞融合流程图见图 5-6。

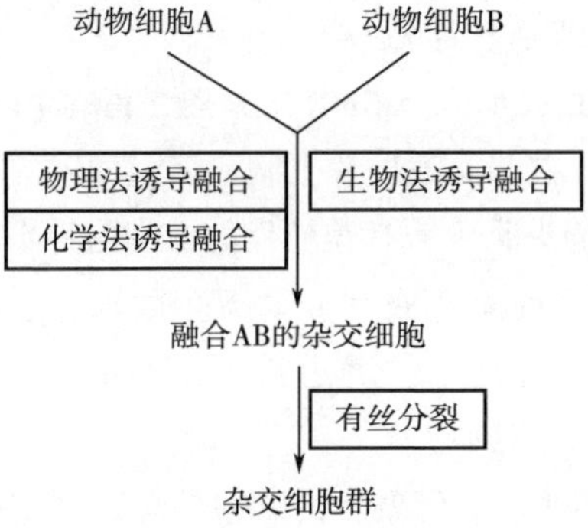

图 5-6　动物细胞融合流程图

三、实验材料

1. 动物

一日龄公鸡。

2. 试剂

阿氏液或 0.85% 的生理盐水、GKN 液、50% 聚乙二醇（PEG）溶液、健那绿染液或吉姆萨染液等。

3. 器材

显微镜、离心机、天平等。

4. 其他材料

离心管、注射器、细滴管、凹面载玻片、盖玻片、血细胞计数板等。

四、实验内容

以化学试剂 PEG 诱导血细胞融合为例。

1. 试剂配制

50%聚乙二醇（PEG）溶液：称取一定量的 PEG（分子质量为 4000u）放入刻度试管，在酒精灯火或沸水中加热溶化。待冷至 50℃时，加入等体积并预热至 50℃的 GKN 缓冲液混匀。

阿氏液：称取葡萄糖 2.05g、柠檬酸钠 0.8g、NaCl 0.42g，加重蒸水至 100mL。

GKN 液：称取 NaCl 8g、KCl 0.4g、$Na_2HPO_4 \cdot 2H_2O$ 1.77g、$NaH_2PO_4 \cdot 2H_2O$ 0.69g、葡萄糖 2g、酚红 0.01g，溶于 1000mL 重蒸水中。

健那绿染液：将 0.5g 健那绿溶解于 50mL 生理盐水中，加温到 30~40℃，使其充分溶解。

2. 实验操作

（1）用注射器翼下静脉采集鸡血，取鸡血 1mL，加入 4mL 0.85%的生理盐水，在 1000r/min 下离心 5min。

（2）去上清液。再重复操作两次，最后一次离心 10min。

（3）将上一步的沉淀血细胞（去上清液后，0.1~0.2mL），加入 GKN 液至 4mL，混匀制成细胞悬液。红细胞密度为 1×10^7 个活细胞/mL，可加 GKN 液调节稀释使红细胞密度为 3 万~4 万个活细胞/mL。也可用其他贴壁和悬浮培养的细胞。前者可直接将两亲本细胞混合培养，后者需制成一定浓度的细胞悬浮液。

（4）取稀释的细胞悬液 1mL，加入 0.5mL 的聚乙二醇（PEG）溶液，静置 5min 后摇匀。

（5）吸取融合的细胞悬液，在凹面载玻片上滴一滴，加入健那绿染液或吉姆萨染液，用枪头搅匀，染色 3min 后用细滴管或枪头滴到盖有盖玻片的血细胞计数板，在显微镜下观察并计数。

观察时注意不同程度的融合现象。通常分为五个阶段。①两细胞膜接触，粘连；②细胞膜形成穿孔；③两细胞的细胞质连通；④通道扩大，两细胞连成一体；⑤细胞完全合并，形成一个含有两个或多个核的圆形细胞。

（6）计算融合率　细胞融合率=（已融合的细胞核总数/所有细胞的细胞核总数）×100%

（7）筛选杂合细胞　利用选择性培养基等，使杂交细胞有选择地生长，而让未融合的亲本细胞死亡。

（8）杂种细胞克隆　对选出的杂种细胞进行克隆（选择与纯化），经过培养，就能获得所需要的无性繁殖系。

（9）注意事项。

①制备的鸡红细胞浓度不能太高，否则细胞容易聚集，影响融合效果。

②仔细观察并注意动物细胞融合过程中细胞的行为和变化。

五、结果与分析

拍下细胞融合状态图，并做出融合结果分析。

六、思考与讨论

1. 动物细胞融合原理与植物细胞原生质体融合的基本原理是否相同？说明两者的不同点。

2. 为什么用灭活的病毒作为诱导剂诱导细胞融合，不灭活的可以吗？

3. 植物体细胞杂交应先进行原生质体融合再进行组织培养形成完整的杂种个体，动物细胞融合后能形成杂种动物个体吗？

4. 细胞融合试验中为什么要用健那绿染液染色观察？

实验四　单克隆抗体制备技术

一、实验目的

掌握单克隆抗体的制备原理及方法。

二、实验原理

单克隆抗体技术（monoclonal antibody technique）是 1984 德国人克勒（G. J. F. Kohler）、阿根廷人米尔斯坦（C. Milstein）和丹麦科学家杰尼（N. K. Jerne）所发展的，他们因完善了极微量蛋白质的检测技术而获得诺贝尔生理医学奖。其原理是：单克隆抗体由单一 B 淋巴细胞分泌得到，但 B 淋巴细胞在体外不能长期存活（最多两周），因此无法制备单一 B 淋巴细胞群，也无法进行单克隆抗体的大量生产。骨髓瘤细胞不具备分泌抗体的能力，但是可以在体外培养条件下无限繁殖。将免疫 B 淋巴细胞与骨髓瘤细胞融合成杂交瘤细胞，得到的杂交细胞具有双亲细胞的遗传特性，既能像 B 淋巴细胞一样分泌抗体，又能像骨髓瘤细胞一样无限增殖，成功克服了 B 淋巴细胞在体外存活周期短的问题。将免疫动物的 B 淋巴细胞与骨髓瘤细胞融合，可以得到既能产生抗体又能无限增殖的 B 淋巴细胞-骨髓瘤细胞杂交瘤细胞（hybridoma），对杂交瘤细胞进行培养，即可利用杂交瘤细胞可以大规模生产单克隆抗体。目前也有生物公司开发了兔单克隆抗体。

单克隆抗体制备流程见图 5-7。

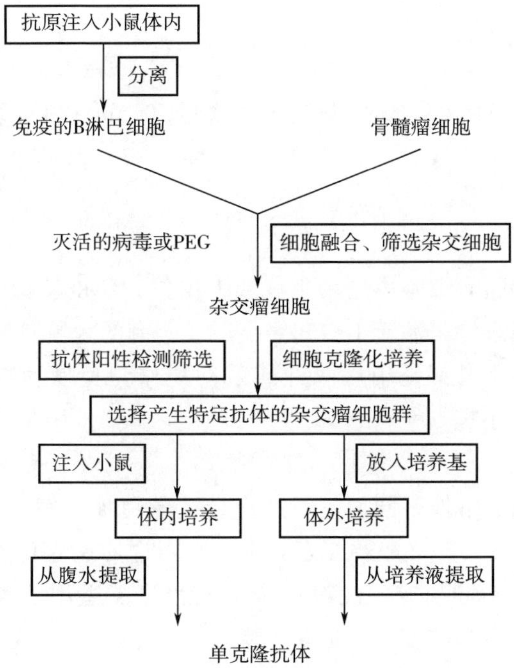

图 5-7　单克隆抗体制备流程

三、实验材料

1. 动物和细胞

6~8 周龄雌性 BALB/c 小鼠、LOU/c 大鼠、小鼠腹腔巨噬细胞等。

2. 试剂

不完全细胞培养基（RPMI1640）、小牛血清（NCS）或胎牛血清（FCS）、8-氨基蝶呤（A）、次黄嘌呤（H）和胸腺嘧啶核苷（T）储备液（50×HAT 和 50×HT 储备液）、软琼脂、0.5%琼脂、HT 培养基（双倍浓度）等。

3. 器材

超净工作台、CO_2 培养箱、倒置显微镜、离心机、恒温水浴箱等。

4. 其他材料

96 孔板、注射器、灭菌平皿或培养瓶等。

四、实验内容

利用杂交瘤制备鼠单克隆抗体的操作流程包括抗原制备、用抗原免疫动物、取免疫动物的脾脏细胞与骨髓瘤细胞融合成杂交瘤细胞、对杂交瘤细胞进行筛选及克隆化、利用筛选得到的杂交瘤细胞进行单克隆抗体的大量生产。

（一）抗原制备

用于制备单克隆抗体的抗原纯度越高，单克隆抗体制备实验的成功率越高。一般来说，抗原可以是蛋白质（天然蛋白质或重组蛋白）、多肽、小分子等。随着细胞基因工程的不断发展，目前有多种生物表达系统都能够大规模地生产重组蛋白，作为抗原。

抗原要求：

抗原蛋白质总量为 2.5~4.0mg/只兔子，分子质量>10u，电泳纯度>90%，含量>0.5mg/mL，缓冲液为 PBS 溶液。

多肽抗原：

①KLH/VLP 偶联多肽总量 3~5mg/只兔子，含量>0.5mg/mL，缓冲液为 PBS 溶液。

②OVA/Biotin 标记多肽总量 2~3mg，含量>0.1mg/mL，缓冲液为 PBS 溶液。

（二）动物免疫

1. 免疫动物的选择

通常，根据所用的骨髓瘤细胞可选用小鼠或大鼠作为免疫动物。因为，所有的供杂交瘤技术用的小鼠骨髓瘤细胞系均来源于 BALB/c 小鼠，所有的大鼠骨髓瘤细胞都来源于 LOU/c 大鼠，所以一般的杂交瘤生产都是用这两种纯系动物作为免疫动物。就小鼠而言，一般选用 6~8 周龄雌性 BALB/c 小鼠。

2. 免疫程序的确定

免疫方案应根据抗原的特性不同而定，选择合适的免疫方案对于细胞融合杂交的成功，获得高质量的 McAb 至关重要。一般要在融合前两个月左右确立免疫方案开始初次免疫，免疫方案应根据抗原的特性不同而定。没有一个免疫程序能适用于各种抗原，在设计免疫程序时，应考虑到抗原的性质和纯度、抗原量、免疫途径、免疫次数与间隔时间、佐剂的应用及动物对该抗原的应答能力等。现用的免疫程序与多克隆抗体制备的方法类似，免疫途径常用体内免疫法，包括皮下注射、腹腔或静脉注射等。

3. 免疫动物

(1) 颗粒性抗原免疫性较强，不加佐剂就可获得很好的免疫效果。下面是以细胞性抗原为例的免疫方案。

①初次免疫：1×10^7 个/0.5mL ip（腹腔内注射）；

②2~3 周后第二次免疫：1×10^7 个/0.5mL ip；

③3 周后加强免疫（融合前三天）：1×10^7 个/0.5mL ip 或 iv（静脉内注射）；

④取脾融合。

(2) 可溶性抗原免疫原性弱，一般要加佐剂，常用佐剂为弗氏完全佐剂、弗氏不完全佐剂。要求抗原和佐剂等体积混合在一起，研磨成油包水的乳糜状，放一滴在水面上不易马上扩散呈小滴状表明已达到油包水的状态。商品化弗氏完全佐剂在使用前需振摇，使沉淀的分枝杆菌充分混匀。

①初次免疫：1~50μg 加弗氏完全佐剂皮下多点注射，（一般 0.8~1mL，0.2mL/点）；

②3 周后第二次免疫：剂量同上，加弗氏不完全佐剂皮下或 ip，（ip 剂量不宜超过 0.5mL）；

③3 周后第三次免疫：剂量 50~500μg 为宜，不加佐剂，ip；（5~7d 后采血测其效价，检测免疫效果）；

④3d 后取脾融合。

目前，用于可溶性抗原（特别是一些弱抗原）的免疫方案也不断有所更新，如：a. 将可溶性抗原颗粒化或固相化，一方面增强了抗原的免疫原性，另一方面可降低抗原的使用量。b. 改变抗原注入的途径，基础免疫可直接采用脾内注射。c. 使用细胞因子作为佐剂，提高机体的免疫应答水平，促进免疫细胞对抗原反应性。

（三）细胞融合——制备杂交瘤细胞

1. 细胞融合前准备

(1) 脾淋巴细胞制备　免疫脾细胞指的是处于免疫状态脾脏中 B 淋巴母细胞浆母细胞。一般取最后一次加强免疫 3d 以后的脾脏，制备成效应 B 淋巴细胞悬液，只有效应 B 淋巴细胞才能产生出特异性抗体，此时 B 淋巴母细胞比例较大，融合成功率较高。

脾细胞悬液的制备：已经免疫的 BALB/c 小鼠（或 LOU/c 大鼠），在无菌条件下去除脾脏，用不完全的培养液洗一次，置平皿中不锈钢筛网上，用注射器针芯研磨成细胞悬液后计数。一般免疫后脾脏体积约是正常鼠脾脏体积的 2 倍，细胞数为 1.5×10^8~2×10^8 个活细胞/mL。

注意：制备脾淋巴细胞过程中，通常也会进行小鼠眼球摘除采血的操作，将血清分离后作为抗体检测时阳性对照血清。

(2) 骨髓瘤细胞制备　骨髓瘤细胞系应和免疫动物属于同一品系，这样杂交融合率高，也便于接种杂交瘤细胞在同一品系小鼠腹腔内产生大量 McAb。常用骨髓瘤细胞系有：NS1、SP2/0、X63 Ag8.653 等。骨髓瘤细胞的培养可用一般的培养液，如 RPMI 1640，DMEM 培养基，小牛血清的含量一般在 10%~20%，细胞密度以 1×10^4~1×10^5 个/mL 为宜，最大密度不得超过 1×10^6 个/mL。当细胞处于对数生长期的中期时，可按 1∶3~1∶10 的比例传代。

每 3~5d 传代一次。细胞的倍增时间为 16~20h，上述三株骨髓瘤细胞系均为悬浮或轻微贴壁生长，只用弯头滴管轻轻吹打即可悬起细胞。细胞在传代过程中，部分细胞可能有返祖现象，应定期用 8-氮鸟嘌呤处理，使生存的细胞对 HAT 培养基呈均一的敏感性。

一般在准备融合前的两周就应开始复苏骨髓瘤细胞，为确保该细胞对 HAT 培养基的敏感性，每 3~6 月应用 8-AG（8-氮鸟嘌呤）筛选一次，以防止细胞的突变。保证骨髓瘤细胞处于对数生长期，具有良好的形态，活细胞计数高于 95%，也是决定细胞融合的关键。

（3）饲养细胞　在组织细胞培养中，单个或少数分散的细胞不易生长繁殖，若加入其他细胞，则可使这些细胞生长繁殖，这种加入的细胞称为饲养细胞。在细胞融合后选择性培养过程中，由于大量骨髓瘤细胞和脾细胞相继死亡，此时单个或少数分散的杂交瘤细胞多半不易存活，通常必须加入饲养细胞使之繁殖。常用的饲养细胞有：小鼠腹腔巨噬细胞、小鼠脾脏细胞和胸腺细胞。

以小鼠腹腔巨噬细胞为例制备饲养细胞（较为常用）。

①小鼠采用与免疫小鼠相同的品系，常用 BALb/c 小鼠 6~8 周龄，拉颈处死，浸泡于 75%（体积分数）乙醇，消毒 3~5min；

②用无菌剪刀剪开皮肤，暴露腹膜；

③用无菌注射器注入 6~8mL 培养液；

④反复冲洗，吸出冲洗液；放入 10mL 离心管，1200r/min 离心 5~6min；

⑤用 20% 小牛血清（NCS）或胎牛血清（FCS）的培养液混悬，调整细胞数 1×10^5 个/mL；

⑥放入 37℃，CO_2 培养箱培养。

一般饲养细胞在融合前一天制备，一只小鼠可获得 5×10^6~8×10^6 个腹腔巨噬细胞，若用小鼠胸腺细胞作为饲养细胞时，细胞数为 5×10^6 个/mL，小鼠脾细胞细胞数为 1×10^6 个/mL，小鼠的成纤维细胞（3T3）细胞数为 1×10^5 个/mL，均为 100 μL/孔。

2. 细胞融合，筛选杂交瘤

（1）取对数生长的骨髓瘤细胞 SP2/0，1000r/min 离心 5min，弃上清液，用不完全培养液混悬细胞后计数，取所需的细胞数，用不完全培养液洗涤 2 次，调整细胞密度以 10^4~10^5 个/mL 为宜。

（2）同时制备免疫脾细胞悬液，用不完全培养液洗涤 2 次。调整细胞密度为 2×10^8 个/mL。

（3）将骨髓瘤细胞与脾细胞按 1∶10 或 1∶5 的比例混合在一起，在 50mL 离心管中加入 20~50mL 无血清不完全细胞培养基（RPMI1640）清洗 1 次，1200r/min 8min 离心，弃去上清液，用吸管吸净残留液体（为了避免影响 PEG 的浓度），轻轻弹击离心管底，使沉淀细胞松动分散。将离心管置 37℃水浴中。

（4）在 60s 内（用吸管或移液枪）（时间最好控制在 45s 左右）加预热至 40℃的 1mL 50% PEG 分子质量 4000u，pH 8.0）含 50g/L DMSO 至细胞内，并轻轻抽吸两次。

（5）作用 90s 后，（用 10mL 吸管或移液枪）加入 20~30mL 预热的不完全培养基，终止 PEG 作用，每隔 2min 分别加入 1mL，2mL，3mL，4mL，5mL 和 10mL；20~27℃静置 10min。

（6）800~1000r/min 离心 6min，弃上清液。

（7）先用 6mL 左右 20% 小牛血清的 RPMI1640 细胞培养基轻轻混悬，切记不能用力吹打，以免使融合在一起的细胞散开。根据所用 96 孔培养板的数量，补加完全培养液，10mL 一块 96 孔板。

（8）将融合后细胞悬液分装到含有饲养细胞（100μL）的 96 孔板，100μL/孔（或分装 24 孔板，每孔 1.0~1.5mL），在培养板内有饲养细胞、融合后的细胞等多种细胞的混合体，只有脾细胞与骨髓细胞形成的杂交瘤细胞才有意义，200 μL/孔。然后将培养板置 37℃、5% CO_2 孵箱培养。一般一块 96 孔板含有 1×10^7 个脾细胞。

（9）选择性培养，筛选杂交瘤细胞。一般在融合培养 24h 后，加 HAT 选择培养基（用 1mL 50×HAT 加入 50mL 20% 小牛血清完全培养基中）选择培养。由于骨髓瘤细胞缺乏胸苷激酶或次黄嘌呤鸟嘌呤核糖转移酶，故不能生长繁殖，而杂交瘤细胞具有上述两种酶，在 HAT 选择培养基可以生长繁殖。

①接种 24 孔板或 96 孔板培养 24h 后，用 HAT 培养基换出常规培养基。

②7~10d 后用 HT 培养基（用 1mL 50×HT 加入 50mL 20% 小牛血清完全培养基中）换出 HAT 培养基（第 14 天后可用普通完全培养基）。

经常观察杂交瘤细胞的生长情况，待其长至孔底面积 1/10 以上时吸出上清液供抗体检测。

（四）抗体的检测

通过选择性培养而获得杂交瘤细胞系中，仅少数能分泌针对免疫原的特异性抗体。一般在杂交瘤细胞布满孔底 1/10 面积时，即可开始检测特异性抗体，筛选出所需要的杂交瘤细胞系。检测抗体的方法有多种，根据抗体类型的不同，可以选择不同的筛选方法，一般以快速、简便、特异、敏感的方法为优先。其中最常用的为酶联免疫吸附试验（ELISA）法用于可溶性抗原（蛋白质）、细胞和病毒等 McAb 的检测；放射免疫测定（RIA）可用于可溶性抗原、细胞 McAb 的检测；FACS 免疫荧光试验适合于细胞表面抗原的 McAb 的检测；IFA 用于细胞和病毒 McAb 的检测。其他检测方法如间接血凝试验、细胞毒性试验、旋转黏附双层吸附试验等。

（五）杂交瘤细胞的克隆化

从原始孔中经过 HAT 筛选后得到的阳性杂交瘤细胞，不能保证一个孔内只有一个克隆，可能会有数个甚至更多的克隆，可能包括抗体分泌细胞、抗体非分泌细胞、所需要的抗体（特异性抗体）分泌细胞和其他无关抗体分泌细胞。因此它们所分泌的抗体是不同质的。要想将这些细胞彼此分开，得到完全同质的单克隆抗体，就必须对杂交瘤细胞进行克隆化。另一方面，杂交瘤细胞培养的初期是不稳定的，有的细胞丢失部分染色体，可能丧失产生抗体的能力。为了除去这部分已经不再分泌抗体的细胞，得到分泌抗体稳定的单克隆杂交瘤细胞系，也需要克隆化。另外，长期液氮冻存的杂交瘤细胞，复苏后其分泌抗体的功能仍有可能丢失，因此也应作克隆化，以检测抗体分泌情况。克隆化的原则是，对于检测抗体阳性的杂交克隆应尽早进行克隆化，否则抗体分泌的细胞会被抗体非分泌的细胞所抑制，因为抗体非分泌细胞的生长速度比抗体分泌的细胞生长速度快，二者竞争的结果会使抗体分泌的细胞丢失。即使克隆化过的杂交瘤细胞也需要定期的再克隆，以防止杂交瘤细胞的突变或染色体丢失，从而丧失产生抗体的能力。

所谓克隆化是指使单个细胞无性繁殖而获得该细胞团体的整个培养过程。杂交瘤细胞的克隆化是指将抗体阳性孔进行克隆化。通常在得到针对预定抗原的杂交瘤以后需连续进行2~3次克隆化，有时还需进行多次。克隆化的方法很多，如有限稀释法、软琼脂法、单细胞显微操作法、单克隆细胞集团显微操作法和荧光激活细胞分类仪（FACS）分离法。最常用的是有限稀释法。

1. 有限稀释法

将对数生长期的杂交瘤细胞用培养液作一定的稀释后，按每孔1个细胞接种在培养皿中，细胞增殖后成为单克隆细胞系。第一次克隆化时加一定量的饲养细胞。由于第一次克隆化生长的细胞不能保证单克隆化，所以为获得稳定的单克隆细胞株需经2~3次的再克隆才行。

（1）制备小鼠腹腔巨噬细胞（饲养细胞），1×10^5个活细胞/mL细胞悬液；

（2）阳性孔细胞的计数，制备待克隆的杂交瘤细胞悬液（含20%血清的HT培养基），并调整细胞数为（1~5）$\times10^3$个活细胞/mL；

（3）取130个细胞放入6.5mL含饲养细胞完全培养液，即细胞数为20个活细胞/mL，100μL/孔加A、B、C三排为每孔2个细胞。余下2.9mL细胞悬液补加2.9mL含饲养细胞的完全培养液，细胞数为10个活细胞/mL，100μL/孔加D、E、F三排，为每孔1个细胞。余下2.2mL细胞悬液补加2.2mL含饲养细胞的完全培养液，细胞数为5个活细胞/mL，100 μL/孔，加G、H两排，为每孔0.5个细胞；

（4）37℃，7.5% CO_2湿润培养4~5d，在倒置显微镜下可见到小的细胞克隆，补加完全培养液200μL/孔；

（5）在倒置显微镜下观察，标出只有单个克隆生长的阳性孔，再次进行克隆，重复上述步骤3~5次，直至阳性孔率100%；

（6）8~9d时，出现肉眼可见的克隆即可检测抗体，细胞扩大培养并冻存。

说明：本法中（2）（3）（4）等步骤也可简化为将计数后的杂交瘤细胞准确地进行系列稀释，直至每毫升含10个细胞，按每孔接种0.1mL细胞悬液，即每孔含1个细胞。

2. 软琼脂法

（1）软琼脂的配制　配制含20% FCS（小牛血清）的2倍浓缩的HT培养基。

2%琼脂生理盐水溶液：用0.15mol/L NaCl溶液配制的2.0%琼脂溶液，称取2.0g细胞培养用琼脂，悬浮于100mL 0.15mol/L NaCl溶液，121℃高压灭菌15min，分装10mL小瓶，冷却后4℃保存。

1%琼脂生理盐水溶液：称取1.0g细胞培养用琼脂，悬浮于100mL 0.15mol/L NaCl溶液，121℃高压灭菌15min，分装10mL小瓶，冷却后4℃保存。

0.5%琼脂：由1份1%琼脂溶液（或0.5份1%琼脂溶液）加1份含20%小牛血清的2倍浓缩的HT培养基配制而成。置42℃保温。

（2）在培养皿中制备单层饲养细胞（小鼠腹腔巨噬细胞），1×10^5个活细胞/mL。

（3）吸取平皿上层培养液，用上述0.5%琼脂溶液3mL倾注于直径为9cm的平皿中，在室温中待凝固后作为基底层备用，凝固所需时间约10min。

（4）按100个活细胞/mL、500个活细胞/mL或5000个活细胞/mL等细胞密度配制需克隆的杂交瘤细胞悬液。

（5）取1mL 0.5%琼脂溶液（42℃预热）在室温中分别与1mL不同细胞密度的杂交瘤细胞悬液混匀后立即铺于琼脂基底层上，在室温中静置10min，使其凝固。

（6）孵育于37℃，5% CO_2 培养箱中培养4~5d后即可见针尖大小白色克隆，7~14d后，克隆生长至2mm时，用毛细吸管吸出克隆，直接转种于含有饲养细胞的24孔板，扩大培养。

（7）吸取上清液，检测抗体，阳性孔可继续克隆化，或扩大培养、冻存。

注意事项：

①杂交瘤细胞的克隆化需尽早进行，避免其他细胞影响了抗体分泌细胞的生长。

②注意无菌操作，一旦发现污染必须及时处理。

③做克隆化培养的小牛血清必须是优质血清。

④每次克隆化得到的阳性亚克隆，在继续进行克隆化或扩大培养的同时，应及时冻存几支。

（六）杂交瘤细胞的冻存、复苏及传代培养

杂交瘤细胞制备单克隆抗体的过程中，通常将一部分杂交瘤细胞冻存起来备用，便于以后大规模生产单克隆抗体以及避免外部不可测的影响因素对实验带来过大的影响。

1. 杂交瘤细胞的冻存

及时冻存原始孔的杂交瘤细胞、每次克隆化得到的亚克隆细胞是十分重要的。在建立杂交瘤细胞的过程中，有时一次融合产生很多“阳性”孔，来不及对所有的杂交瘤细胞作进一步的工作，需要把其中一部分细胞冻存起来；另一方面，在没有建立一个稳定分泌抗体的细胞系的时候，细胞的培养过程中随时可能发生细胞的污染、分泌抗体能力的丧失等。如果没有原始细胞的冻存，则因为上述的意外而前功尽弃。还有为了防止实验室可能发生的意外事故，如停电、污染、培养箱的温度或 CO_2 控制器失灵等给正在建立中的杂交瘤带来灾难，通常尽可能早地冻存一部分细胞作为种子，以免遭到不测。在杂交瘤细胞建立以后，更需要冻存一大批，以备今后随时取用。

杂交瘤细胞的冻存方法同其他细胞系的冻存方法一样，原则上细胞应在每支安瓿含 1×10^6 个以上，但对原始孔的杂交瘤细胞可以因培养环境不同而改变，在24孔培养板中培养，当长满孔底时，一孔就可以冻一支安瓿。

（1）细胞冻存液的配制　一般冻存液中DMSO为10%，可用50%小牛血清、40%不完全培养基和10% DMSO（二甲亚砜）比例配制；也可用10% DMSO和90%血清配制。

（2）冷冻前确保细胞处于对数生长期，传代后的5mL细胞悬液取出1mL接种到培养瓶继续传代。另取一无菌离心管，将剩余4mL细胞悬液置于其中，离心1000r/min，5min（转速勿超过1500r/min）。

（3）离心后倒掉上清液，收集细胞沉淀。向离心管中加入900μL完全培养基，用枪头反复

吹打重悬起细胞。取少量细胞悬液计数细胞浓度及冻前存活率。一般细胞数为（2~5）$\times 10^6$ 个活细胞/mL 较适宜。或者根据经验，直接加入细胞冻存液，分装到冻存管进行冻存。

（4）将细胞悬液转入 1.5mL 无菌冻存管中，再加入 100μL 试剂级 DMSO，混匀，制成细胞冻存悬液（DMSO 最后为 10%）。严密封口后，注明细胞名称、代数、日期，然后进行冻存。

（5）传统方法　冷存管置于 4℃下放置 10min，然后在-20℃下放置 30min，然后在-80℃下放置 16~18h（隔夜），最后置于液氮罐长期储存。注意-20℃勿超过 1h，防止胞内冰晶过大造成细胞死亡，也可以用细胞冻存装置进行冻存。

冻存细胞要定期复苏，检查细胞的活性和分泌抗体的稳定性。

2. 杂交瘤细胞的复苏

杂交瘤细胞、骨髓瘤细胞或其他细胞在液氮中保存，若无意外情况时，可保存数年至数十年。复苏时融解细胞速度要快，使之迅速通过最易受损的-5℃~0℃，以防细胞内形成冰晶引起细胞死亡。

（1）提前将水浴锅打开，预热 37~40℃。

（2）细胞培养基提前预热，5~10mL 于 15mL 离心管中。

（3）把冻存细胞立即投入 37℃水浴锅中，轻微摇动，待解冻后（大概 1.0~1.5min），取出。

（4）用 75%（体积分数）乙醇消毒管外壁，放入超净台，转移到含 5~10mL 培养基的 15mL 离心管中，离心 800~1000r/min，5min。

（5）去掉上清液，加入完全培养基重悬细胞，转移到培养皿/瓶中，前后左右轻轻摇动，使培养皿/瓶中的细胞分散均匀。

（6）标记好细胞名称、代数、日期、培养基等，放到 37℃的 5% CO_2培养箱中培养。

（7）贴壁细胞培养一般次日就可以贴壁，根据细胞生长速度，2~3d 换一次培养基。

离心可能对某些细胞造成伤害，这些细胞可以不离心，只需要将 DMSO 的含量降到 1%以下即可。因此也可将融化的细胞悬液直接移入预先加好培养基的培养皿/瓶中放置于培养箱中进行培养，过夜后及时换液。

3. 杂交瘤细胞的传代培养

（1）当培养皿中的细胞覆盖率达到 80%~90%时需要进行传代。

（2）吸掉培养皿中的旧培养液。

（3）用 5mL PBS 溶液洗涤细胞 1~2 次。

（4）用 1mL 的胰酶溶液，37℃作用数分钟，于倒置显微镜下观察，当细胞呈圆形即将分离时，吸掉胰酶溶液。若不去掉胰酶溶液，则在消化后加入适量（5∶1）含血清培养基终止作用，离心后再去掉上清液。

（5）轻拍培养皿或培养瓶使细胞从瓶壁脱落，加入适量的新鲜完全培养基，轻柔地吹打数次，使细胞分散均匀。

（6）再根据稀释比例转移至新的培养瓶中，正常培养即可，放入收集瓶中（细胞传代时按 1∶2 或更大比例稀释）。

（七）利用杂交瘤细胞大规模生产单克隆抗体

利用杂交瘤细胞大量制备单克隆抗体目前主要有两种方法，一种是动物体内生产法，另外一种是体外培养法。

1. 动物体内生产法

鉴于绝大多数动物用杂交瘤均由 BALB/c 小鼠（或 LOU/c 大鼠）的骨髓瘤细胞与同品系的脾细胞融合而得，因此使用的动物首选 BALB/c 小鼠（或 LOU/c 大鼠）。

（1）实体瘤法　对数生长期的杂交瘤细胞按（1~3）$\times10^7$ 个/mL 接种于小鼠背部皮下，每处注射 0.2mL，共 2~4 点。待肿瘤达到一定大小后（一般 10~20d）则可采血，从血清中获得单克隆抗体含量可达到 1~10mg/mL，但采血量有限。

（2）腹水的制备　将杂交瘤细胞接种于小鼠腹腔内，在小鼠腹腔内生长杂交瘤，并产生腹水，可得到大量的腹水单抗。该法操作简便、经济且抗体浓度很高。但是，腹水中常混有小鼠的各种杂蛋白（包括免疫球蛋白），因此得到的腹水抗体要提纯后才能使用。

①正常培养杂交瘤细胞。

②饲养 Balb/c 小鼠，注射细胞一至两周前通过腹腔注射 0.5mL 降植烷或液体石蜡。

③在细胞对数生长期收获杂交瘤细胞，并进行计数，将细胞数量以培养液调整至（2~10）$\times10^7$CFU。

④小鼠腹腔注射 0.5mL 杂交瘤细胞悬液，1~2 周后发展成癌性腹水。

密切观察动物的健康状况与腹水征象，待腹水尽可能多，而小鼠濒于死亡之前，处死小鼠，用滴管将腹水吸入试管中，一般一只小鼠可获 1~10mL 腹水。也可用注射器抽取腹水，可反复收集数次。腹水中单克隆抗体含量可达 5~20mg/mL，这是目前最常用的方法，还可将腹水中细胞冻存起来，复苏后转种小鼠腹腔则产生腹水快、量多。

2. 体外培养法

体外培养法可以采用单层细胞培养的形式，也可以采用悬浮培养的形式。细胞体外培养一定时间后，收集培养上清液，离心去除细胞及其碎片，即可获得所需要的单克隆抗体。相较于免疫动物生产单克隆抗体的方法，体外培养不需要对得到的抗体进行纯化，但该法的产量较低，一般培养液含量为 10~60μg/mL，且费用昂贵。

（1）杂交瘤细胞先在 25mL 的细胞培养瓶中培养。

（2）细胞长满瓶底后转至 50mL 或 100mL 的细胞培养瓶中培养。

（3）当细胞液变黄后，收集上清液，再加新鲜的培养液，并重复收集上清液 2 次。

（4）让细胞长至饱和状态，直至死亡，并收集上清液。

（八）单克隆抗体的鉴定

对制备的单克隆抗体（McAb）进行系统的鉴定是十分必要的，应对其做如下方面的鉴定。

1. 单克隆性的确定

单克隆性的确定方法包括杂交瘤细胞的染色体分析、单抗免疫球蛋白重链和轻链类型的鉴定和单抗纯度鉴定等。

2. 单克隆抗体理化特性的鉴定

从实用意义上说，单克隆抗体对温度和 pH 变化的敏感性都是理化特性鉴定的主要项目，它们可为单克隆抗体的使用和保存提供重要依据。

3. 抗体特异性的鉴定

除用免疫原（抗原）进行抗体的检测外，还应用与其抗原成分相关的其他抗原进行交叉试验，方法可用酶联免疫吸附试验法（ELISA）、免疫荧光法（IFA）。例如：①制备抗黑色素瘤细胞的单克隆抗体，除用黑色素瘤细胞反应外，还应用其他脏器的肿瘤细胞和正常细胞进行交叉反应，以便挑选肿瘤特异性或肿瘤相关抗原的单克隆抗体。②制备抗重组的细胞因子的单克隆抗体，应首先考虑是否与表达菌株的蛋白有交叉反应，其次是与其他细胞因子间有无交叉。

4. 单克隆抗体的免疫球蛋白（Ig）类与亚类的鉴定

一般在用酶标或荧光素标记的第二抗体进行筛选时，已经基本上确定了抗体的 Ig 类型。如果用的是酶标或荧光素标记的兔抗鼠 IgG 或 IgM，则检测出来的抗体一般是 IgG 类或 IgM 类。至于亚类则需要用标准抗亚类血清系统作双扩或夹心 ELISA 来确定单克隆抗体的亚类。在作双扩试验时，如加入适量的 PEG（3%），将有利于沉淀线的形成。

5. 单克隆抗体中和活性的鉴定

用动物的或细胞的保护实验来确定单克隆抗体的生物学活性。例如，如果确定抗病毒 McAb 的中和活性，则可用抗体和病毒同时接种于易感的动物或敏感的细胞，来观察动物或细胞是否得到抗体的保护。

6. 单克隆抗体识别抗原表位的鉴定

单克隆抗体与相应抗原的反应性决定于它所识别的抗原表位，确定单克隆抗体针对的表位在抗原结构上的位置，是单克隆抗体特性鉴定的关键环节，同时，进一步分析这类表位的差别，可正确评价单克隆抗体的特异性和交叉反应性。用竞争结合试验、测相加指数的方法，测定单克隆抗体所识别抗原位点，来确定单克隆抗体的识别的表位是否相同。

7. 单克隆抗体亲和力的鉴定

用酶联免疫吸附试验（ELISA）或放射免疫分析（RIA）竞争结合试验来确定单克隆抗体与相应抗原结合的亲和力。

五、结果与分析

1. 记录克隆形成的照片。
2. 记录抗体检测结果及单克隆抗体鉴定结果。

六、思考与讨论

1. 获得抗体的传统方法是什么？有何缺陷？
2. 怎样获得单一类型的抗体？如何才能让 B 淋巴细胞产生大量单一抗体？
3. B 淋巴细胞可以无限增殖吗？什么细胞可以无限增殖？如何才能将两种细胞的特点结合起来？
4. 制备单克隆抗体过程中两次筛选在哪两个步骤中？
5. 单克隆抗体与多克隆抗体的区别？

6. 试分析单克隆抗体制备试验的影响因素、失败原因。

实验五　细胞核移植

一、实验目的

学习细胞核移植技术的克隆动物过程。

二、实验原理

细胞核移植是指将动物的一个供体细胞的细胞核，移入一个已经去掉细胞核的卵母细胞中，使其重组并发育成一个新的胚胎，这个新的胚胎最终发育为动物个体。前者为供体，可以是胚胎的干细胞核，也可以是体细胞的核。受体大多是动物的卵子。用核移植的方法得到的动物称为克隆动物。卵子的体积较大，操作容易，而且通过发育，可以把特征表现出来。胚胎细胞核移植细胞分化程度低，恢复全能性操作容易；而体细胞核移植细胞分化程度高，恢复全能性操作困难。核移植以供体核的来源不同可分为体细胞核移植和胚细胞核移植两种。

细胞核移植技术路线见图 5-8。

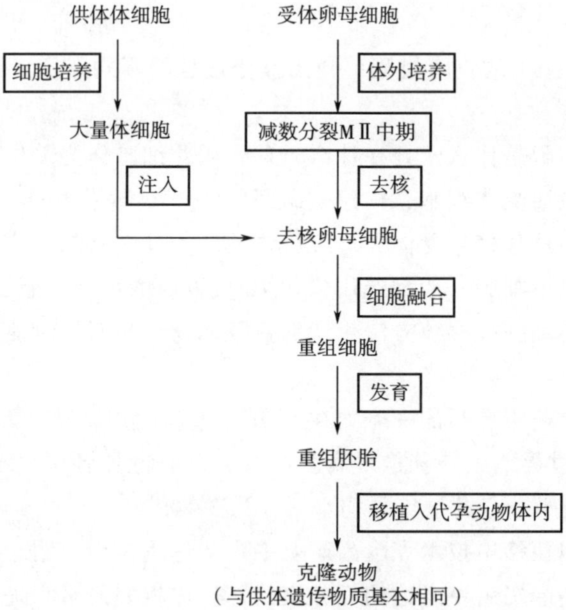

图 5-8　细胞核移植技术路线

三、实验材料

1. 动物

高产奶牛。

2. 细胞

卵巢卵母细胞。

3. 试剂

细胞培养液、PBS 缓冲液、0.125% 胰酶消化溶液。

4. 器材

显微操作仪、电脉冲仪。

5. 其他材料

细胞培养瓶/皿、吸管、移液器。

四、实验内容

体细胞核移植过程（高产奶牛为例）如下。

（1）从供体牛（高产奶牛）身体的某一部位上获取体细胞，并通过体细胞培养技术对该体细胞进行增殖培养，获得供体细胞。

（2）采集卵巢卵母细胞，体外培养到减数第二次分裂中期，获得 MⅡ卵母细胞。

（3）通过显微操作仪去除卵母细胞中的核，由于减数第二次分裂中期细胞核的位置靠近第一极体，用微型吸管可以一并吸出细胞核和第一极体。

（4）显微操作仪将供体细胞注入去核卵母细胞。

（5）电脉冲仪刺激处理使供体核进入受体卵母细胞构建重组胚胎。

（6）体外完成早期胚胎培养后，将胚胎移植入代孕母体内，使其继续发育为新个体。

五、结果与分析

对比多利羊和高产奶牛的克隆过程，找出操作过程的不同点。

六、思考与讨论

1. 核移植的受体细胞是什么？处在什么时期？用此细胞作为受体细胞有什么好处？

2. 通过什么手段激活受体细胞，构建重组胚胎？

3. 在体细胞的细胞核移植到受体卵母细胞之前，为什么必须先去掉受体卵母细胞的核？

4. 用于核移植的供体细胞一般都选用传代 10 代以内的细胞，想一想，这是为什么？

5. 你认为用上述体细胞核移植方法生产的克隆动物，是对体细胞供体动物进行了 100% 的复制吗？为什么？

6. 1997 年，美国威斯康星州的一个奶牛场有一头名叫卢辛达（Lucinda）的奶牛，年产乳量为 30.8t，创造了世界奶牛产乳量最高新纪录。目前世界各国高产奶牛，年平均产乳量一般为十几吨，而我国奶牛产乳量年平均水平仅为 3~4t。

（1）能利用体细胞核移植技术克隆高产奶牛卢辛达吗？请说明理由。

（2）如果将克隆高产奶牛卢辛达的任务交给你，你将如何对它进行克隆？

7. 试描述体细胞核移植技术的应用前景。

8. 体细胞核移植技术在研究和应用上还存在什么问题？请你查阅资料，了解这方面的前沿动态。

9. 克隆动物能采用类似植物组织培养的方法吗？

实验六　动物细胞生产基因重组蛋白

一、实验目的

掌握人胚肾细胞（HEK293）表达人白细胞介素 7（IL-7）的原理和方法。

二、实验原理

基因表达是指细胞把储存在 DNA 序列中的遗传信息经过转录和翻译，最终转变成具有生物活性的蛋白质分子。蛋白质表达与表达该蛋白质的基因序列有直接关系，基因序列以及相应的 mRNA 序列对蛋白质表达有决定性影响。基因序列设计和优化可显著提高蛋白质表达量，甚至让不可溶表达的蛋白质实现可溶表达。随着细胞基因工程的不断发展，目前有多种生物表达系统都能够大规模地生产重组蛋白，主要分为原核生物表达系统和真核生物表达系统两类。真核表达系统又包括：酵母表达系统、哺乳动物细胞表达系统、杆状病毒昆虫细胞表达系统。表达蛋白质的生物体也称为宿主细胞。通常用来表达蛋白质的宿主细胞包括细菌、酵母、昆虫、植物、动物细胞和无细胞表达体系等。由于各种生物的特性不同，适合表达蛋白质的种类各不相同，同一种蛋白质在不同宿主中的表达效率也存在很大差别。相比之下，哺乳动物细胞表达系统最突出的优点是能够促进蛋白质的正确折叠和糖基化等翻译后修饰，从而保证蛋白质的天然活性，目前已成为表达和生产部分蛋白质药物、基因工程抗体等目的蛋白的首选宿主。用于生产基因重组蛋白的哺乳动物宿主细胞有 BHK21 细胞、CHO-K1 细胞、HEK293 细胞、C127 细胞、MDCK 细胞、Namalwa 细胞、Vero 细胞、鼠骨髓瘤细胞、COS 细胞等，常用的细胞有 HEK293（人胚肾细胞）和 CHO（中国仓鼠卵巢细胞）。近年来又开发了昆虫细胞生产基因重组蛋白药物，将调控细胞增殖的基因导入胰岛 B 细胞，使其在体外培养时大量增殖并产生胰岛素。动物细胞的基因转染技术主要有光穿孔法、冲击波法、基因枪法、电穿孔法、磷酸钙共沉淀法、脂质体法、抗体转染法等方法。

慢病毒表达载体包含了包装、转染、稳定整合所需要的遗传信息。慢病毒包装质粒可提供所有的转录并包装 RNA 到重组的假病毒载体所需要的所有辅助蛋白。为产生高滴度的病毒颗粒，需要利用表达载体和包装质粒同时共转染细胞，在 293T 细胞中进行病毒的包装，包装好的假病毒颗粒分泌到细胞外的培养基中，离心取得上清液后，可以直接用于宿主细胞的感染，目的基因进入到宿主细胞之后，经过反转录，整合到基因组，从而高水平地表达效应分子。

三、实验材料

1. 载体

慢病毒表达载体 pLV-CMV-EF1-GP-rIL-7、pcDNA3. 1 载体。

2. 细胞

E. coli DH5α 感受态细胞、人胚肾细胞（HEK293）。

3. 试剂

完全培养基、Opti-MEM 培养基、0. 25% 胰蛋白酶、细胞总 RNA 提取试剂盒、TIANSscriptM-mLV、*Taq*DNA 聚合酶、高纯度质粒小提试剂盒、*EcoR* Ⅰ 内切酶、*Not* Ⅰ 内切酶、T_4DNA 连接酶、G418 抗生素、Lipofectamine ™ 2000 脂质体、非预染蛋白 Marker、PVDF 膜、Mouse Anti-IL-7 抗体、IL-7 ELISA 试剂盒、山羊抗鼠 IgG-HRP 等。

4. 器材

PCR 仪、免疫印迹（Western Blotting）实验设备、SDS-PAGE 电泳仪等。

四、实验内容

以人胚肾细胞（HEK293）细胞表达人白细胞介素 7（IL-7）为例。

1. HEK293 细胞无血清全悬浮驯化

其主要有两种形式：一种是直接法，即将细胞直接接种到无血清培养基中悬浮培养，待其生长状态稳定且能连续传代即驯化成功；另一种则是逐步降低血清适应的方法，即在每一血清浓度梯度下，将贴壁细胞持续传代培养，最终使其完全适应无血清培养基，并进一步进行悬浮培养，待其生长状态稳定且能连续传代即驯化成功。

2. 根据目的基因相关信息（序列），构建含有外源基因的重组表达载体。

（1）人白细胞介素 7 引物及基因的扩增　根据 pLV-CMV-EF1-GP-rIL-7 的核苷酸序列和 pcDNA3. 1 载体序列，用引物设计软件（Primer Premier 5. 0 等）设计引物 YIL-7F/R。

以下为参考序列。YIL-7F：CCGGAATTCCTCGAGGCCACCATGTTCCATGTTTCTTTTAGG，YIL-7R：ATAAGAATGCGGCCGCGGATCCCCCGGGTCAGTGTTCTTTAGT。

以 pLV-CMV-EF1-GP-rIL-7 载体为模板，用 IL-7 基因的特异性引物进行 PCR 扩增，参考反应条件为：95℃预变性 5min；94℃变性 30s，69℃退火 45s，72℃延伸 1min，共 35 个循环；72℃再延伸 10min。反应结束后，对 PCR 产物进行琼脂糖凝胶（12g/L）电泳鉴定。

（2）构建人白细胞介素 7 重组表达载体 pcDNA3. 1-rIL-7　将 PCR 产物进行回收后，与 pMD18-T 连接，转化 *E. coli* DH5α，构建克隆载体 pMD18-T-IL-7。分别用 *EcoR* Ⅰ 内切酶和 *Not* Ⅰ 内切酶双酶切 pMD18-T-IL-7 和 pcDNA3. 1 载体，之后分别纯化，然后用 T_4 DNA 连接酶连接、转化 *E. coli* DH5α、单克隆培养后提取质粒，依次进行 PCR、酶切及测序鉴定，测序鉴定完全正确后命名为 pcDNA3. 1-rIL-7。

3. 使用高效重组载体转染 HEK293 细胞

（1）HEK293 细胞 G418 抗生素最佳筛选浓度的确定　将 HEK293 细胞按 1×10^5 个活细胞/孔铺于 24 孔板中，然后取不同浓度（质量/体积）梯度的 G418 抗生素加入 24 孔板中，G418 抗生素的浓度梯度为 0μg/mL、200μg/mL、400μg/mL、600μg/mL、800μg/mL、1000μg/mL。培养 10～14d 并每天观察细胞状态。

（2）重组质粒 pcDNA3. 1-rIL-7 转染 HEK293 细胞，构建 HEK293- rIL-7 重组细胞　将处于对数生长期并生长良好的 HEK293 细胞以 1×10^6 个活细胞/mL 接种至 6 孔板中，次日将细胞用无血清培养基 opti-MEM 洗两遍，然后每孔加入 1. 5mL opti-MEM。分别将空载质粒 pcDNA3. 1、阳性对照质粒 pcDNA3. 1-EGFP 及重组质粒 pcDNA3. 1-rIL-7 用 opti-MEM 稀释后按比例加入至同样用 opti-MEM 稀释的 Lipofectamine™2000 中，20min 后将混合液逐滴加入至对应的 HEK293 细胞孔中，37℃，50mL/L，CO_2 培养箱中反应 5h，弃去转染液，每孔加入 2mL 10% 新生牛血清的 F12 培养基培养。

（3）HEK293- rIL-7 细胞亚克隆筛选　转染 24h 后，吸除培养基，加入最小致死浓度的 G418 筛选培养基进行培养。待细胞长满后，用 0.25% 胰蛋白酶消化，加入最小致死浓度 G418 筛选培养基进行筛选，按 1 个细胞/孔接种 96 孔板，每孔 200μL 培养基，培养约 14d，观察细胞克隆生长情况，筛选得到稳定表达目的蛋白质的重组细胞。

（4）亚克隆细胞的初检及其保存　96 孔板中细胞培养 14d 后，挑选 1 个细胞/孔的亚克隆细胞株，吸取 150μL 培养基上清液做 ELISA 检测，用 IL-7 ELISA 试剂盒检测。将检测为阳性的亚克隆细胞株从 96 孔板中依次放大至 24 孔、6 孔及细胞瓶中，传代过程中保证 G418 浓度不变，然后用 0.25% 胰蛋白酶将细胞消化下来，取一部分细胞继续培养，其余细胞冻存。

4. 亚克隆细胞株的目的蛋白 IL-7 表达检测

（1）荧光蛋白的表达情况　分别转染 24h 和 48h 后观察细胞的生长状态以及对照组绿色荧光的表达情况，以初步判断转染效率。

（2）IL-7 基因的转录　用细胞总 RNA 提取试剂盒提取 HEK293-rIL-7 细胞总 RNA，用 TIANScript M-mLV 的反转录试剂盒合成第一链 cDNA。PCR 法同 2.（1）。反应结束后，进行 12g/L 琼脂糖凝胶电泳。

（3）重组蛋白的 ELISA 检测　检测方法按照 IL-7 ELISA 试剂盒说明书操作。

（4）重组蛋白的 Western Blotting 分析　分别收集空白对照组及实验组的细胞上清液，经冻干浓缩 100 倍后加入等量的 2×SDS 上样缓冲液，95℃煮沸 5min，进行 SDS-PAGE 分析，在 15V 30min 半干转条件下转印到 PVDF 膜上。取出膜用 50g/L 脱脂乳粉室温摇床封闭 2h 后，分别用 1∶500 的 Mouse Anti-IL-7 抗体 4℃孵育过夜。次日，再加入 1∶5000 山羊抗鼠 IgG-HRP，室温摇床反应 2h。经 PBS 溶液充分洗涤后，进行显色。阳性克隆株细胞为 IL-7 编码基因整合重组到 HEK293 细胞基因组中。

五、结果与分析

1. 记录重组表达载体 pcDNA3.1-rIL-7 的构建结果，并加以解释。
2. 记录 G418 最小致死量的筛选结果。
3. 记录 pcDNA3.1-rIL-7 转染 HEK293 细胞，并加以说明。
4. 记录 HEK293-rIL-7 细胞亚克隆及 IL-7 蛋白表达，并加以解释。
5. 记录 HEK293-rIL-7-2G3 细胞株的 IL-7 表达检测结果，并加以说明。
6. 记录 Western Blotting 检测结果，并加以说明。

六、思考与讨论

1. 阐述大肠杆菌表达系统、酵母菌表达系统、昆虫杆状病毒表达系统、哺乳动物细胞表达系统的特点。
2. 治疗糖尿病有什么新方法？

实验七　抗氧化药物筛选细胞模型的建立

实验目的不同，建立的细胞模型就不同，所进行的实验设计就不同。细胞模型建立实验的设计内容包括实验的目的和意义、实验所用的细胞、预实验和正式实验所用的材料和试剂准备、细胞状态的选择和细胞活力要求、实验分组、诱导细胞模型的药物浓度和时间、评价方法和指标。实验分组分为对照组和实验组，其中对照组包括细胞对照组、诱导药物溶剂对照组、不同药物浓度和药物作用时间对细胞影响的对照；实验组包括时效实验组设置、浓度依赖组设置、诱导模型药物及干预药物配伍设置。

细胞模型评价的标准中，一般以检测细胞活力、细胞凋亡率、LDH（乳酸脱氢酶）释放作为损伤指标。诱导的细胞模型细胞，一般是与没有诱导的细胞株细胞有很大形态差异。观察细胞形态，与对照组相比，细胞数量有减少、明显减少、增多或细胞数量没有增减几种情况；细胞由原来的圆形变为多角形或梭形。细胞质内有更多的颗粒，有多个细胞核，胞浆丰富，细胞体积明显变大。细胞生物学行为发生改变，原来悬浮的细胞可能变得贴壁或半贴壁。细胞死亡或凋亡增加，有大量的细胞碎片。

一、实验目的

1. 建立一种高效、简便、高度敏感的高通量筛选抗氧化药物的细胞模型。

2. 学会对抗氧化药物细胞模型的验证，并应用于抗氧化候选药物的初步筛选。

二、实验原理

Keapl-Nrf2-ARE 信号通路调节机体内多种抗氧化酶和Ⅱ相解毒酶的表达，在氧化应激反应中起着重要作用。本实验利用抗氧化反应元件（antioxident response element，ARE）调控荧光素酶报告基因（Luc）的表达水平，建立抗氧化药物筛选细胞模型。首先构建由 ARE 调控荧光素酶报告基因表达的重组质粒载体 pARE-Luc-Neo。使用 FuGENE® HD 转染试剂将重组质粒 pARE-Luc-Neo 转染人胚肾上皮细胞（HEK293 细胞），转染 24h 后，通过 G418 筛选，使用稀释法挑选阳性单克隆细胞株。采用 MTT 比色法评价 G418 对 HEK293 的毒性作用，确定 G418 最佳筛选浓度。单克隆细胞株经抗氧化蛋白诱导剂 TBHQ（叔丁基对苯二酚）诱导，检测细胞中荧光素酶的活性，筛选荧光素酶高活性的单克隆细胞株。利用白藜芦醇和姜黄素评价阳性克隆的筛选效果。通过检测荧光素酶 Luc 活性筛选获得 HEK293-ARE，该细胞中荧光素酶报告基因的表达水平受 ARE 调控，且在一定范围内与诱导剂的浓度呈剂量效应关系，白藜芦醇和姜黄素实验表明成功建立了抗氧化药物筛选细胞模型。

三、实验材料

1. 细胞

人胚肾上皮细胞（HEK293 细胞）。

2. 试剂

叔丁基对苯二酚（TBHQ）、白藜芦醇（质量分数>99%）、姜黄素（质量分数>94%，）、二甲基亚砜（DMSO）、抗性筛选试剂 G418、质粒提取纯化试剂盒、DNA ladder maker 及 Sac Ⅰ和 Bgl Ⅱ限制性内切酶、T_4 DNA 连接酶、琼脂糖凝胶、DMEM 培养基、0.25%胰蛋白酶-EDTA 消化液、胎牛血清（FBS）、FuGENE® HD 转染试剂、Steady-Glo®荧光素酶检测试剂盒等。

3. 器材

倒置相差荧光显微镜、CO_2 培养箱、生物安全柜、全波长多功能酶标仪等。

4. 其他材料

细胞培养板、培养瓶等。

四、实验内容

1. 重组质粒载体 pARE-Luc-Neo 的构建、筛选及鉴定

查找 ARE 序列（参考序列：5'-CTCAGCCTTCCAAATCGCAGTCACAGTGACTCAGCAGAA-3'），设计重组质粒载体中的调控序列为 5 个 ARE 元件串联序列，两两之间以 CCC 相连，其 5'端和 3'端分别设计 Sac Ⅰ和 Bgl Ⅱ 限制性内切酶切位点，目的序列片段总长为 219bp，由生物公司合成。目的序列片段与载体 pGL4.17 均经 Sac Ⅰ和 Bgl Ⅱ双酶切后，用 T_4 DNA 连接酶连接后转化大肠杆菌 *Escherichia coli* TG1 感受态细胞，挑取单菌落，扩增培养，抽提重组质粒 DNA，进行双酶切鉴定及测序鉴定，筛选重组质粒载体 pARE-Luc-Neo。

2. Hek293 细胞培养及转染

细胞应处于指数生长期，细胞大小均一，折光性好，细胞质均匀细腻，无粗大颗粒，细胞培养液中无细胞碎片。用 0.4% 台盼蓝染色，细胞拒染率 98% 以上方可用于细胞模型建立。将 HEK293 细胞用含有 10% FBS（胎牛血清）的 DMEM 培养基，于 37℃，5% CO_2培养箱中培养，每 2~3d 传代 1 次。转染前 1d，将对数生长期 HEK293 细胞用 0.25% 胰蛋白酶-EDTA 消化液消化后接种于 6 孔板中，每孔细胞数 3×10^5 个，待细胞贴壁 80% 左右，使用 FuGENE® HD 转染试剂将重组质粒载体 pARE-Luc-Neo 转染于 HEK293 细胞，具体操作参照转染试剂使用说明书。

3. 细胞模型的制备

预先采用 MTT 法评价 G418 对 HEK293 的毒性作用，确定 G418 最佳筛选浓度。细胞转染 24h 后，用胰酶消化，接种于新的 6 孔板中，加入最佳筛选浓度的 G418，进行阳性筛选，作为实验组；将未转染质粒的细胞设为对照组。待对照组细胞全部死亡后，将实验组存活细胞扩增培养，使用稀释法挑选阳性单克隆细胞，共挑选出 26 株单克隆细胞。将各单克隆细胞逐步扩大至 24 孔板、6 孔板、25cm² 细胞培养瓶中，待各克隆细胞在培养瓶中贴壁 80% 左右、胰酶消化后接种于白色 96 孔板中，每孔细胞数（4~5）$\times10^4$ 个，24h 后加入终浓度为 25μmol/L 的 TBHQ（用 DMSO 助溶，DMSO 的终体积分数为 0.1%），并设立空白对照组。于 37℃诱导筛选 24h 后，加入 Steady-Glo®荧光素酶检测试剂，应用全波长多功能酶标仪中的 Luminometric（冷光侦测）功能检测细胞中 Luc 的表达量（相对 Luc 活性）。将 Luc 高表达的单克隆细胞株，确定为用于抗氧化药物筛选的细胞模型，拟名为 HEK239-ARE。

4. 细胞模型验证

HEK239-ARE 细胞扩增培养后，接种于白色 96 孔细胞培养板中，每孔细胞数约 5×10^4 个，37℃培养 24h，加入用 DMEM 培养基稀释的不同浓度的白藜芦醇（3.125、6.25、12.5、25、50、100μmol/L）和姜黄素（3.125、6.25、12.5、25、50 μmol/L），白藜芦醇与姜黄素用 DMSO 助溶（DMSO 终体积分数 0.1%），于 37℃培养 24h。每个浓度 5 个重复孔，并设立空白对照组。检测细胞中 Luc 的活性。

5. 统计学分析

应用 SPSS13.0 统计软件进行数据分析，采用单因素方差分析组间差异。

6. 注意事项

（1）细胞初始接种密度取决于细胞种类、细胞生长特性（悬浮、贴壁和半贴壁生长）、细胞的群体倍增时间、培养体系和实验结果终止的时间要求。建立细胞模型时，计数的细胞悬液调整到（5~10）$\times10^5$个/mL范围内，否则计数的细胞结果不准确。细胞接种密度是指建立细胞模型时，初始接种的每毫升细胞的个数（$C\times10^N$个/mL，C代表阿拉伯数字，N代表幂次，如1×10^6个/mL）。群体倍增时间在24h的半贴壁细胞（如DAMI细胞），实验终止的时间是72h。培养终体积10mL的培养体系中，可调整细胞的初始接种密度为（2~3）$\times10^5$个/mL，每10mL培养体系中加入1mL（2~3）$\times10^6$个/mL的细胞，细胞终密度为（2~3）$\times10^5$个/mL。

（2）由于细胞模型建立实验耗时较长，培养体系长时间暴露，因此需要注意多环节的污染。

（3）配制培养基的水的电阻应为18MΩ时才可应用。使用的小牛血清，均是经过筛选的优质小牛血清，较好地支持细胞生长。

（4）细胞模型一般是加入微量诱导药物而建立的，加药的准确性是建立稳定细胞模型的关键步骤。加药方法：0.5~5μL的药物或溶液体积加入，选择2.5μL的可调微量加样器；5~50μL体积药物或溶液，选择20μL可调微量加样器；50~100μL药物或溶液体积可选择100μL可调加样器；100~400μL药物体或溶液体积可选择200μL可调微量加样器加入；400~1000μL体积药物或溶液选择1000μL的可调进样器加入。第一次吸液时将吸入吸头的药液排回原药瓶中，第二次吸液的药液才可加入培养体系中。

五、结果与分析

1. 记录重组质粒载体pARE-Luc-Neo的鉴定结果图示，并加以解释。
2. 记录细胞模型的验证结果，并加以说明。

六、思考与讨论

抗氧化细胞模型需要检测哪些衡量指标？其依据的原理是什么？

实验八　红细胞评估药物体外溶血模型的建立

一、实验目的

1. 学习和掌握红细胞的制备方法及酶标仪的使用方法。
2. 了解药物研发过程中体外毒性的评估策略。

二、实验原理

红细胞是血液中数量最多的一种血细胞，红细胞中含有血红蛋白，因而使血液呈红色。1个血红蛋白分子是由1个珠蛋白和4个血红素（又称亚铁原卟啉）组成。每个血红素又由4个吡咯基组成一个环，其中心为一个亚铁离子。珠蛋白有4条多肽链，每条多肽链与1个血红素相连接，构成Hb的单体或亚单位。Hb是由4个单体构成的四聚体（图5-9）。血红蛋白是高等生物体内负责运载氧的一种蛋白质，此外，还在酸碱平衡中起一定作用。这两项功能都是通过完整的红细胞来实现的，如果红细胞破裂，血红蛋白释放出来，溶解于血浆中，即丧失以上功能。

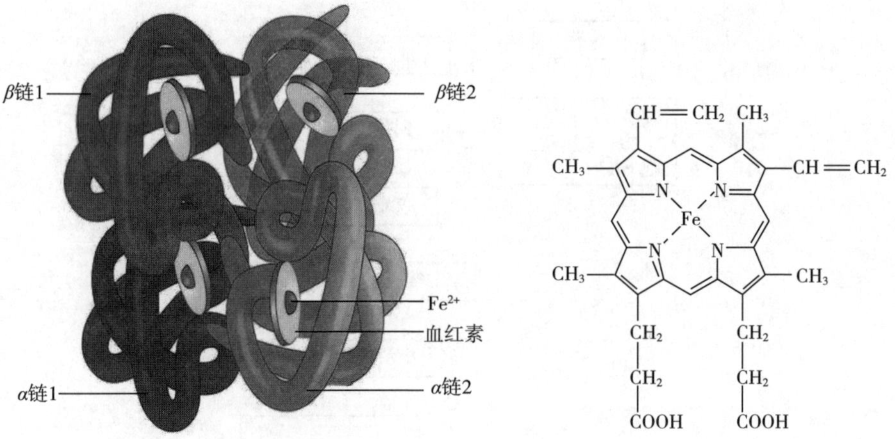

（1）血红蛋白　　（2）血红素

图 5-9　血红蛋白与血红素结构示意图

机体在正常状态下血液中红细胞内的渗透压与血浆渗透压大致相等，红细胞保持完整的正常形态。若将机体的红细胞体外置于等渗溶液（哺乳动物：9g/L NaCl 溶液）中，它能保持正常的大小和形态。但若将红细胞置于高渗 NaCl 溶液中，水分将逸出胞外，红细胞因失水而皱缩。相反，若将红细胞置于低渗溶液中，水分进入细胞，红细胞膨胀变成球形，最后导致破裂，血红蛋白释放入低渗溶液中，这种红细胞破裂的现象称为溶血。溶血现象不仅在临床上用于婴儿溶血症的诊断，在药物研发中也作为先导化合物的毒性测试方法。在药物研发过程中，前体分子的毒性始终是限制其临床应用的重要障碍。尤其是注射类药物，药物在发挥疗效的过程中，需要通过血液进行运输和传递，因此，药物前体分子对血液红细胞的溶血毒性是评价其安全性的一项重要考察指标。

本实验以动物血液为原料，学习红细胞的制备，并选取 Triton X-100 聚乙二醇辛基苯基醚或细菌溶血毒素为测试药物，使用倍比稀释法，建立红细胞评估药物体外溶血模型，评估药物的体外毒性。技术路线见图 5-10。

三、实验材料

1. 生物材料

鸡血或兔血。

2. 试剂

PBS 缓冲液（pH 7.4）、蒸馏水、Triton X-100 或溶血素等。

3. 器材

超净工作台、离心机、酶标仪等。

4. 其他材料

酒精灯、酒精棉球、培养皿、血细胞计数板、离心管、肝素钠/EDTA-2K 抗凝管、96 孔板、多道移液器等。

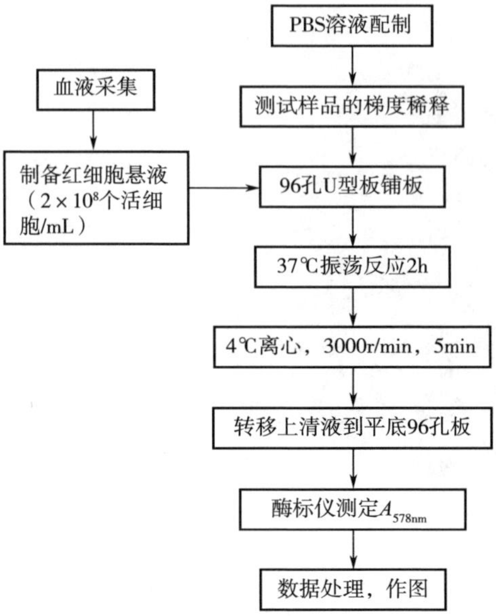

图 5-10　建立红细胞评估药物体外溶血模型技术路线

四、实验内容

1. 红细胞制备

利用肝素钠/EDTA-2K 抗凝管采集 2～3mL 新鲜兔血或鸡血，晃动抗凝管使血液与抗凝剂充分混匀，加入等体积的 PBS 缓冲液漂洗，1000r/min，离心 5min，弃上清液，重复操作 3～4 次至上清液无色为止，再加入 20 倍血液体积的 PBS 缓冲液稀释，将红细胞重悬，血细胞计数板计数，并将红细胞悬液稀释至终密度为 2×10^8 个活细胞/mL。

2. 待检药物样品的稀释

将测试样品 Triton X-100 用 PBS 缓冲液溶解，工作浓度为 4%（体积分数）；向 96 孔板中加入 PBS 缓冲液，70μL/孔；工作浓度的样品加入到第一排孔中混匀（2%）；从第一排孔中取 70 μL 溶液加入到第二排混匀（1%），一次进行下去，最后一个浓度混匀后弃掉 70 μL，得到系列二倍梯度稀释的样品溶液，每个浓度的样品设置三个平行样孔。所有样品孔加入等体积的红细胞以后，终浓度分别为 1%、0.5%。

3. 铺板

将红细胞悬液混匀后倒入培养皿，用多道移液器将红细胞悬液加入到已经加入样品的圆底 U 型 96 孔板中，每孔 70μL，混匀。注意多道移液器的枪头固定好，防止加样时掉落污染，保证每孔的样品量的均等。

（1）阴性对照组　设置三个平行的阴性对照孔，每孔加入 70μL 红细胞悬液，再加入 70μL 的 0.9% 氯化钠注射液。

（2）阳性对照组　设置三个平行的阳性对照孔。将红细胞悬液吸取 1mL，1000r/min 离心 5min，弃上清液，加入 1mL 的蒸馏水，混匀，每孔加入 70μL 红细胞悬液，再加入 70μL 蒸馏水。阳性对照也可以选择具有明显溶血活性的表面活性剂。

4. 振荡与离心

（1）将 96 孔板放入空气摇床，37℃，90r/min 振荡 2h（时间可以筛选优化）。

（2）将 96 孔板放入离心机，4℃，3000r/min 离心 5min，吸取 90 μL 上清液转移到平底 96 孔板中，578nm 波长下酶标仪检测吸光度。

5. 溶血率与溶血毒性评估

（1）将阳性对照的吸光度定义为 A_0，阴性对照组吸光度为 A_1，样品组吸光度为 A_2。根据如下公式计算溶血率。

$$溶血率 = \frac{A_2 - A_1}{A_0 - A_1} \times 100\%$$

（2）测定三组平行样品的吸光度计算标准偏差。利用 Excel 或 Origin 软件，以溶血率为纵坐标，样品浓度为横坐标绘制溶血曲线。一般溶血率>5%被认为存在溶血毒性，引起红细胞溶血的最低药品浓度被定义为最低溶血浓度（MHC）。单个样品建议绘制溶血曲线，多个样品可以选择用 MHC 列表。

五、结果与分析

当单个样品设置的浓度大于 8 个，采用横排方式，每块板测试两个样；而少于 8 个梯度，可采用纵排方式，每块板可以测试 3 个样品。未溶血的红细胞呈圆点沉于孔底，溶血的红细胞弥漫性覆盖整个孔。可将 96 孔板的溶血结果计入下表。

梯度浓度/%	1	0.5	0.25	0.125	0.064	0.032	0.016	0.008	0.004	0.9%氯化钠溶液
阴性对照										
样品 1										
样品 2										
阳性对照										

本实验也可采用简化方案，即用 1.5mL 离心管进行，省去酶标仪和 96 孔板，结果也可采用肉眼进行分辨，得到最低溶血浓度，但不能获得溶血曲线。

六、思考与讨论

1. 溶血毒性的测定，为何直接用蒸馏水做阳性对照？

2. 选用红细胞作为药物的体外毒性评估模型有何依据？

第六章　动物细胞基因工程应用技术

实验一　SDS 碱裂解法制备质粒 DNA

一、实验目的

了解 SDS 碱裂解法制备质粒 DNA 的实验原理，掌握实验方法。

二、实验原理

十二烷基磺酸钠（SDS）是一种阴离子表面活性剂，它能使细菌细胞裂解，又能使一些蛋白质变形（NaOH 对细胞的裂解作用强于 SDS）。用 SDS 处理细菌后，会导致细菌细胞破裂，释放出质粒 DNA 和染色体 DNA，两种 DNA 在强碱环境都会变性。由于质粒与主染色体的拓扑结构不同，变性时前者虽然两条链分离，却仍然交缠在一起分不开；但后者完全变性分离甚至出现断裂，因此，当加入 pH4.8 的乙酸降低溶液 pH，使溶液 pH 恢复近中性水平时，质粒的两条小分子单链可迅速复性恢复双链的结构，但是主染色体 DNA 则难以复性。在离心时，大部分主染色体与细胞碎片、杂质等缠绕在一起被沉淀，而可溶性的质粒 DNA 留在上清液中。再由异丙醇沉淀、乙醇洗涤，可得到纯化的质粒 DNA。碱裂解法提取的质粒 DNA 可直接用于酶切、PCR 扩增、银染序列分析。

三、实验材料

1. 试剂

碱裂解液Ⅰ（冰浴）、碱裂解液Ⅱ（新鲜配制，于室温下使用）、抗生素、精氨酸缓冲液（0.1mol/L，pH 12.4）、转化了所需质粒的细菌克隆、70%（体积分数）乙醇和 90%（体积分数）乙醇、酚：氯仿（1：1，体积分数）、培养基（LB、YT 或者 Terrific Broth）、STE（冰浴）、Tris-EDTA（TE）（pH 8.0，含 20μg/mL RNase A）等。

2. 器材

细菌摇床（37℃）、纸巾、巴斯德吸管和吸球、真空吸气泵等。

四、实验内容

1. 实验方法

（1）挑转化后的单菌落，接种到 2mL 含有适当抗生素的培养基中（LB、YT 或者 Terrific Broth），于细菌摇床（37℃）剧烈振荡过夜。

（2）将 1.5mL 培养物倒入微量离心管，用微量离心机在 49℃ 以最大转速离心 30s，将剩余培养物储存在 4℃。

（3）离心完成后，尽最大可能吸干培养液。

此步骤可用一个简单的方法进行，用一次性吸头和巴斯德吸管与一个真空管和一个侧臂烧瓶相连。轻轻抽吸，并使吸头接触液面，当吸出液体时，要尽量避免接触细菌沉淀，以免沉淀吸到侧臂中。也可以用吸头或者吸球吸去培养液，并用吸头除去管壁上残余的液滴。未从细菌沉淀中除去所有培养液可导致质粒不能被限制性酶切或不能完全切割。这是因为细胞壁成分抑制多种限制酶的活性。这个问题可通过用预冷的 STE（菌液体积的 0.25 倍）重悬细菌沉淀并离心来解决。

（4）用 100μL 预冷的碱裂解液Ⅰ重悬细菌沉淀，剧烈振荡。

为确保菌液在碱裂解液Ⅰ中完全分散，将两个微量离心管的管底互相接触同时涡旋振荡，这样可以提高细菌沉淀重悬的速度和效率。

（5）加入 200μL 新鲜配制的碱裂解液Ⅱ于每管细菌悬液中，盖紧管口，快速颠倒离心管 5 次，以混合内容物，切勿振荡，将离心管放置在冰上。

确保离心管的整个内壁均与碱裂解液Ⅱ接触。延长超螺旋 DNA 暴露于碱的时间会使其不可逆变性，所产生的环状卷曲 DNA 不能被限制酶切割，而且它在琼脂糖电泳中的迁移率为正常超螺旋 DNA 的 2 倍，难以被溴化乙锭（EB）染色。从细菌中用碱裂解法提质粒时可能会看到微量的这种 DNA。这样环状卷曲的 DNA 几乎没有危害。最简单的消除这种 DNA 的方法是严格按照说明制备碱裂解液，或者在步骤 5 中将碱裂解液Ⅱ换成精氨酸缓冲液。

（6）加入 150uL 新鲜配制的碱裂解液Ⅱ，盖紧管口，反复数次颠倒，使碱裂解液Ⅲ在黏稠的细菌裂解物中分散均匀，之后将管置于冰上 3~5min。

（7）用小离心机于 4℃以最大转速离心 5min，将上清液转移至另一离心管中。

（8）（可选）加等量体积的酚：氯仿，振荡混合有机相和水相，然后用小离心机于 4℃以最大转速离心 2min。将上清液转移至另一离心管中。

（9）用 2 倍体积的乙醇于室温沉淀核酸，振荡混合，于室温放置 2min。

（10）用微量离心机于 4℃以最大转速离心 5min，收集沉淀的核酸。

最好养成总是用同一种方式在离心机中放置离心管的习惯。例如，按顺序放置，将离心管的塑料柄朝外。沉淀总是在离转头中心最远的离心管内壁聚集。知道 DNA 沉淀在什么地方可以容易地找到可见的沉淀，也可以有效地溶解看不见的沉淀。在离心管的侧面和顶部做好标记，这样即使字迹模糊了也能辨识。

（11）按上述步骤（3）吸去上清液，将离心管倒置在纸巾上，以使所有的液体排干，用纸巾或一次性吸头除去管壁上的液滴。

（12）加 1mL 70%（体积分数）乙醇于沉淀中并将盖紧的试管颠倒数次，用微量离心机在 4℃以最大转速离心 2min，回收 DNA。

（13）再次用步骤（3）所述的方法轻微抽吸除去所有上清液。这步要小心，因为沉淀有时候并不是紧贴管壁的。

（14）除去管壁上的乙醇液滴，应将开口的试管置于室温挥发乙醇，直至试管内没有可见液体存在（5~10min）。如果用干燥器或者真空吸气泵干燥 DNA 沉淀，在某些情况下会使其难以溶解并可能变性。将沉淀在室温下干燥 10~15min 使乙醇挥发就足够，不会引起 DNA 脱水。

（15）用 50μL 含有去 DNA 酶的 RNase A（胰 RNA 酶）（20μg/mL）的 TE（pH 8.0）重

新溶解核酸，温和振荡几秒，储存于-20℃。

2. 注意事项

在本实验研究过程中SDS裂解液要预热，以抑制DNA酶，加速蛋白质变性，促进DNA溶解。同时酚一定要碱平衡。苯酚具有高度腐蚀性，飞溅到皮肤、黏膜和眼睛会造成损伤，因此应注意防护。氯仿易燃、易爆、易挥发，具有神经毒作用，操作时应注意防护，在各操作步骤要轻柔，尽量减少DNA的人为降解。取上清液时，不应贪多，以防非核酸类成分干扰。乙醇等试剂要预冷，以减少DNA的降解，促进DNA与蛋白质等的分相及DNA沉淀。提取DNA过程中所用到的试剂和器材要通过高压烤干等办法进行无核酸酶化处理。所有试剂均用高压灭菌双蒸水配制。

五、结果与分析

利用限制性内切酶结合凝胶电泳分析确证质粒的结构，将凝胶电泳结果进行分析。

六、思考与讨论

提取的质粒在酶切前后经电泳只见很少DNA或无DNA？可能是什么原因，需要如何改进？

实验二　异丙醇法沉淀DNA

一、实验目的

了解异丙醇法沉淀DNA的基本原理，掌握提取DNA的方法。

二、实验原理

异丙醇比较疏水，乙醇沉淀法需要2~3倍体积的乙醇，异丙醇沉淀则需要0.6~0.7倍的体积。沉淀大体积溶液中的DNA时，异丙醇是比较好的选择。在室温用异丙醇沉淀减少了一些蔗糖或者氯化钠和DNA发生共沉淀的现象，能更好地沉淀核酸。但异丙醇还是有一些不足之处：①盐在35%的异丙醇溶液中比在65%（体积分数）乙醇溶液中难溶。②DNA沉淀是半透明的，肉眼难以观测，异丙醇较乙醇不易挥发，因此很难除去。最后，异丙醇沉淀的DNA与微量离心管管壁结合较松，在吸取异丙醇或用乙醇洗沉淀的时候容易丢失。

三、实验材料

1. 试剂

DNA样品、乙醇、异丙醇、乙酸钠（3mol/L，pH 5.2）、TE（pH 8.0）等。

2. 器材

紫外分光光度计等。

四、实验内容

1. 实验方法

①将乙酸钠（3.0mo/L，pH 5.2）加入到DNA样品中使其终浓度为0.3mol/L。

②加0.6~0.7倍体积的异丙醇于室温下充分混匀。

③在离心管外做好标记使沉淀容易定位，微量离心管的样品于4℃离心20~30min，离

心转速为 $1.2\times10^4\sim1.4\times10^4$ rpm。

④小心地将上清液移入一个新标记的离心管，为避免 DNA 沉淀在此过程中发生丢失，应保存好上清液直至确认 DNA 沉淀已经回收。

⑤用乙醇清洗 DNA 沉淀除去残留的异丙醇。

⑥在 4℃，微量离心管中的样品离心 20~30min。

⑦小心地除去上清液，使 DNA 沉淀干燥。不能让 DNA 干燥得太彻底，否则，沉淀将会非常难溶解。

⑧用适量的 TE（pH 8.0）重新溶解 DNA 沉淀。

⑨利用紫外分光光度计测定提取 DNA 的 OD_{260}/OD_{280}，分析纯度。OD_{260}/OD_{280} 的值应在 1.6~1.8，大于该值可能存在 RNA 污染，小于该值可能存在蛋白质、酚类物质污染。

2. 注意事项

DNA 是遗传信息的载体，是最重要的生物信息分子，是分子生物学研究的主要对象。在提取的过程中应尽量简化操作步骤，缩短提取过程，以减少各种有害因素对核酸的破坏，如化学物质与物理因素对 DNA 的降解。物理降解因素主要包括机械剪切力（如剧烈振荡、搅拌等），细胞突然置于低渗液中导致的细胞爆炸式破裂，DNase 大量释放，样品反复冻融和高温等。

五、结果与分析

利用紫外分光光度计测定纯化 DNA 产物的 OD_{260}/OD_{280}，记录结果分析提取 DNA 的纯度。

六、思考与讨论

试述乙醇沉淀法和异丙醇沉淀法提取 DNA 时各自的优缺点？

实验三　动物细胞 RNA 的提取

一、实验目的

理解 Trizol 试剂提取动物细胞 RNA 的原理，掌握 RNA 提取的操作方法。

二、实验原理

Trizol 试剂是一种总 RNA 抽提试剂，内含异硫氰酸胍等物质，能迅速裂解细胞，抑制细胞释放出的核酸酶活性。目前常用 Trizol 试剂法进行提取组织或细胞中的 RNA，Trizol 作用原理：在匀质化或溶解样品中，Trizol 试剂可保持 RNA 的完整性，同时能破坏细胞及溶解细胞成分；加入氯仿离心后，裂解液分层成水相和有机相，RNA 存在于水相中，水相转移后，RNA 通过异丙醇沉淀回收；移去水相后，用乙醇可从中间相沉淀得到 DNA，加入异丙醇沉淀可从有机相得到蛋白质。

三、实验材料

1. 细胞

悬浮或单层生长的细胞样品。

2. 试剂

75%（体积分数）乙醇、Trizol 试剂、PBS 缓冲液等。

3. 器材

紫外分光光度计、台式离心机等。

四、实验内容

（一）实验方法

样品的体积应不超过用于匀浆的单相裂解试剂体积的 10%，准备并匀浆单层细胞，1~2mL 冰冷的 PBS 缓冲液漂洗细胞一 次。

1. 贴壁生长的单层细胞

（1）弃去培养基，用 2mL 冰冷的 PBS 缓冲液漂洗细胞一 次。

（2）移除 PBS 缓冲液，直接在培养皿中裂解细胞，每 100mm 培养皿加入 1mL 的单相裂解试剂并用细胞刮刀刮取。

（3）用吸头吹打几次细胞裂解液，彻底混悬。

单相裂解试剂的添加量基于培养皿的面积而不是细胞数量。单相裂解试剂不足可能导致提取的 RNA 有 DNA 污染。

（4）继续进行步骤（2）。制成样品。

2. 悬浮生长的细胞

（1）室温在台式离心机中离心 5~10min，收集细胞（1000~3000r/min）。

（2）去除培养基，用冰冷的 PBS 重悬细胞。200~1900×g 离心 5min 沉淀细胞。

（3）每（5~10）×10^6 个细胞，加入 1mL 的 Trizol 试剂，重复吸打或通过注射器和针头抽吸裂解细胞。

（4）继续进行步骤（2）。制成样品。

RNA 浓度测定紫外分光光度法：

$$\text{RNA 样品浓度}\ (\mu g/mL) = OD_{260} \times 40 \times \text{稀释倍数}$$

（二）注意事项

RNA 提取是分子生物学研究的基本工作内容。但是 RNA 酶的广泛存在和难以灭活的特性，使得 RNA 的抽提纯化和后续工作特别困难。归根结底，RNA 的提取主要应防止 RNA 酶的污染。RNA 酶无处不在，在实验操作的任何一步，任何偶然的疏忽或不妥当的操作都有可能造成 RNA 酶的污染，从而导致整个实验的失败。因此，严格控制实验条件，避免任何可能的污染，是保证实验成功的关键。为此，必须做到以下几点：①实验室应专门划定 RNA 操作区，离心机、移液器、试剂等均应专用。RNA 操作区应保持清洁，并定期进行除菌；②在超净台中按照细胞培养的要求进行操作，可以有效避免操作中引起的 RNA 酶污染；③操作过程中应始终佩戴一次性橡胶手套，并经常更换，以防止手臂上的细菌和真菌以及人体自身分泌的 RNA 酶带到试管或污染用具；④避免在操作中聊天，也可以戴口罩以防止引起 RNA 酶污染；⑤尽量使用一次性的塑料制品，尽量避免共用器具，防交叉污染；⑥配制溶液用的酒精、异丙醇、Tris 等应采用未开封的新瓶；⑦所有旧塑料制品都必须用 0.5mol/L 的 NaOH 处理 10min，用双蒸水彻底冲洗，DEPC 水溶液浸泡过夜后灭菌；⑧无法用 DEPC 处理的用具可用氯仿擦拭若干次，也可以消除 RNA 酶的活性；⑨RNA 提取后保存在-80℃中，注意提取的 RNA 禁止反复冻融。

五、结果与分析

通过测定提取 RNA 样本 OD_{260} 吸光值，计算 RNA 样品的浓度和总量。

六、思考与讨论

1. RNA 提取过程中为何建议戴口罩？

2. RNA 提取中的离心管和移液器吸头需要怎样进行预处理？

实验四 mRNA 反转录产物 cDNA 的扩增

一、实验目的

了解两步法反转录-聚合酶链式反应（RT-PCR）的原理，掌握两步法反转录 PCR 的实验方法。

二、实验原理

RT-PCR 是一种从细胞 RNA（mRNA）中高效灵敏地扩增 cDNA 序列的方法，它由两大步骤组成：一步是反转录（RT），另一步是聚合酶链式反应（PCR）。获得总 RNA 或 mRNA 后，即可进行 RT-PCR。首先，在反转录酶作用下将 RNA（mRNA）反转录成 cDNA，以该 cDNA 第一链为模板进行 PCR 扩增，根据靶基因设计用于 PCR 扩增的基因特异的上下游引物，基因特异的上游引物与 cDNA 第一链退火，在 Taq DNA 聚合酶作用下合成 cDNA 第二链。再以 cDNA 第一链和第二链为模板，用基因特异的上下游引物 PCR 扩增获得大量的 cDNA。扩增原理见图 6-1。

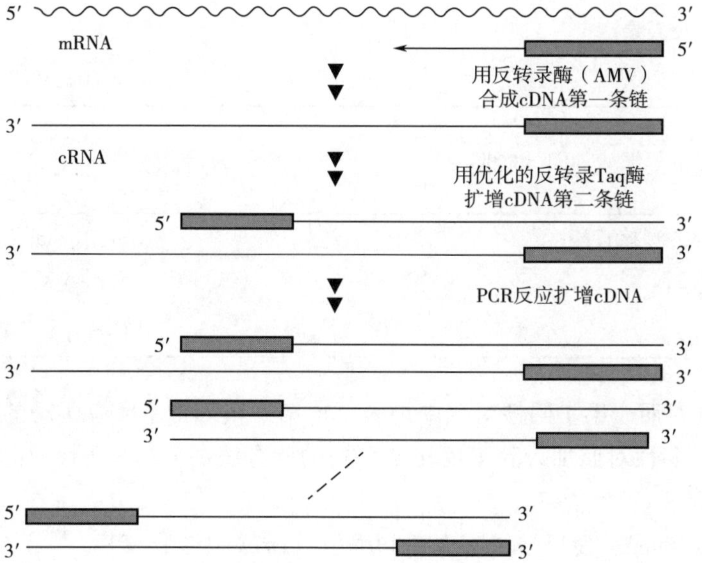

图 6-1 RT-PCR 扩增原理

三、实验材料

1. 试剂

琼脂糖和聚丙烯酰胺凝胶、含有 Mg^{2+} 的 10×扩增缓冲液（由热稳定 DNA 聚合酶厂家提供）、氯仿、4 种 dNTP 的存储液（20mmol/L，pH 8.0）、乙醇、溴化乙锭或 SYBR Gold、外源性的 RNA 对照、与靶 RNA 互补的寡核苷酸（20μmol/L 溶于水，终浓度为 20pmol/μL）、$MgCl_2$（50mmol/L）、Oligo（dT）12~18（100μg/mL，溶于 TE，pH 8.0），合成 cDNA 的寡核苷酸引物，酚：氯仿（1：1，体积分数）、胎盘 RNase 抑制剂（20U/μL）、随机六寡核苷酸（1mg/mL，溶于 TE，pH 8.0）、反转录酶（RNA 依赖的 DNA 聚合酶）等。

2. 器材

自动微量移液器用的带滤芯的吸头、盛有冰的容器、微量离心管（0.5mL 薄壁管，用于扩增）或微孔板、聚丙烯酰胺或琼脂糖电泳设备、正排量移液器、可编程所需扩增程序的热循环仪、预先设定在 37℃、75℃、95℃的水浴或金属浴。

四、实验内容

转移 1pg~100ng 的 poly（A）+mRNA 或 10pg~1μg 的总 RNA 到一新的离心管。用水调整体积至 10μL。将 RNA 样品在 75℃变性 5min，将离心管迅速插入冰中冷却。

在变性 RNA 样品中加入如下试剂：

含有 $M^{2+}g$ 的 10×扩增缓冲液	2μL
20mmol/L 4 种 dNTP 存储液（pH 8.0）	1μL
寡核苷酸引物（最优化）	1μL
约 20U/μL 胎盘 RNase 抑制剂	1μL
50mmol/L $MgCl_2$	1μL
100~200U/μL 反转录酶	1μL
H_2O 补足	至 20μL

37℃孵育 60min，加入如下试剂：

与靶 RNA 互补的寡核苷酸	5~20pmol/L
Oligo（dT）12~18	0.1~0.5μg
随机六寡核苷酸	1~5μg

设置 3 个阴性对照。第 1 阴性对照中加入合成第一链 cDNA 反应所需的所有试剂，但不加模板 RNA。第 2 阴性对照加入除了反转录酶外的所有试剂。第 3 阴性对照加入除了引物外的所有试剂。

（1）95℃加热 5min，使反转录酶失活和模板-cDNA 复合物变性。

（2）调整反应液的体积使得正义和反义引物浓度为 20pmol/L。

（3）反应体系中加入如下反应试剂：

1×扩增缓冲液	77μL（或调整反应体积至 99μL）
1～2U 热稳定 DNA 聚合酶	1μL

（4）将离心管或微量滴定板置于热循环仪上并盖上加热盖。

（5）扩增反应有变性、复性和聚合。相应的循环条件与温度列表如下：

循环数	变性	复性	延伸
35 个循环	94℃，45s	55℃，45s	72℃，1min15s
末循环	94℃，1min	55℃，45s	72℃，1min15s

（6）从每个扩增体系（包括 4 种对照样本）中各取 5～10 进行琼脂凝胶或聚丙烯酰胺凝胶电泳分析扩增结果，用分子标记（DNA marker）来判断扩增片段的大小。凝胶一般用溴化乙锭或 STBR Gold 染色来观察扩增的量与片段大小。

（7）用 150μL 氯仿抽提反应液。

（9）把扩增产物克隆到已经制备好的相应的载体上。

五、结果与分析

对扩增带进行琼脂糖凝胶电泳分离，根据 DNA marker 判断扩增片段的大小，并记录结果。

六、思考与讨论

扩增反应如果效率过低，可能的原因有哪些？

实验五　阳离子脂质体试剂介导的 DNA 转染

一、实验目的

将外源 DNA 转入培养的细胞内进行表达。

二、实验原理

不同的脂质体转染试剂在高效转染细胞系的能力方面存在差异，有些是通用型的，而有些对特定细胞类型效果较好。非脂质体型 FuGENE 6 和阳离子脂质体 Lipofectamine 2000 能够成功转染大多数贴壁和悬浮细胞类型（包括几种原代细胞和难以转染的细胞类型），毒性极低，操作步骤少，是理想的转染试剂。很重要的一点是，两种试剂都能于血清存在的条件下转染细胞，减少了转染过程的操作步骤。下面的主要方案中使用了这两种试剂，该方案已经经过厂家（Roche Applied Science 公司和 Life Technologies 公司）许可，在原有的形式上进行了修改。

由于多种可变因素影响脂质体转染的效率，建议以下面方案中列举的条件作为对转染系统进行系统性优化的起始条件。携带标准报道基因的质粒获得阳性信号后，可对信息栏“脂质体转染”中讨论的每个参数进行系统性的改变，以期达到最高信号背景比以及减少重复实验间的变异。根据以上结果，即可形成检测目的基因的表达和最优方案。

三、实验材料

1. 细胞

处于对数生长期的哺乳动物细胞。

2. 试剂

细胞生长培养基、FuGENE 6 试剂、吉姆萨染液（质量分数 10%，吉姆萨染液须在使用前用磷酸盐缓冲液或水新鲜配制，通过 Whatman 1 号滤纸过滤）、Lipofectamine 2000 试剂、脂质体转染试剂、甲醇（预冷）、质粒 DNA 等。

如果是首次进行脂质体转染操作或使用一种不熟悉的细胞系，需要一个编码大肠杆菌 β-半乳糖苷酶或绿色荧光蛋白的表达质粒（例如，pCMV-SPORT-β-gal 或 pEGFPF）。用能够有效去除细菌内毒素的轻染级质粒 DNA 制备试剂盒（如 EndoFreePlasmidMaxiRiD 纯化闭合环状质粒 DNA。此外，还可以通过柱层析或溴化乙锭梯度离心纯化 DNA。用无菌 Tte EDTA 缓冲液或无菌水以 0.2~2ng/μL 的含量溶解 DNA，用 260nm 与 280nm 下吸光度比值检测 DNA 纯度，该比值应为 1.8。

一般情况下，其目的是获得稳定转染体时，更倾向于使用线性 DNA，即用限制酶进行 DNA 线性化。pCMV-SPORT-β-gal 是一个可用于监测转染效率的报道载体。该载体携带 CMV（巨细胞病毒）即早期启动子驱动的大肠杆菌 β-半乳糖苷酶基因，CMV 启动子可在哺乳动物细胞中驱动高水平的转录，β-半乳糖苷酶序列下游的 SV40 多腺苷酸化信号在真核细胞中指导 mRNA3&apos 端的正确加工。pEGFP-F 是一个可用于监测转染效率和作为共转染标记的报道载体。该载体编码经改良的绿色荧光蛋白，即法尼基化的增强型 GFP（EGFP-F），EGFP-F 仍可与活细胞或固定细胞的质膜结合。该质粒携带使质粒能够在原核细胞（pUC ori）和真核细胞（SV40 ori）中复制的序列及便于质粒在原核细胞（卡那霉素）和真核细胞（新霉素）中进行筛选的标记基因，可借助荧光显微镜检测 EG-FP-F 的存在。

3. 器材

微量离心管、聚丙烯（无菌）、6 孔板或 35mm 培养皿等。

四、实验内容

1. 实验方法

（1）脂质体转染前 24h，通过胰酶消化收集对数生长期的哺乳动物细胞，并将其按转染试剂所需的密度重新接种于 6 孔板或 35mm 培养皿（表 6-1）。

加入 2mL 细胞生长培养基，于含 5%~7% CO_2 的 37℃湿润温箱中培养 20~24h。如果转染前培养时间少于 12h，细胞不能很好地贴附于基质，可能会在接触脂质过程中脱落。对于悬浮细胞，使用表 6-1 所示的适当密度的新鲜传代细胞（35mm 培养皿或 6 孔板使用 2mL）FuGENE 6-DNA 复合物的制备，优化起始条件时，脂质体转染试剂（μL）与质粒 DNA（μg）用量比例采用 3：1、3：2 和 6：1。这种比例对于常用的贴壁和悬浮细胞可达到良好的转染效率。

表6-1　用于细胞培养的平板直径

平板大小	生长面积/cm^2	相对面积	建议体积
96孔	0.32	0.04	200μL
24孔	1.88	0.25	500μL
12孔	3.83	0.5	1.0mL
6孔	9.4	1.2	2.0mL
35mm	8.0	1.0	2.0mL
60mm	21	2.6	5.0mL
10cm	55	7.0	10.0mL
培养瓶	25	3.0	5.0mL
培养瓶	75	9.0	2.0mL

（2）将FuGENE 6试剂置于室温并于使用前通过旋涡振荡1s或翻转容器使其混匀。用不含抗生素或杀随剂的无血清培养基稀释转染试剂，将3个管分别标记上“3∶1、3∶2、6∶1”。向前两个管中各加入97μL无血清培养基，后一个加入94μL将FuGENE 6直接加入到培养基中，前两管各加入3μL，标记“6∶1”的管加入6μL，加液时注意不要接触管壁。旋涡振荡1s或轻弹管体混匀，室温孵育5min。

（3）向步骤2稀释的转染试剂中加入50μL DNA。标记“3∶1”和“6∶1”的管中各加入1μg质粒DNA，标记“3∶2”的管中加入2μg DNA（总体积同样为50μL）。

（4）轻弹管壁或涡旋振荡1s以混匀内容物，室温孵育15~45min。

（5）Lipofectamine 2000-DNA复合物的制备优化起始条件时，用于制备复合物的Lipofetamine 2000（μL）与DNA（μg）用量比例为2∶1~3∶1。

（6）温和混匀Lipofectamine 2000，取出10μL用250μL无血清培养基稀释，室温孵育5min。在25min内进行步骤（8）。

（7）用250μL无血清培养基稀释4μg DNA，温和混匀。

（8）将稀释的Lipofectamine 2000与稀释的DNA混合（总体积为500μL），温和混匀，室温孵育20min（溶液可能呈混浊状）。复合物在室温下6h内稳定。

（9）细胞的转染6孔板或35mm培养皿中培养于生长培养基的细胞（来自步骤1）逐滴加入上述复合物，晃动培养板或培养皿以保证分布至整个表面。将细胞放回含5%~7% CO_2的37℃湿润保温箱。不必更换新鲜的生长培养基。但是，如果Lipofectamine 2000可能带来毒性，可在4~6h后更换生长培养基。

（10）转染后6~24h可用台盼蓝拒染法分析细胞活力，或采用借助Alamar Blue、乳酸脱氢酶或MTT的细胞毒性检测定量细胞活力。

（11）如果目的是获得稳定转化的细胞株，进行步骤（12）。若分析瞬时转染，脂质体转染后24~96h用下述方法之一对细胞进行检测：

①如果使用表达大肠杆菌β-半乳糖苷酶的质粒 DNA，检测细胞裂解物中的酶活性或者依照附加方案“单层细胞组织化学染色检测β-半乳糖苷酶”中所述进行组织化学染色检测。

②如果使用荧光蛋白表达载体，使用荧光显微镜在适宜的激发条件下观察细胞（绿色荧光蛋白表达可在 450~490nm 下观察到）。或者，可取出少量细胞用流式细胞仪进行分析，以估计转染效率和细胞活力。

③对于其他基因产物，可以通过体内代谢标记进行放射性免疫测定、免疫印迹、免疫沉淀，或者通过检测细胞抽提物的酶活性分析新合成的蛋白质。

为尽可能地减小各培养之间转染效率的差异，最好：a. 每个构建体转染数个培养；b. 在培养 24h 后再用胰酶消化细胞；c. 将细胞汇集起来；d. 将它们重新接种于数个培养皿。

（12）分离稳定转染体。

①将细胞在完全培养基中孵有 48~72h，以使导入的基因有表达的时间。

②胰酶消化细胞，将其接种至合适的选择性培养基中。

③每 2~4d 更换培养基，持续 2~3 周，以除去死细胞碎片，促进抗性细胞生长。

④克隆、扩增独立的细胞集落以用于分析。

⑤将余下的细胞用预冷甲醇固定 15min，然后室温下用 10% 吉姆萨染液染色 15min，流水冲洗，这样可以获得细胞克隆数目的永久记录。

2. 注意事项

DNA 转染指将外源 DNA 分子导入真核细胞的过程。一般细胞很难接受外源 DNA 分子，可用适当的化学或物理方法处理（如磷酸钙法、电穿孔法等），使外源 DNA 容易进入细胞。影响转染效率的因素很多，主要因素有细胞培养物、血清、载体构建、DNA 质量以及转染技术等。因此，在转染 DNA 的过程中需注意以下几点：

（1）如为贴壁生长细胞，一般要求在转染前一天，必须用胰酶处理成单细胞悬液，重新接种于培养皿或瓶，转染当日的细胞密度以 70%~90%（贴壁细胞）或 2×10^6 个/mL（悬浮细胞）为宜，最好在转染前 4h 换一次新鲜培养液。

（2）用于转染的质粒 DNA 必须无蛋白质，无 RNA 和其他化学物质的污染，OD_{260}/OD_{280} 比值应在 1.8 以上。

（3）有血清时的转染

①准备 DNA 和阳离子脂质体试剂稀释液时使用无血清的培养基，因为血清会影响复合物的形成。其实，只要在 DNA-阳离子脂质体复合物形成时不含血清，在转染过程中是可以使用血清的。

②阳离子脂质体和 DNA 的最佳量在使用血清时会有所不同，因此在转染培养基中加入血清时需要对条件进行优化。

③大部分细胞可以在无血清培养基中几个小时内保持健康。对于对血清缺乏比较敏感的细胞，可以使用 OPTI-MEM 培养基，这是一种营养丰富的无血清培养基。

（4）培养基中的抗生素是影响转染的培养基添加物。这些抗生素一般对于真核细胞无毒，但阳离子脂质体试剂增加了细胞的通透性，使抗生素可以进入细胞。这降低了细胞的活性，导致转染效率降低。所以，在转染培养基中不能使用抗生素。对于稳定转染，不要在选择性培养基中使用青霉素和链霉素，因为这些抗生素是 GENETICIN 选择性抗生素（稳定转染最常用的抗性筛选试剂）的竞争性抑制剂。另外，为了保证无血清培养基中细胞的健康生长，应使用比含血清培养基更少的抗生素量。

（5）设置阳性对照和阴性对照。

（6）一般在转染 24~48h，靶基因即在细胞内表达。根据不同的实验目的，24~48h 后即可进行靶基因表达的检测实验。

（7）如若建立稳定的细胞系，则可对靶细胞进行筛选，根据不同基因载体中所含有的抗性标志选用相应的药物，常用的真核表达基因载体的标志物有潮霉素和新霉素等。

五、结果与分析

根据荧光信号和抗性对转染阳性细胞进行筛选，利用 MTT 法分析细胞的增殖活性，绘制细胞的增殖曲线。并分析与对照细胞的差异。

六、思考与讨论

1. 将外源基因转入动物细胞的方式有哪些？

2. 试述脂质体介导的 DNA 转染的基本原理？

实验六　DEAE-葡聚糖介导的转染

一、实验目的

理解 DEAE-葡聚糖介导的质粒 DNA 转染细胞的原理，掌握 DEAE-葡聚糖介导的质粒 DNA 转染的操作方法。

二、实验原理

葡聚糖介导的转染与磷酸钙共沉淀介导的转染在三个方面有重要的不同。第一，葡聚糖介导的转染用于克隆基因的瞬时表达，而不是细胞的稳定转化；第二，葡聚糖介导的转染对 BSC-1、CV-1 和 COS 等细胞系非常有效，但对许多其他类型的细胞转染效果不理想；第三，DEAE-葡聚糖转染的 DNA 用量比磷酸钙共沉淀转染少。采用 0.1~1.0μg 超螺旋质粒 DNA 转染 10^5 个猿猴细胞可达到最高的转染效率，更大量的 DNA（2~3μg）可能会有抑制效应。磷酸钙介导的转染需要高浓度的 DNA 以促进共沉淀的形成，与此相反，DEAE-葡聚糖转染方法很少用到运载 DNA。

三、实验材料

1. 细胞

对数生长期的细胞、质粒 DNA。

2. 试剂

细胞生长培养基（完全培养基和无血清培养基）、DEAE-葡聚糖（50mg/mL）、DEAE-葡聚糖转染试剂盒、磷酸盐缓冲液（PBS）、Tris 盐酸缓冲液（TBS-D）等。

3. 其他材料

细胞培养皿（60mm 或 35mm）等。

四、实验内容

本方法为生长于60mm或35mm培养皿的细胞而设计。如果使用其他多孔板、细胞瓶或不同直径的培养皿，需要按相应比例调整细胞密度和试剂体积。

（1）转染前24h，通过胰酶消化收集对数生长的细胞，按 1×10^5 个细胞/培养皿的密度接种于60mm培养皿（或 5×10^4 个细胞/35mm培养皿）。加入5mL（35mm培养皿为3mL）完全培养基，于含5%～7% CO_2 的37℃湿润保温箱中培养20～24h。转染时细胞应达到约75%汇合度。如果转染前培养时间少于12h，细胞不能很好地贴附于基质，可能会在接触DEAE-葡聚糖过程中脱落。

（2）将0.1～4μg超螺旋或环状质粒DNA与1mg/mL溶于TBS-D的DEAE-葡聚糖转染试剂，制备DNA/ DEAE-葡聚糖/TBS-D溶液。

（3）吸出细胞培养皿中的培养基，用37℃预热的PBS缓冲液洗涤细胞两次、预热的TBS-D洗涤一次。

（4）加入DNA/DEAE-葡聚糖/TBS-D溶液（250μL/60mm培养皿，150μL /35mm培养皿）轻摇培养皿使溶液均匀铺满单层细胞。将细胞放回保温箱培养30～90min（培养时间取决于各批次细胞对DNA/DEAE-葡聚糖/TBS-D溶液的敏感程度），每隔15～20min从保温箱中取出培养皿，轻轻摇动，在显微镜下检测细胞形态。如果细胞仍然牢固贴附于基质，则继续培养。当细胞开始皱缩变圆时，停止孵育。

（5）吸出DNA/DEAE-葡聚糖/TBS-D溶液，用预热的TBS-D温和洗涤细胞一次，再用预热的PBS缓冲液洗涤一次，注意不要吸走转染的细胞。

（6）加入5mL（每60mm培养皿）或3mL（每35mm培养皿）预热的、含血清和氯喹（终浓度100 μmol/L）的培养基，将细胞置于含5%～7% CO_2 的37℃湿润保温箱中培养3～5h.

（7）吸出培养基，用无血清培养基洗涤细胞3次。向细胞中加入5mL（每60mm培养皿）或3mL（每35mm培养皿）含血清培养基，置于含5%～7% CO_2 的37℃湿润保温箱中培养36～60h，然后分析转染DNA的瞬时表达。

（8）为分析转染细胞中导入DNA的瞬时表达情况，在转染后36～60h收获细胞。通过杂交分析RNA或DNA；通过体内代谢标记进行放射性免疫测定、免疫印迹、免疫沉淀，或者通过检测细胞抽提物的酶活性分析新合成的蛋白质。

五、结果与分析

分析转染细胞的增殖活性，绘制细胞增殖曲线。利用事实荧光定量PCR分析导入DNA的表达情况。

六、思考与讨论

DEAE-葡聚糖介导的质粒DNA转染动物细胞的基本原理是什么？

实验七　电穿孔转染DNA

一、实验目的

理解电穿孔法介导的质粒DNA转染细胞的原理，掌握电穿孔转染质粒DNA的操作方法。

二、实验原理

电穿孔方法通过脉冲电场可将 DNA 导入到多种动物细胞、植物细胞和细菌中。对于脂质体转染和磷酸钙 DNA 共沉淀等其他转化技术难以转染的细胞系，电穿孔可获得很好的转染效果。但是，正如其他转染方法一样，向未用过的细胞系中通过电穿孔转染 DNA 的最佳条件还需通过实验来确定。

电穿孔效率受以下几种因素的影响。

1. 外加电场的强度

电压过低，培养细胞质膜的改变不足以允许 DNA 通过；电压过高，细胞会受到不可逆的损伤。对于大多数哺乳动物细胞系，电压 250～500V/cm 时可达到最高瞬时表达水平。通常经过电穿孔，20%～50%的细胞能够存活（根据台盼蓝拒染法的检测结果）。

2. 电脉冲时间的长短

通常对细胞进行单次电脉冲。电脉冲的持续时间、电场形状和强度由电源容量及电穿孔杯尺寸决定。多数电穿孔装置允许研究者控制脉冲参数。电穿孔仪有指数衰减波和方形波两种电脉冲形状可供选择。

3. 温度

有些研究者报道，电穿孔过程中将细胞维持在室温时瞬时表达水平最高；而有的将细胞保持在 0℃ 获得了更好的结果。造成以上差异的原因可能是细胞类型不同或电穿孔过程中产热量不同，较高电压（大于 1000V/cm）、较长时间电脉冲（大于 100ms）的情况容易产生较多的热量。电脉冲处理后再将细胞于电穿孔室内孵育 1～2min 可提高瞬时表达效率。

4. DNA 的构象与浓度

虽然线性和环状 DNA 均能够通过电穿孔进行转染，但采用线性 DNA 进行瞬时表达和稳定转化的水平均更高些。采用 1～40μg/mL 的 DNA 可获得高效的转染。质粒纯度也是影响电穿孔效率的重要因素。对于大多数研究项目，使用多种商业化试剂盒（主要是包含除去细菌内毒素步骤的试剂盒）纯化的质粒 DNA 能够获得满意的结果。

5. 培养基的离子成分

用缓冲盐溶液（如 HEPES 盐酸缓冲液）悬浮细胞，转染效率比用含甘露糖或蔗糖等非离子物质的缓冲液高数倍。

6. 细胞的生理状态

生长活跃、状态健康、无污染、最好低代次的细胞可获得最佳转染效果。

三、实验材料

1. 细胞

对数生长期的待转染的细胞。

2. 试剂

运载 DNA、细胞生长培养基（完全培养基和选择性培养基）、电穿孔缓冲液［电穿孔缓冲液需要根据细胞类型或生产商的建议进行优化，下列缓冲液均可使用：磷酸盐缓冲液、HEPES 盐酸缓冲液（HBS）、蔗糖磷酸缓冲液、蔗糖-HEPES 盐酸缓冲液］对于 Gene Pulser

Xcell system 中所有预设的程序，生产厂商建议采用 Opti-MEM 培养基或无血清生长培养基作为电穿孔缓冲液。线性化或环状质粒 DNA（1~5μg/μL，溶于无菌去离子水）、PBS 缓冲液等。

3. 器材

电穿孔杯、电穿孔仪器、血细胞计数器、多孔板、细胞培养瓶等。

四、实验内容

（一）准备电穿孔用细胞

1. 对于贴壁细胞

（1）电穿孔前一天，通过胰酶消化释放贴壁细胞，将细胞转移到含新鲜细胞生长培养基的 $75cm^2$ 细胞培养瓶中，接种密度应保证电穿孔当天细胞能够达到 50%~70% 的汇合度［多数细胞系为每次电穿孔（1~10）$\times 10^5$ 个活细胞］。

（2）实验当天，吸出细胞生长培养基，PBS 缓冲液洗涤细胞，胰酶消化释放贴壁细胞。取胰酶消化的细胞悬液，用血细胞计数板计数细胞密度。细胞悬液于室温下 $500\times g$ 离心 5min。

（3）用适当的电穿孔缓冲液按（1~5）$\times 10^6$ 个活细胞/mL 的密度重悬细胞沉淀。轻轻吹打细胞获得均一悬液。

2. 对于悬浮细胞

（1）电穿孔前一天，于 $75cm^2$ 细胞培养瓶中用新鲜细胞生长培养基稀释细胞，以保证电穿孔当天细胞能够达到指数生长中期的汇合度［（0.5~4）$\times 10^6$ 个活细胞/mL］。计数细胞并按上述离心收集细胞。

（2）用适当的电穿孔缓冲液按（1~5）$\times 10^6$ 个活细胞/mL 的密度重悬细胞沉淀，轻轻吹打细胞获得均一悬液。

（二）电穿孔

（1）在电穿孔仪器上设置参数。根据细胞类型选择预设程序或优化程序。对于指数程序（即指数衰减脉冲），通常电容为 1050μF，电压在 200~350V。一般 260V 起始电压、以 50V 递增对大多数细胞有效。内部阻抗设为无限大。

（2）向电穿孔杯中加入 10~50μg 质粒 DNA。如有必要，可加入运载 DNA（如鲑鱼精 DNA）使 DNA 总量达到 120μg。

（3）向电穿孔杯中加入细胞，轻轻反复吹打使细胞和 DNA 混匀。

（4）将电穿孔杯放进电穿孔仪，盖上盖子，进行一次电脉冲。记录每个电穿孔杯的实际脉冲时间和时间常数以便于各次实验间的比较。

（5）立即向电穿孔杯中加入 0.5mL 细胞生长培养基，然后将电击后的细胞转移到合适大小的组织培养皿或多孔板中。如有必要，用细胞生长培养基漂洗 0.2cm 或 0.4cm 电穿孔杯，然后将漂洗液加到培养皿或培养板内的细胞中。

（6）对每个样品和每个电压增量均重复步骤（5）和步骤（6）。记录每个电穿孔杯的实际脉冲时间和时间常数以便于各次实验间的比较。对于哺乳动物细胞，最适条件是场强为 400~900V/cm、脉冲时间或时间常数为 10~40ms。轻轻晃动平板以使细胞均匀分布于整个孔或培养皿。

（7）将培养皿或多孔细胞培养板放到含5%～7% CO_2 的37℃湿润保温箱中培养细胞6～24h。

五、结果与分析

对于电穿孔转染后的细胞进行阳性筛选，并对阳性细胞的增殖活性进行分析，绘制细胞增殖曲线。

六、思考与讨论

影响电穿孔转染DNA效率的因素有哪些？

实验八　直接克隆法构建重组腺病毒载体

一、实验目的

掌握通过直接连接和克隆生成具有感染能力腺病毒载体的方法。

二、实验原理

这是制备重组腺病毒载体的第一步。该实验方案中穿梭载体pSh-pkGFP中表达GFP的原核表达盒被外源基因替换，得到的shtTagGre质粒再用来将外源基因表达盒克隆到pAd-pkGFP中，用相同的双筛方法进行筛选。

这是制备重组腺病毒载体的第一步。该实验方案中穿梭载体pSh-pkGFP中表达GFP的原核表达盒被外源基因替换，得到的shtTagGre质粒再用来将外源基因表达盒克隆到pAd-pkGFP中，用相同的双筛方法进行筛选。

三、实验材料

1. 试剂

琼脂培养皿、抗生素（氨苄青霉素、卡那霉素）、三磷酸腺苷（ATP，20mmol/L）、小牛肠碱性磷酸酶、DH5α *E. coli* 感受态细胞、包含目的基因的质粒或PCR片段、甘油（20%）、I-Ceul（5U/μL）、KCM缓冲液（5×）、LB培养基、低融点琼脂糖（LMA）凝胶（1%）、PI-Scel（1U/μL）和PI-Scel缓冲液（10×）、小提和中提质粒试剂盒、pshuttle质粒、限制性核酸内切酶和相应缓冲液（10×）、T_4 DNA连接酶（5×）及其缓冲液等。

2. 器材

细菌培养箱、电泳仪、电热器（65℃）、冰盒、小型离心机、振荡摇床、聚丙烯圆底试管（14mL）、台式冷冻离心机、UV显微镜、水浴槽等。

四、实验内容

（1）将目的基因克隆到pShuttle质粒中　pShuttle质粒被用来将携带的目的基因转移到腺病毒载体骨架中。步骤（1）～（9）阐述了将目的基因克隆到有双筛选系统的pSh-pkGFP质粒中。目前在使用的pShuttle或pSh-pkGFP中包含一个CMV启动子驱动的表达盒。在无菌的0.5mL离心管中将外源基因载体和pSh-pkGFP载体分别用以下条件消化。

DNA	1~2μg
限制性核酸内切酶 A	0.5μL
限制性核酸内切酶 B	0.5μL
限制性核酸内切酶缓冲液（10×）	2.0μL

（2）取 2μL 消化产物在 1%LMA 凝胶中电泳，分析确认条带与质粒图谱一致。

（3）按照说明书用小牛肠碱性磷酸酶去磷酸化 pShuttle 骨架。

（4）将余下 18μL 消化产物通过 1% LMA 凝胶电泳分离条带，将含有插入的外源基因和穿梭载体骨架的条带切下，分别装在 2 个 1.5mL 离心管中。

（5）将装着凝胶的离心管置于 65℃热激 3~5min。凝胶融化后按照下文所述准备连接反应：

穿梭载体骨架 DNA	DNA 总体积为 10μL（200mg）
拟插入外源基因 DNA	骨架与插入片段的分子比例为 1∶3
T_4 DNA 连接酶	1μL
连接酶缓冲液（5×）	4μL
ATP（20mmol/L）	1μL
H_2O	4μL

（6）第二天将连接反应物放在 65℃热激 3~5min，加入 40μL 的 5× KCM 缓冲液与 140μL 无核酸酶水，吹打混匀。冰上放置 3~5min。将一个 14mL 聚丙烯圆底试管放在冰上预冷。

（7）将 DH5α *E. coli* 感受态细胞放在冰上融化，在 50μL 感受态细胞中加入 25μL 稀释后的连接产物，将混合物加入圆底试管底部轻柔混合，冰上转化至少 30min。按照感受态细胞的说明书完成余下步骤。然后将加了 50mg/L 卡那霉素的感受态细胞铺在 LB 琼脂糖培养皿上，37℃孵育过夜。

（8）将 LB 培养基放在 UV 显微镜下，通过 FITC 通道在 510nm 波长下观察。在紫外光的激发下，已经被 pSh-pkGFP 成功转化的质粒会发出绿色荧光。在其中挑选白色克隆放在 2mL 的 LB 培养基中（含 50mg/L 卡那霉素），37℃摇床培养 18h。

（9）用商品化的小提质粒试剂盒从细菌培养物中提取质粒 DNA。用限制性核酸内切酶消化法鉴定确认 pShuttle-Transgene 阳性克隆的质粒 DNA 结构是否正确。制备表达目的基因的腺病毒载体质粒在 pShuttle-Transgene 质粒中，目的基因表达盒两侧是两个限制性内切核酸酶位点 CeuI 和 PI-SceI，用于将表达盒克隆到 pAd-pkGFP。可用的载体骨架是 pAd-pkGFP 质粒的不同版本，带着 E1-、E1/E3-、E1/E4-或 E1/E3/E4 缺失的腺病毒基因组。GFP 表达盒由原核启动子驱动，用同样的 CeuI 和 PI-SceI 位点插入到 E1-缺失位点侧。

（10）按下面描述的体系消化 pShuttle-Transgene（获得插入片段）和 pAd-pkGFP（获得骨架 DNA），准备插入片段和质粒骨架。

DNA	1～2μg
I-Ceul	1μL
PI-Scel	2μL
PI-Scel 缓冲液（10×）	4μL
H_2O	加至 40μL

（11）重复步骤（2）～（8），但有以下变化。

①37℃转化 Stbl2 *E. coli* 感受态细胞。

②离心转化产物，1000r/min，5min。去除 800μL 上清液，将细菌用余下的 200μL 培养基重悬。将所有重悬产物铺在一个 LB 培养皿上，37℃培养。

③将所有细菌培养物放在 LB 培养基中，30℃条件下培养。

④用氨苄青霉素作为筛选转化物的抗生素。

⑤转化 16～18h 后，培养皿上应该有 50～100 个可用克隆。90% 应该是白色，至少 50% 的白色。至少 50% 的白色克隆应该包含有外源基因的腺病毒载体。

（12）小提白色克隆的 DNA，通过限制性内切核酸酶消化实验来确认腺病毒重组子的结构无误。除了外源基因框内特异性的酶，限制性核酸内切酶如 BglⅡ、XhoⅠ和 HindⅢ可以用来在腺病毒 DNA 的不同区域多次酶切。

（13）用中提质粒试剂盒提取正确克隆的 DNA。将一小部分确认正确的克隆置于含 20% 甘油的培养基中-80℃保存备份。

五、结果与分析

通过限制性内切酶消化实验验证腺病毒重组子结构正确，对酶切电泳条带结果保存并分析。

六、思考与讨论

如果发现 Stbl2 *E. coli* 感受态细胞转化后，LB 培养皿上只有很少或者没有白色克隆，可能是什么原因？该如何解决？

实验九　直接克隆法构建重组腺病毒基因组

一、实验目的

在重组腺病毒质粒通过直接克隆制备之后，病毒基因组必须从质粒中释放出来，在相应包装细胞系中大量扩增。

二、实验原理

基因克隆（gene cloning）或分子克隆，又称重组 DNA 技术，是应用酶学方法，在体外将不同来源的 DNA 分子通过酶切、连接等操作重新组装成杂合分子，并使之在适当的宿主细胞中进行扩增，形成大量的子代 DNA 分子的过程。

三、实验器材

1. 细胞

HEK-293 细胞系 [Amercan Type Culture Sletion (ATCC), 目录号 CRL-1573]。

2. 试剂

琼脂糖凝胶 (1%)、磷酸钙转染试剂盒、完全培养基、DMEM 培养基、D-PBSA 缓冲液、胎牛血清 (FBS)、HBS 溶液 (2×)、脂质体 (Life Technologies)、Pac Ⅰ 限制性核酸内切酶及其缓冲液、青霉素-链霉素 (P/S) 溶液 (100×)、重组腺病毒质粒 DNA、Tris 缓冲液 (10mmol/L, pH 8.0)、胰酶-EDTA (0.05%)、$ZnSO_4$ 等。

3. 器材

离心瓶、无菌锥形瓶 (150mL 和 500mL)、无菌试管 (15mL 和 50mL)、干冰/乙醇浴槽、冷冻机 (-80℃)、凝胶电泳仪、细胞培养箱 (37℃, 5% CO_2)、小型离心机、移液器、聚苯乙烯带盖子的圆底试管 (5mL)、T-25 组织培养瓶、台式离心机、涡旋搅拌器、出处水浴槽 (37℃) 等。

四、实验内容

(1) 用 PacI 限制性核酸内切酶消化重组腺病质粒释放完整的病毒载体基因组。

在腺病毒载体基因组 5' 和 3'-ITR 两侧均有 PacI 位点。反应条件如下:

重组腺病毒质粒 DNA	5mg
PacI 限制性核酸内切酶	2μL
PacI 限制性核酸内切酶缓冲液 (10×)	5μL
H_2O	至 50μL

(2) 取 5μL 反应产物在 1% 琼脂糖凝胶中电泳, 确定载体基因组已经成功从质粒骨架中释放出来。用线性化腺病毒载体 DNA 转染包装细胞挽救病毒。

(3) 转染前一天将较早或中间代数的 HEK-293 细胞 (31~60 代, 用于 E1 缺失、E1/E3 缺失、E1/E3 缺失或者 10-3 细胞 (用于 E1/E4 缺失或 E1/E3/E4 缺失的腺病毒) 用胰酶-EDTA 消化后, 传代到 T-25 组织培养瓶中, 每瓶 2×10^6 个细胞。

(4) 第二天, 当细胞长至 50%~70% 的时候, 进行下面的转染步骤。

(5) 准备磷酸钙转染试剂盒, 为每个转染准备两个 5mL 圆底带盖聚苯乙烯试管, 分别标上 A 和 B。加 5mg 用 PacI 限制性核酸内切酶切过的重组腺病毒质粒 DNA 到无菌试管 A, 并加 DMEM 培养基到总体积 300mL。将 32mL 脂质体和 268mL 的 DMEM 培养基加入无菌试管 B 中。轻柔混匀每管内容物, 不要用涡旋振荡。将 A 管和 B 管中的溶液混合在一起, 轻柔混匀, 不要涡旋振荡。将混合物在室温放置 45min 以形成 DNA 和脂质体的复合物。

(6) 孵育结束前 5min, 用在 37℃ 预热过的 DMEM 培养基洗一遍, 然后加入 3mL 的 DMEM 培养基。将转染混合物逐滴加到细胞上, 轻柔晃动培养瓶, 然后将其放回培养箱。3h 后加入 300μL 的 FBS, 然后孵育过夜。

(7) 第二天用新鲜完全培养基换掉转染培养基, 继续孵育转染后细胞。每 3d 将 1mL 新鲜的完全培养基加入培养瓶中，检查细胞的细胞病变效应（CPE）。

（8）为了挽救缺失了 E4 区的腺病毒载体，将 175mmol/L 的 $ZnSO_4$ 溶液加入 10-3 细胞的培养基中。

（9）当 90% 的细胞出现 CPE，就在生物安全柜中将剩下的细胞从培养瓶壁上用培养基轻轻吹打下来。将细胞悬液转移到一个 15mL 锥底离心管中并在-80℃储存备用。

（10）病毒感染前一天将 7×10^6 个 HEK-293 细胞接种在 150mm 培养皿中，共两皿。

（11）将从步骤（9）中得到的细胞悬液放在37℃水浴中解冻，然后干冰/乙醇浴槽中冷冻，继续重复冻融步骤两轮来获得粗细胞裂解物。每次冻融后都要晃动试管确保细胞保持悬浮。

（12）用台式离心机在 4℃以 3200r/min 离心细胞 10min。

（13）除去上清液，然后将之直接加入两个长至培养皿 70%～80% 的 HEK-293 细胞中。将细胞放回培养箱继续孵育并每天观察 CPE 的情况。

（14）90% 细胞都出现 CPE 后收获细胞，和之前一样，先在 4℃以 3200r/min 离心 10min，除去上清液，将细胞用 2mL 的 pH 8.0、10mmo/L Tris 缓冲液重悬。三轮冻融之后将粗细胞裂解产物用 300r/min 4℃离心 10min，收集上清液用于感染 8 个培养皿的 HEK-293 细胞，如步骤（13）所述。

（15）在感染 40～45h 之后，或者当 90% 的感染后细胞都显示出 CPE，如前所述收获细胞，4C 以 3200/min 离心 10min，重悬细胞在 8mL 的 pH 8.0、10mmol/L Tris 缓冲液中，储存于-80℃。用 10-3 细胞来扩增 E4 缺失的腺病毒载体，在完全培养基中补充 175mmol/L 的 $ZnSO_4$ 来诱导对这个载体复制必需的 E4orf6 表达。

（16）感染前一天接种 HEK-293（或 10-3）细胞。将 100% 长满的状态良好的细胞按照 1∶3 的比例传代。进行感染实验时细胞应该长至培养皿的 70%～80%。准备 40 个 150mm 培养皿的 HEK-293 细胞，每个皿中有 20mL 完全培养基。

（17）按步骤（6）所述方法、用步骤（8）得到细胞悬液制备粗制上清液。感染 40 个皿的细胞需要将 8mL 的上清液转移到装了 112mL 完全培养基的 150mL 无菌瓶中，旋转混匀。

（18）将组织培养皿从培养箱中取出（每次最多拿出 12 个）。将 3mL 步骤（10）得到的感染培养基轻柔地沿着培养皿边缘加入细胞，避免将细胞吹起。重复这个步骤直到所有的培养皿都已被感染。期间要不时晃动装着接种液的瓶子。将培养皿放回培养箱。

（19）转染后最多 40～45h，或者当 90% 的细胞都出现 CPE 后，将培养皿从培养箱中取出放在生物安全柜中，用 25mL 移液器将晃动后（盖着盖子）还黏附在培养皿上的细胞轻柔地吹下来，将 40 个培养皿的上清液平均分到两个 500mL 无菌锥底离心瓶中。

（20）用台式冷冻离心机将细胞以 3200r/min，4℃离心 15min。

（21）用连接着真空泵的移液器将上清液吸除。细胞沉淀以每皿 0.5mL 的 pH 8.0、10mmol/L Tris 缓冲液中重悬。例如，每瓶含有 20 个皿的细胞，就用 10mL 的 pH 8.0、10mmol/L Tris 缓冲液重悬沉淀。用 10mL 移液管吹打轻柔混匀悬浮液。

（22）将悬浮液转移到无菌的 50mL 锥底离心管中。-80℃冷冻储存备用。

五、结果与分析

分析记录转染后不同时间点细胞出现 CPE 的比例，绘制曲线。

六、思考与讨论

转染 2 周后的 HEK-293 细胞仍然没有出现 CPE，可能的原因是什么？

实验十　氯化铯梯度沉降法纯化重组腺病毒

一、实验目的

1. 熟悉应用最广的纯化重组腺病毒的方法——氯化铯梯度沉降法。

2. 掌握从制备和纯化粗病毒裂解物到制取和储存纯化病毒的全部过程。

二、实验原理

梯度沉降法又称平衡密度梯度离心法。用超速离心机对小分子物质溶液长时间施加一个离心力场达到沉降平衡，在沉降池内从液面到底部出现一定的密度梯度。若在该溶液里加入少量大分子溶液，则溶液内比溶剂密度大的部分就产生大分子沉降，比溶剂密度小的部分就会上浮，最后在重力和浮力平衡的位置，集聚形成大分子带状物。利用这种现象，测定核酸或蛋白质等的浮密度，或根据其差别进行分析的一种沉降平衡法称为平衡密度梯度法。

三、实验材料

1. 试剂

腺病毒细胞悬浮液、漂白剂（10%）、PBS 缓冲液、70%（体积分数）乙醇、甘油、冰、重 CsCl（H-CsCl）溶液、轻 CsCl（L-CsCl）溶液、超纯水、Tris 缓冲液（10mmol/L，pH 8.0）等。

2. 器材

塑料烧杯（4L）、细胞培养生物安全柜、锥底离心管（15mL）、无菌冻存管、干冰/乙醇浴槽、无菌一次性注射器针头（21G 和 18G）、铁环架、Slide-A-Lyzer 透析盒［10000 分子质量 cut-off（MWCO）］、无菌一次性注射器（3mL 和 5mL）、超速离心机（SW28 和 SW41 转子）、超速离心管（SW28 和 SW41）、紫外分光光度计、水浴槽（37℃）等。

四、实验内容

（1）将装有感染了腺病毒的细胞悬液的 50mL 锥底离心管从-80℃冰箱中取出，在 37℃水浴槽中融化，然后在干冰/乙醇浴槽中冷冻。如此反复冻融两轮。4℃，400r/min 离心细胞裂解物 20min，去除细胞碎片令溶液清澈。

（2）将装裂解物的管子从离心机中取出放在生物培养安全柜中。将上清液转移到另一个无菌的 50mL 锥底管中。将管子放在冰上。将细胞裂解产物用每个培养皿 0.5mL 的 pH 8.0、10mmol/L Tris 缓冲液重悬。

（3）重复一遍冻融的循环。按步骤（1）所描述的离心细胞裂解物，将离心后收集到的上清液合并。将管子放在冰上。用一个无菌吸头测量管中上清液的总体积（约为 36mL）。如果总体积小于 36mL，加入 pH 8.0、10mmol/L 的 Tris 缓冲液补足。准备超速离心用的 CsCl

浓度梯度溶液。

（4）用 10mL 无菌移液管向两个 SW28 超速离心管中各加 9mL 的 L-CsCl 溶液。然后在 10mL 移液管中吸 9mL 的 H-CsCl 溶液，小心将移液管穿过 L-CsCl 层伸入管底，将 H-CsCl 溶液缓慢加入管底，避免搅拌以使两种溶液之间形成清晰界面。在每个 SW28 离心管中用 10mL 移液管缓慢加入 18mL 澄清的裂解物（来自步骤 2）至双层 CsCl 梯度的顶部。

（5）要非常小心以免破坏液体梯度，将离心管放入 SW28 离心机的转子中，配平。4℃，20000r/min 至少离心 2h。

（6）离心后小心将筒子从转子中取出，将管子从筒子中取出并放在铁环架上，用 70% 乙醇擦拭管子外壁。目测检查试管。两个明显的条带应该能在离心管的中间观察到。上面的带通常包括空的或者不完全包装的病毒，底部的带包括完整的、具有感染能力的病毒。

（7）将 18G 或 21G 针头从离心管底小心插入下层溶液，针头与 5mL 注射器相连避免扰乱分层。吸出并收集下层溶液。小心，只收集含病毒的液层及小部分的 CsCl 溶液。

（8）取出针头后，将病毒溶液转移到无菌的 15mL 锥底管中，置于冰上。离心管中剩下的废液移至一个含有 10% 漂白剂的烧杯中消毒后丢弃。

（9）用另一个离心管重复步骤 5~8。用 pH 8.0、10mmol/L Tris 缓冲液稀释从每个 SW41 管收集到的病毒悬液至总体积 3.5mL。

（10）用 5mL 吸头，将 3.5mL 的 L-CsCl 溶液加到 SW41 超速离心管中。按照步骤 4 所描述的方法将 3.5mL 的 H-CsCl 注入其液面下，然后小心将 3.5mL 病毒悬液加在双层 CsCl 梯度溶液的上层。将 SW41 管放在管套中配平。将管套挂在 SW41 转子上，4℃、2000r/min 离心 15~18h。

（11）离心后重复步骤 5~8，用 3mL 注射器收集病毒载体层。

（12）用连着 18G 针头的 5mL 注射器将病毒转移到 0.5~3mL 或 3~12mL Slide-A-Lyzer 透析盒［10000 分子质量 cut-off（MWCO）］，选择哪个取决于收集到的病毒载体体积。将盒子放在含有 3L 冷的、pH 7.6 的 PBS 缓冲液的 4L 烧杯中透析，4℃下用磁力搅拌器缓慢持续搅拌。每 2~3h 更换一次。

（13）用装了 18G 针头的 5mL 注射器将脱盐后的病毒从透析盒中转移至无菌 15mL 锥底离心管中并吹打混匀。

（14）测定病毒颗粒的滴度　将 10mL 病毒转移到一个无菌的、装有 90mL 无菌水的 Eppendorf 管中。将病毒稀释液吹打混匀。用紫外分光光度计测量样品在 260nm 和 280nm 波长下的吸光度，用水作为空白对照。用下面的公式来计算病毒颗粒的浓度：

$$病毒颗粒数（mL）= OD_{260} \times 稀释倍数 \times 10^{12}$$

（15）将无菌甘油加到病毒液中，甘油终浓度为 10%，轻柔吹打混匀。重复步骤 14，测定最终的病毒颗粒浓度。将病毒载体分装到无菌冻存管中。立刻储存在-80℃冰箱中。

五、结果与分析

测定病毒颗粒的浓度，记录结果。

六、思考与讨论

氯化铯梯度沉降法纯化重组腺病毒的原理是什么？

实验十一　限制性核酸内切酶消化法鉴定纯化后的重组腺病毒基因组

一、实验目的

鉴定从纯化后的重组腺病毒分离基因组 DNA 的结构。

二、实验原理

鉴定从纯化后的重组腺病毒分离基因组 DNA 的结构最简单的办法就是用限制性核酸内切酶酶切和凝胶电泳，该方法用于分析起始整个挽救和扩增的腺病毒载体 DNA 的限制酶切图谱病毒骨架、转基因和病毒 ITR 是否完整可通过该方法检测。

三、实验材料

1. 试剂

EDTA（0.5mol/L，pH 8.0）、70%（体积分数）乙醇、溴化乙锭（0.5mg/mL）、异丙醇、酚：氯仿：异戊醇溶液（25：24：1，体积分数）、腺病毒载体克隆相应的质粒 DNA（由实验室构建并用于挽救和制备病毒的载体）、链霉蛋白酶溶液（2×）、限制性核酸内切酶及其缓冲液、RNaseA-TE 缓冲液（20mg/mL）、SDS（10%）、乙酸钠（3mol/L，pH 5.2）、无菌水、TAE 电泳缓冲液、TE 缓冲液（1×，pH 8.0）、Tris-HCl 缓冲液（1mol/L，pH 7.6）。

2. 器材

凝胶电泳仪、凝胶电泳仪成像系统、小型离心机、台式冷冻离心机、分光光度计、涡旋搅拌器、水浴槽（37℃）。

四、实验内容

（1）将适当体积的含有 $0.5\times10^{12}\sim1\times10^{12}$ 个病毒颗粒的纯化后腺病毒载体溶液置于 1.5mL 离心管中。加入等量的 2×链霉蛋白酶溶液。颠倒混匀并至少反应 4h 或让酶切反应在 37℃水浴中过夜。

（2）在消化产物中加入等量的酚：氯仿：异戊醇溶液（25：24：1，体积分数）。不断颠倒管子至少 1min 使之混匀。室温 13000r/min 离心 10min。

（3）将上层吸出并转移到一个新的 1.5mL 离心管中（小心不要扰乱分层）。将 10% 体积的 pH 5.2、3mol/L 乙酸钠加入，然后加入等体积异丙醇。颠倒数次混匀溶液，室温至少孵育 20min。4℃，13000r/min 离心 20min。

（4）将管子里的异丙醇倒出，加入 1mL 冷的 70%（体积分数）乙醇，快速涡旋搅拌 5s 来洗沉淀。4℃，13000r/min 离心 5min。

（5）重复一遍步骤（4），倒掉 70%（体积分数）乙醇，瞬时离心，然后用小吸头将剩下的所有液体都吸走（要一直注意不要丢掉沉淀）。让沉淀自然晾干 1min，用 50μL pH 8.0、含有 20mg/mL 的 RNaseA TE 缓冲液重悬载体，室温过夜。将 DNA 按照 1：20 稀释后用分光光度计测定 DNA 浓度。

（6）基于步骤（1）中制作的重组腺病毒质粒的电泳图谱挑选可以用来消化的、合适的限制性核酸内切酶。被选择的酶要不仅能切开外源基因，也要能切开载体基因组，得到的片段一般在 0.5～5kb，最好不互相重叠。一些比较适宜的酶包括 *Bg* Ⅱ、*Hind* Ⅱ、*Xho* Ⅰ。需要选择两种酶切方案（可以是单酶切也可以是双酶切）鉴定病毒 DNA 和亲本质粒 DNA 样品。

（7）用 10mL 1×限制性核酸内切酶缓冲液和 1μL EDTA 来消化 0.75μg 病毒 DNA 或 0.5μg 质粒 DNA。室温孵育混合物至少 2h。

（8）短暂离心消化产物，在 0.8%凝胶中电泳，同时加上 1kb 的 DNA 分子质量标准，电泳用含 0.5mg/mL 溴化乙锭的 1× TAE 电泳缓冲液、4～5V/cm（10cm 的凝胶 100～110V）的恒定电压。分两次为凝胶拍照，当 DNA 分子质量标准染料：①到达 1/5～1/4 处时；②到达凝胶底端时，这样就可以看到短于 0.5kb 的小片段并分离 2～10kb 的大片段。

（9）对比电泳得到的 DNA 条带样式和图谱。注意是否所有病毒载体基因组消化片段（不包括含 ITR 的片段）都符合载体质粒的特征，即除了含 ITR 元件的片段外，任何其他的丢失或大小错误的片段（如图谱上不能预测到的）都应该在空的腺病毒载体质粒消化产物中看到。要仔细查看是否有任何病毒基因组在被挽救和生长后发生重排的迹象。

五、结果与分析

对核酸电泳结果进行记录和分析，判断纯化获得的腺病毒基因组是否符合预期。

六、思考与讨论

试述病毒基因组结构鉴定对于经历了重复扩增过程的载体的重要性。

实验十二　$TCID_{50}$ 终点稀释结合 qPCR 测定重组腺病毒感染滴度

一、实验目的

掌握利用 $TCID_{50}$ 终点稀释结合 qPCR 的方法测定重组腺病毒感染滴度的实验技术，理解相关实验原理。

二、实验原理

腺病毒和重组腺病毒的感染滴度测定的传统方法是用空斑形成实验，即用系列稀释的腺病毒储液感染细胞，然后铺在琼脂上，感染发生 1 次就会相应形成 1 个空斑。虽然这种方法可以进行量化（空斑数目比稀释倍数），但仍然有敏感性和可重复性的问题，尤其是当用那些感染标准细胞系效率较低的腺病毒亚型时。替代方案是将系列稀释液铺在一个 96 孔板细胞中，确定能让 50%的孔都被感染的稀释倍数。这种被称为“半数组织培养感染量”（$TCID_{50}$）终点稀释法的古老但可靠的技术用来滴定多种病毒，特别是那些不能稳定形成空斑的病毒。通常被感染的孔可以通过直接检查 CPE 或细胞活性来确认。结合 96 孔 $TCID_{50}$ 和定量 PCR（qPCR）就可以大大提高敏感度，很多外源基因和腺病毒亚型都能够达到。

三、实验材料

1. 试剂

腺病毒载体、完全培养基（DMEM+10% FBS）、DNA 提取溶液、HEK293 细胞、PCR 标准品、PBS 缓冲液、蛋白酶 K（1.2mg/mL）、蛋白酶 K 缓冲液（10×）、qPCR 预混液、qPCR 混合液、

qPCR 引物/探针（针对载体基因组的 E2a 区）、无血清培养基、无菌水、台盼蓝染料、胰酶-EDTA 溶液（0.25%）等。

2. 器材

封口膜、生物安全柜、适用于96孔板的离心机、锥底管（15mL 和 50mL）、血细胞计数板、细胞培养箱（37℃，5% CO_2）、杂交炉、移液器和枪头（20μL 和 200μL）、显微镜、PCR 板（96孔）、移液器、qPCR 仪、无菌储液槽（12孔）、多道移液器用的无菌储液槽、无菌冻存管（每个被检测载体需要9个）、能离心平板的台式离心机、涡旋搅拌器、水浴槽（37℃）。

四、实验内容

（1）将完全培养基、PBS 缓冲液、胰酶-EDTA 溶液（0.25%）放在37℃水浴中预热。所有接下来的步骤都要在生物安全柜中进行，并注意无菌操作。

（2）移除已经长满 HEK293 细胞的培养基。HEK293 细胞是人胚肾细胞，经过腺病毒 E1 区转化，被广泛使用。不同代数的 HEK293 细胞常会表现出对腺病毒感染的敏感度的区别。最好用较早代数的细胞。

（3）用10mL PBS 缓冲液洗一遍细胞，吸掉 PBS 缓冲液后将2mL 胰酶加入细胞，37℃消化5min。轻轻吹打让细胞脱落，然后加8mL 完全培养基并将细胞悬液转移到一个50mL 锥底管中。在其他的培养瓶中重复胰酶消化步骤，将所有细胞悬液都收集到50mL 锥底管中。彻底混匀细胞悬液并用血细胞计数板和台盼蓝染料对活细胞计数。

（4）用完全培养基稀释细胞悬液至 8×10^5 个活细胞/mL 细胞密度 混匀稀释后的悬液并将其倒入无菌塑料储液槽。用12道移液器，以每孔50μL 的量将细胞液分装在96孔板中。将培养板放在37℃培养箱中培养过夜（加入细胞悬液的时候要以一定角度持培养板，将液体沿着孔壁加入并尽量避免产生泡沫）。

（5）用无血清培养基准备载体稀释液。

将载体放在冰上融化，吹打混匀。为每个载体准备8个1mL 体积的系列稀释液，放在冻存管中。例如，可用下面的稀释方法：

1×10^{-2} = 990μL 稀释液+10μL 储液

1×10^{-4} = 990μL 稀释液+10μL 上级稀释液

1×10^{-6} = 990μL 稀释液+10μL 上级稀释液

1×10^{-7} = 990μL 稀释液+100μL 上级稀释液

1×10^{-8} = 990μL 稀释液+100μL 上级稀释液

1×10^{-9} = 990μL 稀释液+100μL 上级稀释液

1×10^{-10} = 990μL 稀释液+100μL 上级稀释液

1×10^{-11} = 990μL 稀释液+100μL 上级稀释液

稀释范围要根据对不同载体和载体亚型实验确定。

（6）用稀释的载体感染96孔板里的 HEK293 细胞 感染方法与图6-2所示类似，可以根据研究者的不同需求调整。可以使用12道移液器和无菌储液槽来简化这个步骤，前两个稀释浓度（如 1×10^{-2} 和 1×10^{-4}）不会被使用。

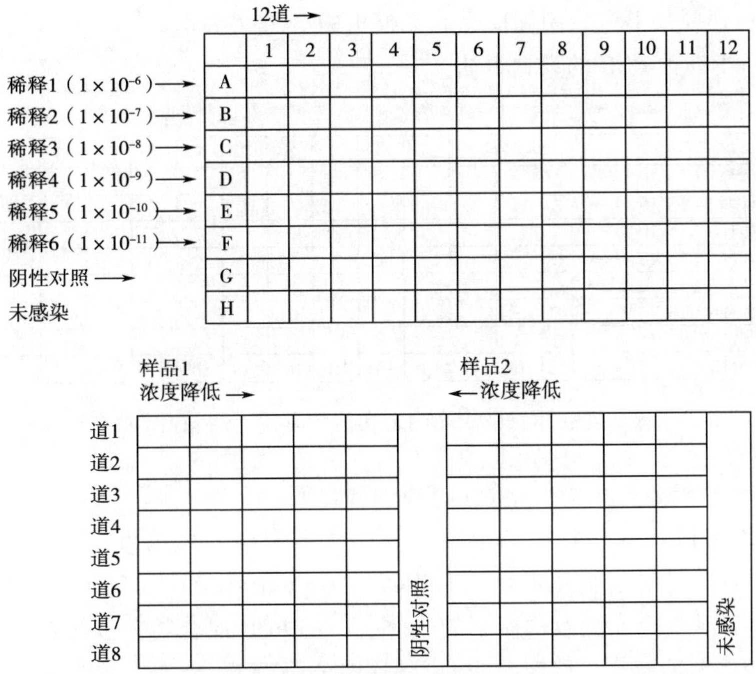

图 6-2　腺病毒载体感染滴度测定实验中平板的布局设定

（7）将装有不同稀释倍数的载体溶液放在 12 道移液器用无菌储液槽中，并按顺序将储液槽排列好，对应相应的培养孔道。

（8）用移液器和 200μL 枪头将培养液从 96 孔板上的细胞上吸出，操作时要将培养板倾斜一定角度并从孔侧面吸。

（9）向 96 孔板的第一列或第一行中加入 50μL 病毒稀释液（图 6-1），仍要保证液体是沿孔侧壁加入。重复操作直到所有载体稀释液都被加入。将空白稀释液加入一个阴性对照孔。

（10）用盖子盖上平板，做好标记，放入培养箱，37℃ 培养 2h。

（11）37℃水浴预热完全培养基，每个 12 孔储液槽中加入 1mL 培养基，每个细胞感染平一个新的 12 孔储液槽。用 12 道加样器给每个铺着被感染细胞的 96 孔板孔加入 50μL 完全培养基，避免碰到感染培养基。

（12）用黏性 AirPore 封膜封住平板，加盖，并将培养板放回 37℃、5% CO_2 细胞培养箱，培养 72h。

（13）准备足量的 DNA 提取溶液，按照配方合成试剂清单上所列试剂。

（14）将 96 孔板 1500r/min 离心 30s 让所有液体沉在孔底。

（15）小心揭掉 AirPore 封膜（从最下面一行向上揭起），在显微镜下观察细胞 CPE 的情况。每孔加入 100uL 的 DNA 提取溶液。吹打 5 次混匀反应液，小心避免污染相邻的孔。

（16）用封膜封住 96 孔板，放在杂交炉中：37℃，11h；55℃，2h；95℃，30min（热激活蛋白酶 K）。包含 DNA 样品的平板即可用于 PCR，或用封膜盖住可于 4℃保存 7d。

（17）用一个专门做 PCR 的设备或在化学品用通风橱中操作，以与感染平板相同的方式设置 PCR 平板，还要加上定量用标准品和无模板的对照（水）。

图 6-3 列举了一种 PCR 的设置方法。

		1	2	3	4	5	6	7	8	9	10	11	12
稀释1（1×10^{-6}）→	A												
稀释2（1×10^{-7}）→	B												
稀释3（1×10^{-8}）→	C												
稀释4（1×10^{-9}）→	D												
稀释5（1×10^{-10}）→	E												
稀释6（1×10^{-11}）→	F												
阴性对照 →	G												
标准品	H	10^8	10^7	10^6	10^5	10^4	10^3	10^2	10^1	H_2O			

图 6-3　腺病毒载体感染滴度测定实验的有代表性 qPCR 板布局设定

（18）每个平板配制 100 个反应的 qPCR 预混合液。

qPCR 预混液包括 PCR 引物和 TaqMan 探针，特异性针对腺病毒载体中的一个元件。这些试剂通常被设计成针对某个特定亚型腺病毒的 DNA 结合蛋白（E2A 基因），这样它们就可以用于检测多种从这个亚型改构而来的载体。一些 PCR 混合物，包括其他的 PCR 必需物质（脱氧核苷酸、缓冲液、热稳定酶），可从许多公司购得。

（19）将所需体积的试剂放在一个 15mL 锥底管中，混合均匀，然后在每个 96 孔 PCR 板的孔中加入 45μL 的 qPCR 预混液。每个标准品吸取 5μL 加入到 96 孔 PCR 板 H 行孔的 qPCR 预混液中。吹打 10 次混匀溶液。加 2. 5μL 水到剩下的每个孔中。无模板对照孔不用加，因为已经加了 5μL 水。

（20）加 2. 5μL 细胞裂解液（步骤 16 中准备的）到相应孔的 qPCR 预混液中。

（21）用光学级封膜将 PCP 板盖好，确保密封。按照操作说明用实时 qPCR 仪来进行 PCR。

（22）按照相应仪器的用户说明的指导来分析数据　通用的步骤包括：检查扩增曲线、设定基线和阈值。在 PCR 最初的循环中，用背景信号来确定荧光的基线，将阈值的区域设定在指数扩增区。

（23）首先计算每个稀释比例下的载体上样量，将载体上样的浓度（病毒基因组/mL）乘以稀释倍数，然后除以 20 即可得到每 50μL 的基因组接种物的量。

（24）将在某个稀释倍数检测到的拷贝数乘以 80（样品在所有操作中最后被稀释的倍数）就得到在该孔的载体基因组拷贝数。减去每孔上样时加入的载体基因组数；每个稀释浓度的结果都这样处理。

（25）接着确定每个稀释浓度下的阳性复制数。在该实验中 qPCR 最低能检测到的量是 10 个载体拷贝，乘以稀释倍数 80，即每个孔 800 拷贝。因此上样量减去拷贝数，结果小于如 800 拷贝数都被认为是背景。上样量减去载体拷贝数大于 800 被认为是感染阳性的颗粒。

（26）可用 Spearman-Karber 公式来进行计算 50% 的孔被感染的组织培养感染剂量

（$TCID_{50}$）：

$$\lg TCID_{50} = \sum_{i=1}^{K-1}(P_{i+1} - P_i) \times \frac{1}{2}(X_{i+1} - X_i)$$

式中　K——代表剂量数（或稀释倍数的对数）；

X——是在 i 倍时剂量数的对数；

P——为在 i 稀释倍数下每孔含复制腺病毒 DNA 的比例，剂量数指的是稀释倍数的对数值，而不是基因组拷贝数；

i——梯度稀释中某个具体的稀释倍数。

基因组拷贝数仅仅用来量化每个孔是否被计为一次感染（腺病毒 DNA 经过了扩增），如步骤（24）和步骤（25）所述，lg $TCID_{50}$ 可以表示感染滴度，是用 lg X，谱（lg 稀释倍数）和感染比例（P），利用公式计算，具体如上所示。

五、结果与分析

测定并通过计算获得腺病毒滴度。

六、思考与讨论

如果阴性对照孔有阳性信号，可能存在什么问题，如何避免？

实验十三　双链 siRNA 制备

一、实验目的

掌握如何将合成的 siRNA 有义链和反义链复性形成双链 siRNA，以及利用非变性聚丙烯酰胺凝胶电泳对双链 siRNA 进行分析。

二、实验原理

siRNA 即小干扰 RNA，是一种双链 RNA，长度为 21～23 个核苷酸，其 3' 端含有两个突出的非配对碱基。siRNA 与 RISC 结合后，一条链即信使链被移除，另一条链即向导链引导 RISC 对互补的靶标 RNA 分子实施切割和降解。

三、实验材料

1. 试剂

丙烯酰胺：双两烯酰胺（19∶1，0.4，g/mL）、过硫酸铵（0.1，g/mL）、复性缓冲液（10×）、用四甲基乙二胺（TEMED）调整 pH 至 3.8、DNA 非变性凝胶上样缓冲液（10×）、无核酸酶水、siRNA、SYBR Gold（10000×）或者 10mg/mL 溴化乙锭、TBE 缓冲液（5×）复性缓冲液（10×）。

2. 器材

离心机、加热槽、聚丙烯酰胺凝胶电泳仪、分光光度计、紫外箱、涡旋振荡仪等。

四、实验内容

（1）根据实验原理以及 siRNA 设计工具选择 siRNA 序列。

（2）从寡核苷酸供应商获得 siRNA，合成的 siRNA 寡核苷酸通常为冻干粉，里面含有 2-乙酸（10mmol）或者其他的保护剂。去除 2-乙酸的方法：将 siRNA 溶解于 400μL 的 2' 脱保护缓冲液，涡旋振荡 10s. 使用离心蒸发装置在室温下使 siRNA 干燥。

（3）将 siRNA 溶解于无核酸酶水。使用分光光度计测量 siRNA 的含量。siRNA 溶液放置冰上以防止 siRNA 降解。

（4）进行以下复性步骤，生成 20μmol/L 的双链 SRNA 溶液。

有义链 siRNA ，2nmol；反义链 siRNA，2nmol；复性缓冲液（10×），10μL；无核酸酶水，补足至 100μL。

（5）在加热槽中，95℃ 孵育 5min，37℃ 孵育 2h，将 siRNA 溶液保存于 -20℃ 或者 -80℃。复性生成的双链 siRNA 在-20℃可稳定保存至少 6 个月，-80℃可稳定保存至少一年。

（6）利用以下试剂制备一块 12% 的非变性聚丙烯酰胺凝胶，如：Bio-RadMini-PROTEAN，8cm×7. 3cm×0. 75mm。

TBE 缓冲液（5×），1mL；丙烯酰胺：双丙烯酰胺（19：1，0. 4，g/mL），1. 5mL；去离子水补足至 5mL，室温下混匀，而后加入过硫酸铵 50μL，TEMED 5μL。

（7）迅速混匀上述溶液，然后将其倒入制胶仪中使其聚合。

（8）将双链 siRNA 溶解于 2μmol/L 的 DNA 非变性胶上样缓冲液中。

（9）将有义和反义 siRNA 分别溶解于 4umo/L 的 DNA 非变性胶上样缓冲液中。

（10）12000r/min 离心 5min 后，每个样品上样 5μL，在 0. 5×TBE 缓冲液中进行电泳，电压 5V。电泳需要在低电压条件下进行以避免样品受热变性。

（11）电泳结束后，使用 SYBR Gold（1：10000 溶解于 0. 5×TBE 缓冲液中）或者溴化乙锭（1：20000 溶解于 0. 5×TBE 缓冲液中）在室温下染色 5min，在紫外箱中观察 RNA 条带。

配制复性缓冲液（10×）：

试剂	数量（配制 100mL）	终浓度（10×）
乙酸钾（2mol/L）	50mL	1mol/L
HEPES. 氢氧化钾（KOH）（1mol/L，pH 7. 4）	30mL	300mmol/L
乙酸镁（1mol/L）	2mL	20mo/L
水	补足至 100mL	

五、结果与分析

记录保存电泳染色结果，对 RNA 条带进行分析。

六、思考与讨论

怎样筛选大量的 siRNA？如何解决？

实验十四　通过转染双链 siRNA 在哺乳动物细胞中进行 RNA 干扰

一、实验目的

掌握通过转染双链 siRNA 在哺乳动物细胞中进行 RNA 干扰途径的实验技术，理解相关实验原理。

二、实验原理

长链 dsRNA 不能用于多数哺乳动物细胞中，这是由于它能诱导干扰素反应而引发基因表达和细胞凋亡的变化。本实验介绍了一种向哺乳动物细胞中转入短的双链 siRNA 的方法，双链 siRNA 因其长度过短而不能引起与 dsRNA 相关的序列非特异性反应。

三、实验材料

1. 试剂

DharmaFECT4 转染试剂、DrmCF 试剂、DMEM 培养基、热灭活的胎牛血清（FBS）、哺乳动物细胞系（如 HeLa 或者 NTera2）、青霉素和链霉素、双链 siRNA（10μmol/L）、胰蛋白酶-EDTA 溶液等。

2. 设备

免疫荧光、Western 印迹、定量 RT-PCR 或者 Northern 杂交用设备、生物安全柜、微量离心管（1.5mL）、显微镜、细胞培养皿（10cm）、CO_2 培养箱（37℃，5% CO_2），24 孔板等。

四、实验内容

（1）细胞在 DMEM 培养基（含有 10% 胎牛血清、100U/mL 青霉素以及 100μg/mL 链霉素）中培养，37℃，5% CO_2 培养箱中生长至 90% 单层。

（2）使用胰蛋白酶-EDTA 溶液消化细胞使其脱离培养板，然后将细胞重悬于无抗生素、含有 10% 胎牛血清的 DMEM 培养基中。24 孔板每孔接种此细胞悬液 500μL。

（3）将细胞在 37℃，5% CO_2 培养箱中孵育过夜，使其达到转染时所需的 30%～40% 单层（约每孔 5×10^4 个细胞）。所有的体积都是以单孔实验计算。但是，建议至少进行 3 次平行重复实验。进行多孔转染时，额外增加 10% 的试剂以避免在分装时造成损失。

（4）向一个装有 24μL DMEM 培养基的微量离心管中加入 1μL（10μmol/L）双链 siRNA，轻轻颠倒混匀。

（5）向另一个装有 24μL DMEM 培养基的微量离心管中加入 1μL DharmaFECT4 转染试剂，轻轻颠倒混匀。

（6）将两种混合液在室温下孵育 5min，将 siRNA 混合液缓慢加入 DharmaFECT4 转染试剂中，轻轻颠倒混匀，室温下静置 20min，使之形成 siRNA-脂质体复合物。

（7）将步骤（3）中的细胞培养液更换为 450μL 无抗生素、含 10% 胎牛血清的 DMEM 培养基（预先平衡温度至 37℃）。

（8）将 50μL siRNA-脂质体转染培养液［步骤（6）］加入每个孔内。努力将液体均匀加入孔内，加完后轻轻晃动混匀。

（9）将细胞置于 37℃，5% CO_2 培养箱中培养。如果 1d 后在显微镜下观察细胞毒性变化，请将转染试剂更换为新鲜的无抗生素、含 10% 胎牛血清的 DMEM 培养基，继续培养。

（10）对基因敲减（knock down）效果的分析　通过免疫荧光和 Western 印迹法，利用特异性识别目标蛋白质的抗体检测目标蛋白质的表达水平，通过定量 RT-PCR 或者 Northerm 杂交检测目标 mRNA 的减少量。

大多数情况下，目标 RNA 的减少通过目标蛋白质表达水平的降低而表现出来。一些蛋白质可能半衰期较长，那么实现蛋白质的敲减就需要更长的时间。

五、结果与分析

利用 RT-PCR 和 Western 技术鉴定分析，细胞内靶基因的表达情况，与对照细胞比较分析 knock down 的试剂效果，并绘制图表说明。

六、思考与讨论

如果未检测到目的基因敲减，可能的原因有哪些？如何解决？

实验十五　体外转录法制备 dsRNA

一、实验目的

掌握利用 PCR 模板制备双链 RNA 的体外转录实验（该方法制备的 dsRNA 可以用于在某些细胞或者组织中诱发 RNA 干扰）。

二、实验原理

在植物以及大多数真菌、非哺乳动物及其细胞系中，应用外源性长链 dsRNA 或者表达长反向重复 RNA 转录物能够诱发细胞内相应 mRNA 的降解。哺乳动物卵母细胞和 dsRNA 诱导干扰素反应缺失的哺乳动物细胞系中，长链 dsRNA 和反向重复 RNA 转录物也能够诱发 RNA 干扰。dsRNA 诱导的干扰素反应是一种天然免疫反应。长度超过 30bp 的 dsRNA 能够激活 2′，5′寡腺苷酸合成酶和蛋白激酶 R，它们能激活 RNase L 并使真核起始因子 2 的 a 亚基（elF2-a）失活。干扰素反应诱导 mRNA 的非特异性降解和广泛抑制蛋白质合成，最终诱发细胞凋亡。

三、实验器材

1. 试剂

琼脂糖凝胶（1%）、复性缓冲液（10×）、ATP（100mmol/L）、CTP（100mmol/L）、GTP（100mmol/L）、UTP（100mmol/L）、dNTP 混合液（每种 10mmol/L）、70%（体积分数）乙醇和无水乙醇、Ficll-OrangeG 上样缓冲液（6×）、非变性凝胶上样缓冲液（10×）、无核酸酶水、PCR 缓冲液（10×）、酚：氯仿（1：1，体积比）、无 RNA 酶的胰腺 DNA 酶 I（2U/μL）、乙酸钠（3mol/L，pH 5.2）、T_7RNA 聚合酶（20U/μL）、T_7 转录缓冲液（10×）、TAE 缓冲液（50×，1×）、*Taq*DNA 聚合酶（2.5U/μL）、TBE 缓冲液（5×，0.5×）、PCR 用 DNA 模板等。

2. 器材

琼脂糖凝胶电泳仪、离心机、微量离心管（1.5mL）、PCR 管（0.5mL，薄壁）、Primer3 软件、分光光度计、热循环仪、涡旋振荡器等。

四、实验内容

（一）实验方法

（1）在有关的数据库或者根据序列数据，分析目的基因的 mRNA、cDNA 或者基因组序列。

（2）选择长度为 500~800bp 的靶区域作为 dsRNA 模板。

(3) 利用 BLASTn 对有义链和反义链进行同源性分析。如果某条链与非目的靶基因同源，则重复步骤 (2)。

(4) 用 Primer3 软件设计长度为 20~24 个核苷酸的正向和反向引物，使其 T_m 约为 60℃。

(5) 将 T_7 启动子序列 (5'-TAATACGACTCACTATAGGG-3') 加到两条引物的 5' 端。需要准备带有或者不带有 T_7 启动子序列的正向和反向引物 (两对引物)。

(6) 分别进行两套 PCR 反应，生成 RNA 有义链和反义链所使用的 DNA 模板。每生成一个 DNA 模板，需要将下列试剂在 1.5mL 试管中配制成一个 500μL 的 PCR 体系。

DNA 模板：

无核酸酶水加至 395μL；PCR 缓冲液 (10×)，50μL；dNTP 混合液 (每种 10mmol)，10μL；正向引物 (10μmol)，20μL；反向引物 (10μmol)，20μL；*Taq*DNA 聚合酶，5μL (12.5U)；总反应体积 500μL；用作 PCR 的模板，使用 0.05~100ng 克隆的质粒或噬菌体 DNA，0.5~5μg 基因组 DNA，或者 10~20μL 反转录反应生成的 cDNA。

(7) 轻微混合，涡旋离心 1~2s 将试剂甩至试管底部，然后将其分装到为 0.5mL 薄壁 PCR 管中，每份 100μL。

(8) 将试管放入热循环仪中，按下列程序进行 25 个扩增循环。

①94℃，2min；

②94℃，45s；

③50℃，45s；

④72℃，60s；

再次重复②~④，25 个循环；

⑤72℃，5min；

⑥4℃，保存。

(9) 同时，用 TAE 缓冲液制备一块 1% 的琼脂糖凝胶。

(10) PCR 反应结束后，将 5μL PCR 产物与 1μL 6× Ficoll-OrangeG 上样缓冲液混合后上样，通过电泳分析 PCR 产物。OrangeG 染料位于电泳的前沿而不会在电泳时遮盖任何条带。

(11) 将步骤 (10) 剩余的 DNA 扩增产物转移至一个新的 1.5mL 微量离心管中，加入 1/10 体积的乙酸钠 (3mol/L，pH 5.2) 和 2.5 倍体积的无水乙醇，涡旋混匀，在 20℃ 或者更低的温度下放置 30min 以上，使 PCR 产物沉淀。4℃ 最大转速离心 30min，弃去上清液。

(12) 用 1mL 70% (体积分数) 乙醇洗沉淀以去除残留的盐类。4℃ 最大转速离心 5min，最大可能地弃去上清液，然后将离心管开盖放置数分钟使乙醇挥发。

(13) 将 DNA 沉淀溶解于 50μL 水。

(14) 将 T_7RNA 聚合酶置于冰上放置，其他试剂室温放置。室温下，按下列配方在微量离心管中配制一个 100μL 的体外转录体系 (如果实验需要更多的 RNA，等比例扩大反应体系)。

无核酸酶水	56. 5μL
T_7 转录缓冲液（10×）	10μL
PCR 模板 DNA	5μL
ATP（100mmol/L）	5μL
CTP（100mmol/L）	5μL
UTP（100mmol/L）	5μL
GTP（100mmol/L）	8μL
DTT（1mol/L）	0. 5μL
T_7 RNA 聚合酶	5μL（100U）

（15）轻轻涡旋 1～2s 使试剂离心至试管底部。

（16）37℃孵育 2h。

（17）加 5μL（10U）无 RNA 酶的胰腺 DNA 酶 I。

（18）轻轻涡旋 12s 使试剂甩至试管底部。

（19）37℃孵育 30min。

（20）加入等体积的酚：氯仿（1∶1），涡旋 20s，4℃最大转速离心 15min，分离固相、液相，将液相层转移至一个新的 1. 5mL 微量离心管中。

（21）向液相中加入 1/10 体积的乙酸钠（3mol/L，pH 5. 2）和 2. 5 倍体积的无水乙醇，涡旋混匀，在-20℃或者更低的温度下放置 30mim 以上，使 PCR 产物沉淀。

（22）弃去上清液，加入 1mL 70%（体积分数）乙醇洗涤沉淀，以去除残留的盐类。

（23）将 RNA 沉淀溶解于 100μL 的无核酸酶水中。利用分光光度计测量 RNA 的浓度。

（24）测量 RNA 浓度时，将 2μL RNA 溶解于 198μL 水中，在 260nm 波长处测量吸光度，利用下面的公式计算浓度。

$$C=（A_{260}×稀释度）/（10313×核苷酸数）$$

式中　C——物质的量浓度；

稀释度——100。

（25）使两条链复性，生成 0. 5μmol/L 的 dsRNA 溶液：

正义 RNA	50pmol
反义 RNA	50pmol
复性缓冲液（10×）	10μL
无核酶水	加至 100μL

（26）将试管放在热循环仪中，95℃，1min，关闭热源使温度缓慢降至室温。按照步骤（21）、（22）的方法沉淀 RNA。

（27）将沉淀溶于水中，制成 1μg/μL 的储备液，-80℃保存。复性后的 dsRNA 在-80℃可稳定保存一年，但要避免反复冻融。

（二）注意事项

本实验以哺乳动物卵母细胞基因片段为靶基因制备 dsRNA，细胞色素 c（cytochromec，cytc）是呼吸链中一种重要的蛋白质，正常细胞在受到凋亡因子（如紫外线）刺激时 *cytc* 就会从线粒体中释放，激活 caspase 家族蛋白酶，引起一系列的通信级联反应，最终导致细胞凋亡。若将一个正常细胞的 *cytc* 的表达抑制后，用紫外线处理细胞是否还会发生凋亡，或者凋亡程度是否减弱？这时可用 RNAi 技术沉默 *cytc* 基因的表达。

五、结果与分析

通过琼脂糖核酸电泳分析 PCR 扩增产物的条带，记录保存电泳图像。测定复性前的 RNA 浓度。

六、思考与讨论

没有检测到转录产物可能的原因有哪些？

实验十六　反转录定量 PCR 分析 miRNA

一、实验目的

掌握利用反转录定量 PCR 技术分析小 RNA 的试验方法，理解实验原理。

二、实验原理

Northern 杂交可以揭示 miRNA 的表达水平，同时也可揭示 miRNA 的长度，并且是 miRNA 验证和定量的标准。然而，Northern 杂交不能用来检测低丰度 miRNA，也不能检测 miRNA 种类。相比之下，定量 RT-PCR 更加敏感并且可以适用于高通量处理。TaqMan（水解探针）miRNA 检测技术是针对长度为 17~200 个核苷酸 RNA 的定量检测设计的，包括 siRNA 和 miRNA。TaqMan miRNA 检测主要依赖于一套经确认的寡核苷酸体系，其中包括一个茎环 RT 引物，一对 PCR 引物和一个 TaqMan 探针。

三、实验材料

1. 试剂

miRNA 提取试剂盒或 TRIzol 试剂、无核酸酶水、总 RNA 对照和内源性 RNA 对照（如 TaqMan 小 RNA 对照）、TaqMan microRNA 反转录试剂盒、TaqMan 小 RNA 检测试剂盒、TaqMan™ 试剂盒，不含尿嘧啶-DNA 糖基化酶（Uracil Ngycosylase，UNG）、TE 缓冲液（pH 8.0，10×和 0.1×）等。

2. 器材

带微孔板转头的离心机、PCR 板（96 板）、实时 PCR 热循环仪等。

四、实验内容

（1）根据使用说明书，用 miRNA 提取试剂盒或 TRIzol 试剂提取总 RNA，并将总 RNA 溶于水中。

（2）运用分光光度计测量 RNA 浓度和纯度。

标准总 RNA 的 A_{260}/A_{280} 为 1.8~2.1，订购客户所需的 TaqMan 小 RNA 检测序列。

（3）根据 TaqManSmallRNA Assays 设计工具设计 TaqMan 小 RNA 检测序列。

（4）将 TaqMan MicroRNA 反转录试剂盒中的试剂置冰上解冻，用 0.1×TE 缓冲液把 RT 引物稀释成 5×工作液浓度。

（5）在 1.5mL 试管中加入以下试剂，在冰上将其混合制成 RT 反应液。

以下为总体积 15μL RT 反应液，根据需要体积对以下 RT 反应液的体积进行调整，并配制 10% 的富余体积以弥补在混合过程中的损失。

dNTP（100mmo/L）（含 dTTP）	0.15μL
MultiScribe 反转录酶（50U/μL）	1μL
反转录缓冲液（10×）	1.5μL
RNA 酶抑制剂（20U/μL）	0.19μL
无核酸酶水	7.16μL
总 RNA［来自步骤（1）］	5μL（1~10ng）

（6）轻轻涡旋振荡，离心 1~2s 收集试管底部的反应物。

（7）每 15μL 的 RT 反应液中，取出 12μL 含总 RNA［步骤（5）］的 RT 反应液加入到 96 孔板的各个孔中。

（8）向含 RT 反应液的 96 孔板的各个孔中加入 3μL 的 5× RT 引物。

（9）盖上 96 孔板，离心 1~2s 收集底部反应物。

（10）将 96 孔板冰上静置 5min，然后置于实时 PCR 热循环仪中。根据以下程序进行反转录：

①16℃，30min；

②42℃，30min；

③85℃，5min；

④4℃保存，结束。

（11）若不立即进行 PCR 扩增，需将 RT 反应液置于-20℃储存，或者立即进行 PCR 扩增。每个反应设置 3 个平行试验组，且每块板中需包含：每个 cDNA 样品中的小 RNA 含量检测组，内含检测组，用来检测背景信号的无模板对照组。

（12）冰上溶解 TaqMan™试剂盒。冰上准备定量 PCR 混合液，在 1.5mL 的离心管中加入以下试剂：

每个样品的 3 个平行组所用试剂体积如下，并配制 10% 的富余以弥补混合过程中的损失。

TaqMan 小 RNA 检测试剂（20×）	3.3μL
RT 反应产物	4.4μL
TaqMan Universal PCR Master Mix11（2×）	3.3μL
无核酸酶水	55μL
总体积	66μL

（13）反复颠倒试管数次至混匀，离心 1~2s 收集试管底部反应物。

（14）96 孔板中，向 3 个平行试验组的各个孔中加入 20μL 定量 PCR 反应混合液。

（15）盖上 96 孔板，离心 1~2s 收集底部反应物。

（16）将 96 孔板置于实时 PCR 热循环仪上，运行以下程序进行 cDNA 扩增：

①95℃，10min；

②95℃，15s；

③60℃，60s；

④运行步骤（16）中②和③，重复 39 个循环以上；

⑤4℃，保存。

（17）根据实验设计，可运用不同统计方法对小 RNA 的表达情况进行分析。例如，相对标准曲线、相对阈值循环数（cycle threshold，Ct）或 S 形曲线拟合法（SCF）等。

五、结果与分析

对 miRNA 表达量进行分析，保存原始数据并绘制图表说明结果。

六、思考与讨论

如何提高 miRNA 的提取浓度？

实验十七　在哺乳动物细胞中通过反义寡核苷酸抑制 miRNA 功能

一、实验目的

掌握向哺乳动物细胞内转染反义寡核苷酸从而抑制 miRNA 功能的具体实验方法。

二、实验原理

通过检测 miRNA 靶蛋白水平或携带 miRNA 靶基因的 3' 端非编码区（3'UTR）报道基因的活性来检测反义寡核苷酸（ASO）对于 miRNA 的效应。本方案主要针对 24 孔板设计，如果用其他多孔板、细胞瓶或直径不同的培养皿培养细胞，需根据孔、瓶表面积计算细胞密度和试剂体积。

三、实验材料

1. 试剂

ASO（12.5μmo/L）和错配和/或无关对照寡核苷酸、DharmaFECT4 转染试剂、DMEM 培养基（不含抗生素和血清）、胎牛血清（FBS）等。

2. 器材

免疫荧光和 Westem 印迹法所用设备、生物安全柜（Ⅱ级）、显微镜、细胞培养箱（37℃，5% CO_2）等。

四、实验内容

（1）准备转染所需细胞，准备转染试剂　所有试验应该包括一个与试验组 ASO 侧翼序列一样、长度相同的错配和/或无关对照寡核苷酸。所有体积均表示单一试验孔所需的体积。实验至少需要重复 3 次。

（2）向一个含 24μL 无抗生素和血清的 DMEM 培养基灭菌试管中加入 1μL（12.5pmol）

的实验或对照 ASO，用移液管轻轻吹打混匀。

（3）向另一个含 24μL 的无抗生素和血清的 DMEM 培养基灭菌试管中加入 1μL DharmaFEECT4 转染试剂，并轻轻混匀。

（4）混合液于室温下孵育 5min。

（5）将 ASO 混合液缓缓地加入 DharmaFECT4 转染试剂混合液中。移液管轻轻吹打，混匀，室温下孵育 20min 从而形成 ASO-脂质复合体。

（6）将步骤（1）中生长介质换成 450μL 无抗生素、含 10% FBS 的 DMEM 培养基，加热至 37℃。

（7）将 50μL ASO-脂质复合体［来自步骤（5）］滴入各个孔中。尽量使其覆盖孔中全部细胞，并轻轻摇动。

（8）将细胞放入含 5% CO_2 的 37℃ 细胞培养箱培养 1~2d，若 1d 后显微镜下观察到细胞毒性变化，将转染介质换成新鲜的无抗生素、含 10% FBS 的 DMEM 培养基继续培养。

（9）通过免疫荧光和 Westrm 印迹法检测蛋白质水平，从而分析 miRNA 靶基因的表达。

五、结果与分析

利用荧光定量 PCR 和 Western 分析 miRNA 靶基因的表达，保存原始数据，并绘制图表。

六、思考与讨论

如何检测 miRNA 功能抑制的效果？

参考文献

[1] 钱洁、房健民．细胞工程实验指导［M］．北京：清华大学出版社，2014.

[2] 周雪雁．七个羊品种成纤维细胞库构建及其生物学特性研究［D］．晋中：山西农业大学，2005.

[3] 国家药典委员会．中华人民共和国药典（2020 版）［M］．北京：中国医药科技出版社，2020.

[4] M. R. 格林，J. 萨姆布鲁克．分子克隆实验指南（第 4 版）［M］．贺福初，译．北京：科学出版社，2017.

[5] 王捷．动物细胞培养技术与应用［M］．化学工业出版社，2004.

[6] 鄂征．组织培养和分子细胞学技术［M］．北京：北京出版社，1998.

[7] 李向茸，王兴陇，令瑛，等．重组人白细胞介素 7 在 HEK293 细胞中稳定分泌表达［J］．生物学杂志，2017（5）：24-28.

[8] 刘阳，陈剑清，舒特俊，等．一种基于抗氧化反应元件的抗氧化药物筛选模型的制备［J］．中草药，2013，44（15）：2112-2117.

[9] 薛庆善．体外培养的原理与技术［M］．北京：科学技术出版社．2001.

[10] Felgner PL，Holm M. Cationic liposome mediated tansfeton Focus［J］. Proceedings of the Western Pharmacology Society，1989，11：21-25.

[11] Felgner PL，Gadek TR，Holm M，et al. Lipofection：A highly effcient，lipid-mediated DNA-transfection procedure［J］. Proceedings of the National Academy of Sciences of the United States of America，1987，84：7413-7417.

[12] Jakoby WB，Pastan IH. Cell culture. Methods in Enzymology［M］. Vol. 58. Academic，New York，1979.

[13] Kichler A，Zauner W，Ogris M，et al. Influence of the DNAcomplexation medium on the transfection efficiency of lipospermine/DNA partides［J］. Genetic Therapy，1998，5：855-860.

[14] Gluzman Y. SV 40-transformed simiar ceis support the replication ofearty SV40 mmutants［J］，1981，Cell Biology 23：175-182.

[15] Gonzales ALn Joly E. A sirmpke procedure to increase efficiency of DEAE-dextran transfection of COS cells［J］. Trends in genetics：TIG，1995. 11：216-217.

[16] Luthman H，Magnusson G. High efficiency polyoma DNA transfec-tion of chloroquine treated cells［J］. Nucleic acids research，1983，11：1295-1308.

[17] Baum C，Forster P，Hegewisch-Beckers，et al. An optimizedelectroporation protoco applicable to a wide range of cell lines［J］. Bio-Techniqtes，1994，17：1058-1062.

[18] Chu G，Hayakawa H，Berg P. Electroporation for the ficient transfaction of mammalian cells with DNA［J］. Nucleic acids research，1987，15：1311-1326.

[19] Ecker JR, Davis RW. Inhibition of gene expression in plant ceils byexpression of antisense RNA [J]. Proceedings of the National Academy of Sciences of the United States of America, 1986, 83: 5372-5376.

[20] Fromm M, Taylor LP, Walbot V. Expression of genes transterred intomonocot and dicot plant cels by electroporation [J]. Proceedings of the National Academy of Sciences of the United States of America, 1985, 82: 5824-5828.

[21] Fromm M, Taylor LP, Walbot V. Stable transformation of maize aftergene transfer by electroporation [J]. Nature, 1986, 319: 791-793.

[22] Neunann E, SchaeferRidder M, Wang Y, et al. Genetransfer into mouse lyoma cells by electroporation in high electricfields [J]. EMBO I, 1982, 1: 841-845.

[23] Amalitano A, Hauser MA, Hu H, et al. Production and caraterization of improved adenovirus vectors withthe El E2b, and E3 genes deleted [J]. Journal of virology, 1998, 72: 926-933.

[24] Armentano D, Zabner , Sacks c, et al. Effect of the E4 regionon the persistence of transgene expression from adenovirus vectors [J]. Journal of virology, 1997, 71: 2408-2416.

[25] Bruder J T, Appiah A, Kirkman WM III, et al. Improved production of adeno-virus vectors expressing apoptotic transgenes [J]. Human gene therapy, 2000, 11: 139-149.

[26] Büning H, Perabo L, Coutelle O, et al. Recentdevelopments in adeno-associated virus vector technology [J]. The journal of gene medicine, 2008, 10: 717-733.

[27] Carey BW, Markoulaki S, Hanna J, et al. Reprogramming of murine and human somatic cells using asingle polycistronic vector [J]. Proceedings of the National Academy of Sciences of the United States of America, 2009, 106: 157-162.

[28] Cassani B, Montini E, Maruggi G, et al. Integrationof retroviral vectors induces minor changes in the transcriptionalactivity of T cells from ADA-SCID patients treated with gene therapy [J]. Blood, 2009, 114: 3546-3556.

[29] Gao G, Zhou X, Alvira MR, et al. High throughput creation of recombinant adenovirus vectors bydirect cloning, green-white selection and I-Sce I-mediated rescue ofcircular adenovirus plasmids in 293 cells [J]. Genetic Therap, 2003, 10: 1926-1930.

[30] Lawrence WC, Ginsberg HS. Intracellular uncoating of type 5 adeno-virus deoxyribonucleic acid [J]. Journal of virology, 1967, 1: 851-867.

[31] Lynn DE. A BASIC computer program for analyzing endpoint assays [J]. Biomedical Technology, 1992, 12: 880-881.

[32] Naito Y, Yamada T, Matsumíya T, et al. Highly sensitive off-target search software forstranded RNA-mediated RNA nterterence [J]. Nucleic Acids Research, 2005, 33: 589-591.

[33] Patzel V, Rutz s, Dietrich I, et al. Design of siRNAs producing unstructured guide-RNAs resultsin improved RNA interference efficiency [J]. Nature Biotechnology,

2005，23：1440-1444.

［34］ Okamura K，Hagen Jw，Duan H，et al. The mirtronpathway generates microRNA-class regulatory RNAs in Drosophila ［J］. Cell，2007，130：89-100.